KB118660

디딤돌수학 개념연산 중학 2-1A

펴낸날 [초판 1쇄] 2024년 6월 15일
펴낸이 이기열
펴낸곳 (주)디딤돌 교육
주소 (03972) 서울특별시 마포구 월드컵북로 122 청원선와이즈타워
대표전화 02-3142-9000
구입문의 02-322-8451
내용문의 02-336-7918
팩시밀리 02-335-6038
홈페이지 www.didimdol.co.kr
등록번호 제10-718호
구입한 후에는 철회되지 않으며 잘못 인쇄된 책은 바꾸어 드립니다.

1 눈으로 이해되는 개념

디딤돌수학 개념연산은 보는 즐거움이 있습니다.
핵심 개념과 연산 속 개념, 수학적 개념이
이미지로 빠르고 쉽게 이해되고, 오래 기억됩니다.

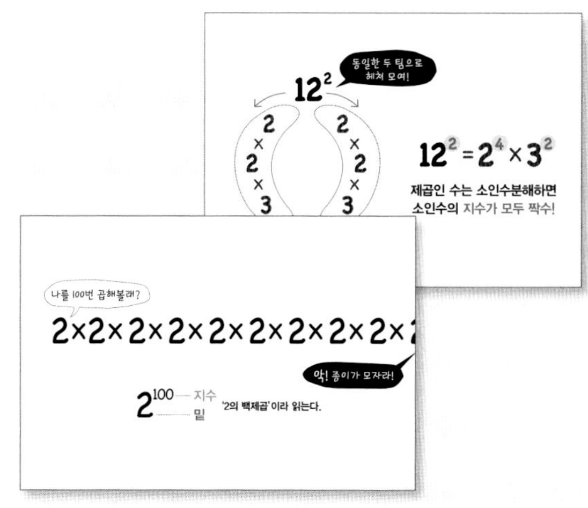

핵심 개념의 이미지화

핵심 개념이 이미지로 빠르고 쉽게
이해됩니다.

연산 개념의 이미지화

연산 속에 숨어있던 개념들을 이미지로
드러내 보여줍니다.

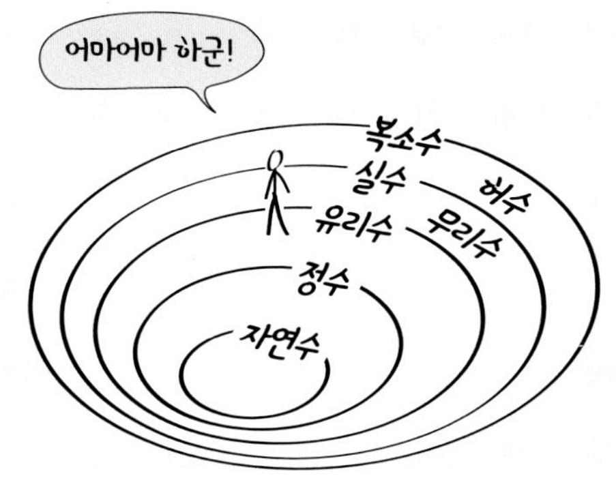

수학 개념의 이미지화

개념의 수학적 의미가 간단한 이미지로
쉽게 이해됩니다.

Ⅳ 연립방정식

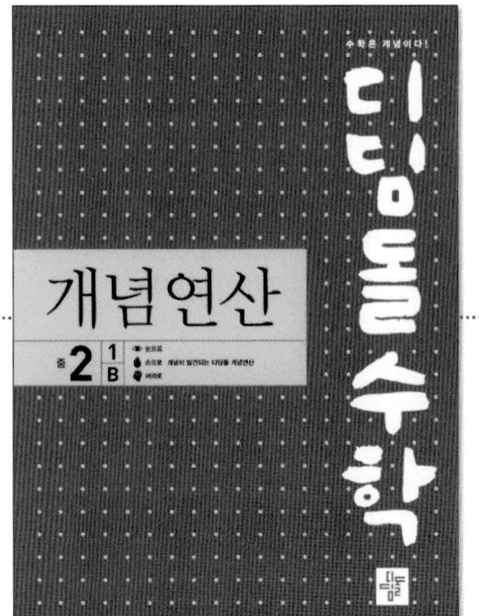

Ⅴ 일차함수

2 손으로 익히는 개념

디딤돌수학 개념연산은 문제를 푸는 즐거움이 있습니다.
학생들에게 가장 필요한 개념을 충분한 문항과 촘촘한 단계별 구성으로 자연스럽게 이해하고 적용할 수 있게 합니다.

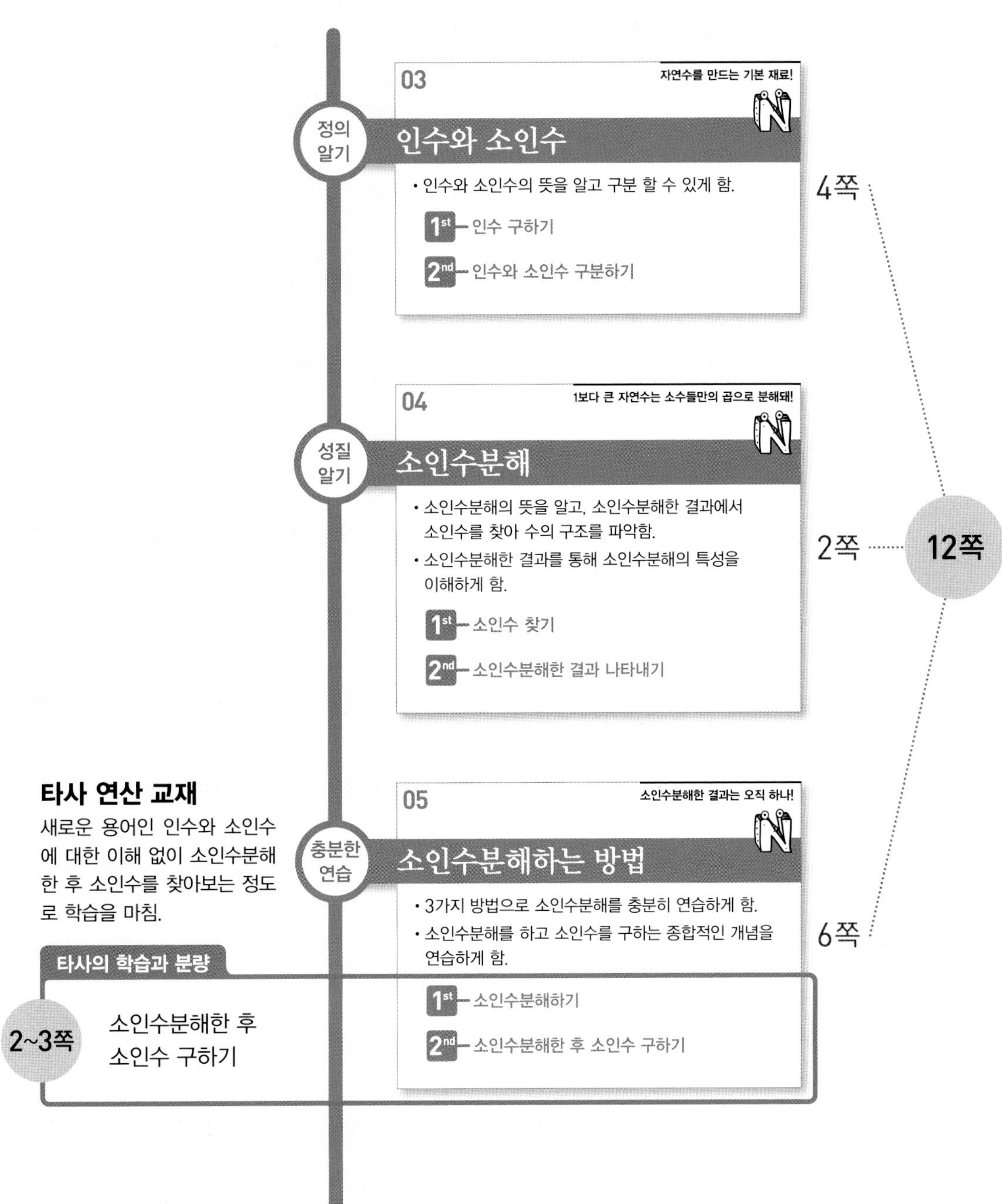

Ⅲ 부등식

3 머리로 발견하는 개념

디딤돌수학 개념연산은 개념을 발견하는 즐거움이 있습니다.
생각을 자극하는 질문들과 추론을 통해 개념을 발견하고
개념을 연결하여 통합적 사고를 할 수 있게 합니다.

우와!
이것은 연산인가 수학인가!

● **내가 발견한 개념**

문제를 풀다보면 실전 개념이
저절로 발견됩니다.

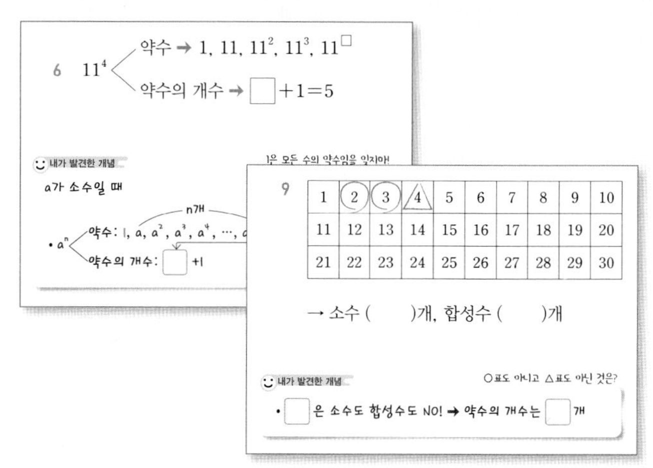

● **개념의 연결**

나열된 개념들을 서로 연결하여
통합적 사고를 할 수 있게 합니다.

▼ 초등·중등·고등간의 개념연결

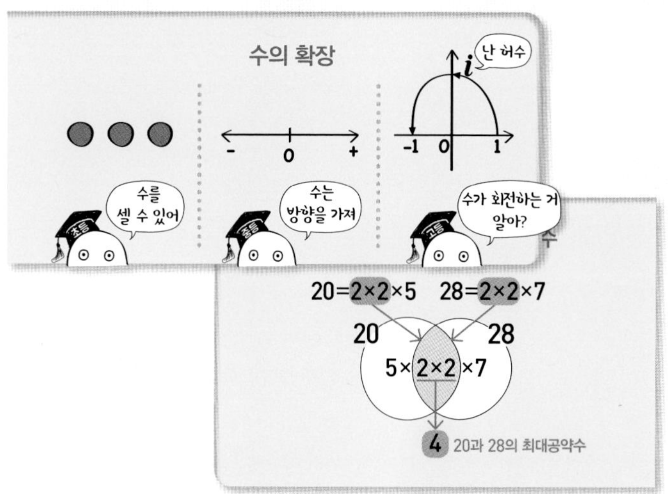

학습 내용 간의 개념연결 ▲

2 1/A 학습 계획표

Ⅰ 유리수와 순환소수

단원	차시	쪽	학습 내용	공부한 날
1 끝나거나 끝나지 않거나! 유리수의 소수 표현	01 유리수	10p	1. 유리수를 분수 꼴로 표현하기 2. 유리수 분류하기	월 일
	02 소수	12p	1. 유한소수와 무한소수 구분하기 2. 분수를 소수로 나타내기	월 일
	03 순환소수	14p	1. 순환소수와 순환마디 뜻 알기 2. 순환소수 표현하기 3. 분수를 순환소수로 표현하기	월 일
	04 순환소수의 소수점 아래 n번째 자리	18p	1. 소수점 아래 n번째 자리의 숫자 구하기	월 일
	05 유한소수로 나타낼 수 있는 분수	20p	1. 유한소수의 특징 알기 2. 유한소수로 나타낼 수 있는 분수 이해하기 3. 유한소수가 되게 하는 수 구하기	월 일
	06 순환소수로 나타낼 수 있는 분수	26p	1. 순환소수로 만드는 미지수의 값 구하기	월 일
	TEST 1. 유리수의 소수 표현	27p		월 일
2 끝없는 걸 간단하게! 순환소수의 분수 표현	01 순환소수를 분수로 나타내는 방법 (1)	30p	1. 순환소수를 분수로 나타내는 과정 이해하기 2. 순환소수를 분수로 나타내기	월 일
	02 순환소수를 분수로 나타내는 방법 (2)	34p	1. 순환소수를 분수로 나타내는 과정 이해하기 2. 순환소수를 분수로 나타내기	월 일
	03 순환소수를 분수로 나타내는 공식 (1)	38p	1. 순환소수를 분수로 나타내는 공식 이용하기	월 일
	04 순환소수를 분수로 나타내는 공식 (2)	42p	1. 순환소수를 분수로 나타내는 공식 이용하기	월 일
	05 유리수와 소수의 관계	46p	1. 유리수와 소수의 관계 이해하기	월 일
	TEST 2. 순환소수의 분수 표현	47p		월 일
	대단원 TEST Ⅰ. 유리수와 순환소수	48p		월 일

Ⅱ 식의 계산

단원	차시	쪽	학습 내용	공부한 날
3 지수가 있는, 단항식의 계산	01 지수법칙 – 지수의 합	54p	1. 지수의 합 이해하기 2. 지수의 합을 이용하여 식 간단히 하기 3. 같은 거듭제곱의 합 간단히 하기	월 일
	02 지수법칙 – 지수의 곱	58p	1. 지수의 곱 이해하기 2. 지수의 곱을 이용하여 식 간단히 하기 3. 거듭제곱을 문자를 사용하여 나타내기	월 일
	03 지수법칙 – 지수의 차	62p	1. 지수의 차 이해하기 2. 지수의 차를 이용하여 식 간단히 하기	월 일
	04 지수법칙 – 지수의 분배	66p	1. 지수의 분배 이해하기	월 일
			2. 지수의 분배를 이용하여 식 간단히 하기	월 일
	05 단항식의 곱셈	70p	1. 단항식의 곱셈 간단히 하기 2. 복잡한 단항식의 곱셈 간단히 하기	월 일
	06 단항식의 나눗셈	74p	1. 단항식의 나눗셈 간단히 하기 2. 복잡한 단항식의 나눗셈 간단히 하기	월 일

수학은 개념이다!

개념연산

중 2 1 A

눈으로
손으로 개념이 발견되는 디딤돌 개념연산
머리로

디딤돌

이미지로 이해하고 문제를 풀다 보면 개념이 저절로 발견되는 디딤돌수학 개념연산

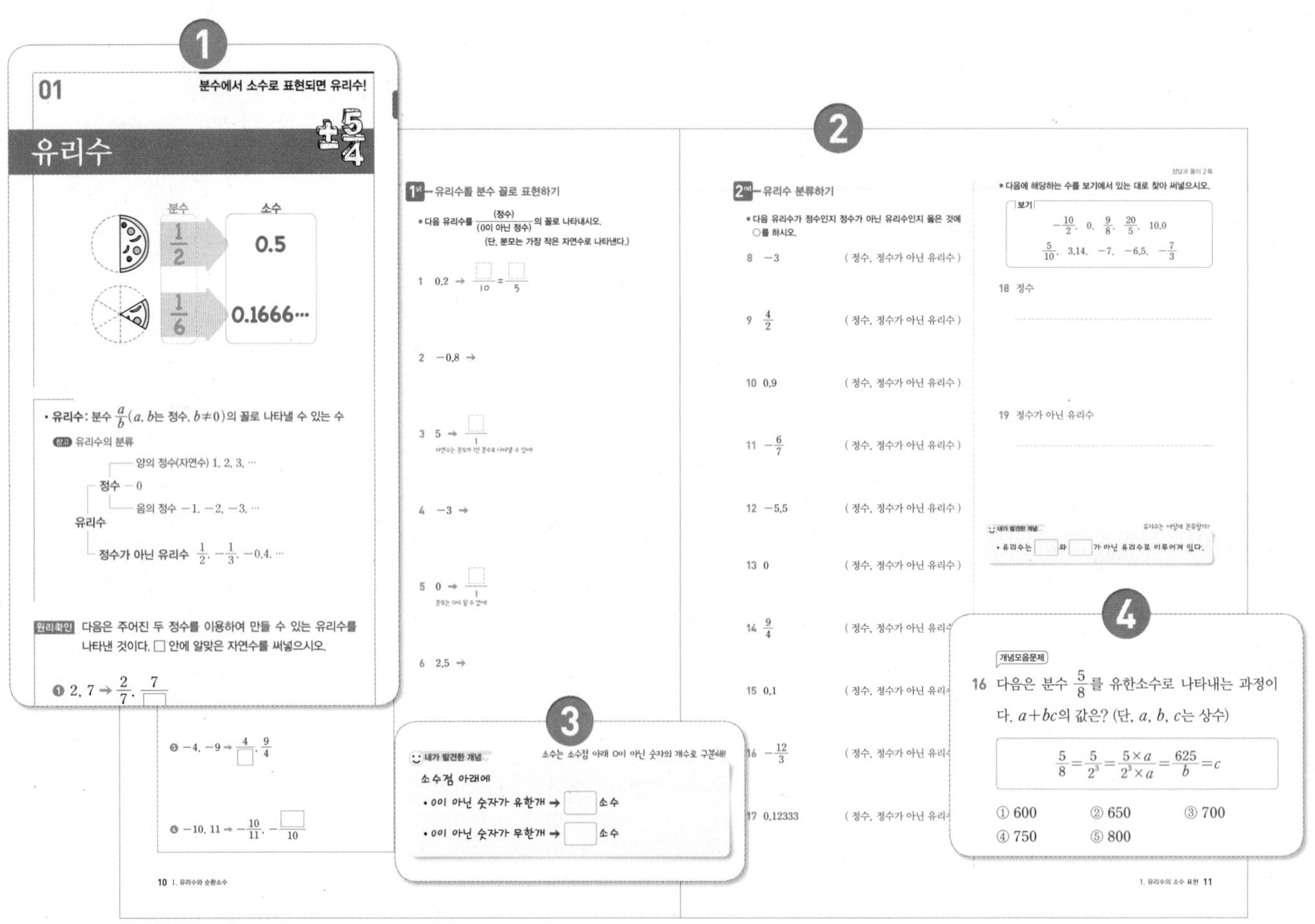

❶

이미지로 개념 이해

핵심이 되는 개념을 이미지로
먼저 이해한 후 개념과 정의를
읽어보면 딱딱한 설명도 이해가 쏙!
원리확인 문제로 개념을
바로 적용하면 개념이 쏙!

❷

단계별·충분한 문항

문제를 풀기만 하면
저절로 실력이 높아지도록
구성된 단계별 문항!
문제를 풀기만 하면
개념이 자신의 것이 되도록
구성된 충분한 문항!

❸

내가 발견한 개념

문제 속에 숨겨져 있는
실전 개념들을 발견해 보자!
숨겨진 보물을 찾듯이
실전 개념들을 내가 발견하면
흥미와 재미는 덤! 실력은 쑥!

❹

개념모음문제

문제를 통해 이해한 개념들은
개념모음문제로 한 번에 정리!
개념을 활용하는 응용력도 쑥!

발견된 개념들을 연결하여 통합적 사고를 할 수 있는 디딤돌수학 개념연산

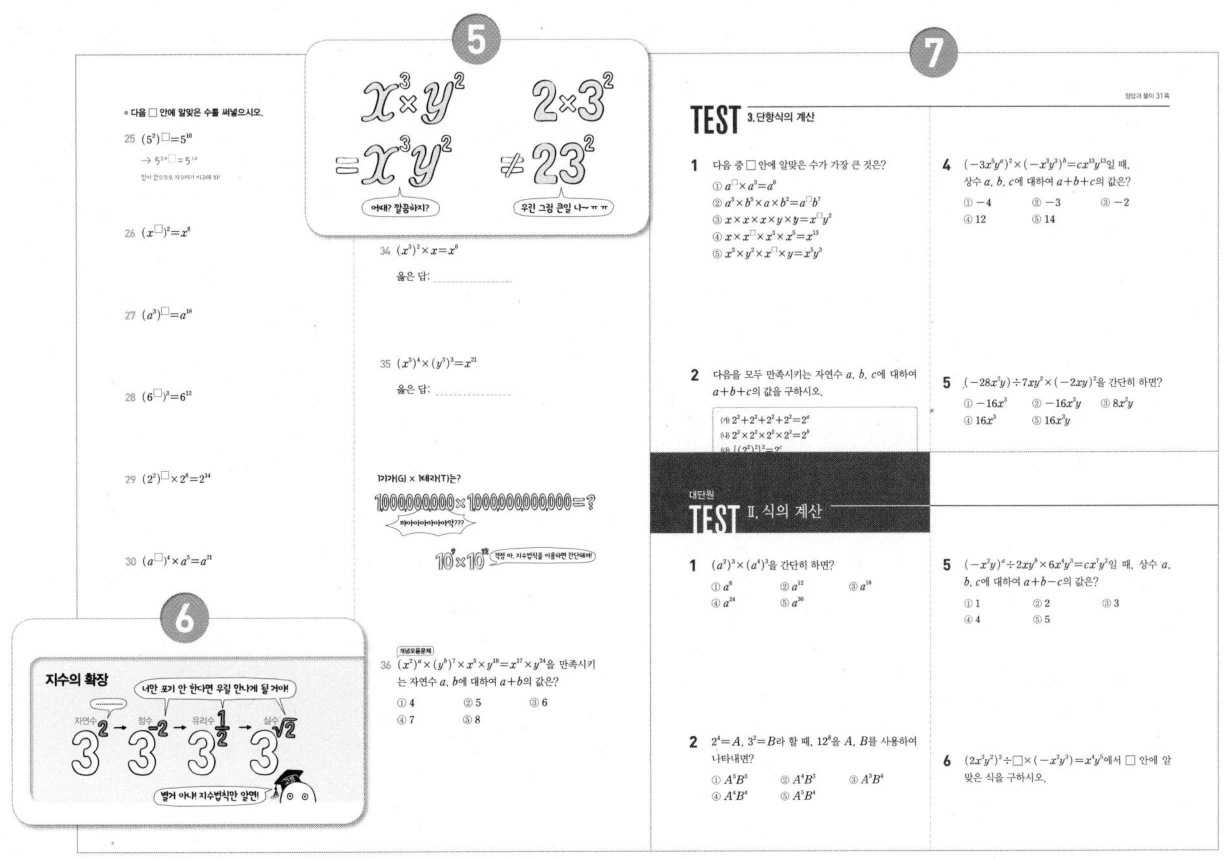

5 그림으로 보는 개념

연산 속에 숨어있던 개념을
이미지로 확인해 보자.
개념은 쉽게 확인되고
개념의 의미는 더 또렷이 저장!

6 개념 간의 연계

개념의 단원 안에서의 연계와
다른 단원과의 연계,
초·중·고 간의 연계를 통해
통합적 사고를 얻게 되면
공부하는 재미가 쫄깃!

7 개념을 확인하는 TEST

중단원별로 개념의 이해를
확인하는 TEST
대단원별로 개념과 실력을
확인하는 대단원 TEST

1

끝나거나 끝나지 않거나!

유리수의 소수 표현

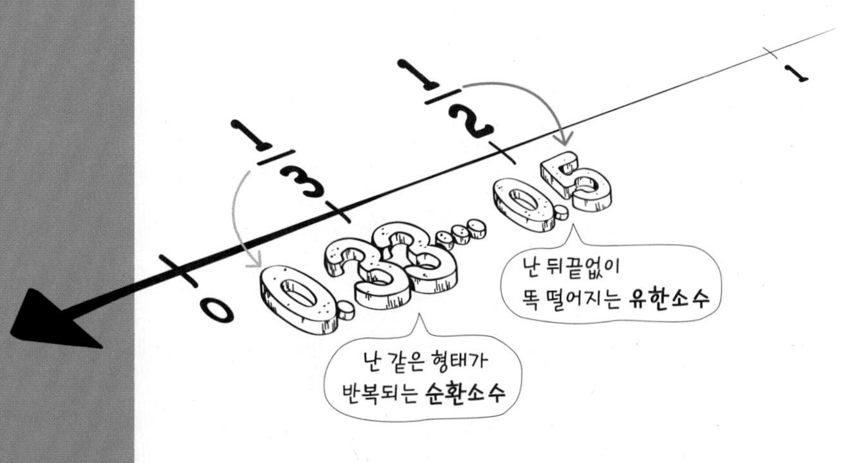

분수에서 소수로 표현되면 유리수!

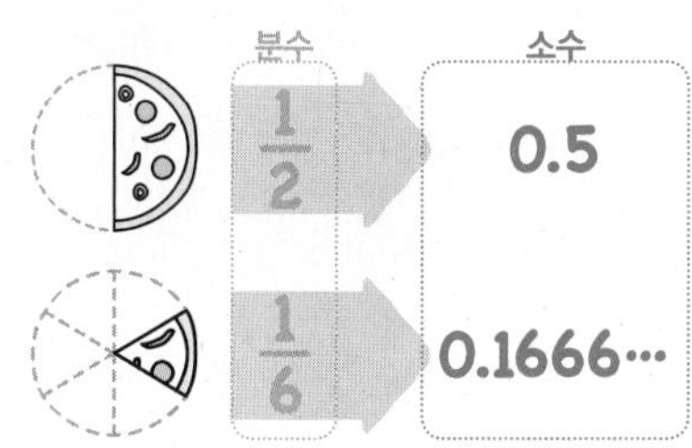

01 유리수

유리수가 어떤 수인지 기억하지?
분자, 분모(단, (분모)≠0)를 정수인 분수로 나타낼 수 있는 수를 유리수라 해. 간단히 말해서 분수 꼴로 나타낼 수 있으면 모두 유리수야~

소수점 아래가 끝이 있어? 없어?

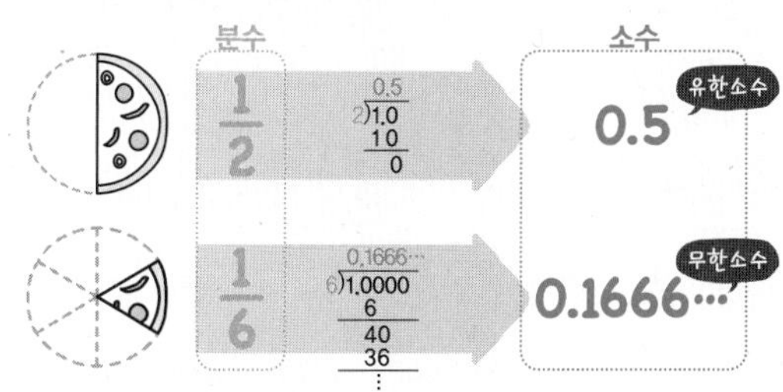

02 소수

분수꼴로 표현된 유리수의 분자를 분모로 나누면 소수로 나타낼 수 있어. 따라서 소수도 유리수를 표현하는 수야! 이때 0.23, 0.5와 같이 소수점 아래의 0이 아닌 숫자를 셀 수 있으면 유한소수라 하고, 0.1666…, 0.12345…처럼 소수점 아래의 0이 아닌 숫자가 무수히 많아서 셀 수 없는 소수를 무한소수라 하지!

소수점 아래의 어떤 자리부터 숫자가 끝없이 반복돼!

끝이 없군

$0.3333333333\cdots = 0.\dot{3}$

순환마디!

$1.9067676767\cdots = 1.90\dot{6}\dot{7}$

03 순환소수

0.333…, 1.906767…처럼 소수점 아래의 어떤 자리부터 일정한 숫자의 배열이 한없이 되풀이되는 무한소수를 순환소수라 하고, 이때 일정하게 되풀이되어 나타나는 처음 한 부분을 순환마디라 해! 순환마디만 잘 찾으면 순환소수를 쉽고 간단하게 표현할 수 있어!

유리수와 순환소수

1 끝나거나 끝나지 않거나!
유리수의 소수 표현

2 끝없는 걸 간단하게!
순환소수의 분수 표현

수의 확장!

두근 두근 두근

04 순환소수의 소수점 아래 n번째 자리

소수점 아래에 같은 수가 계속 반복되어 나타나는 순환소수는 소수점 아래의 몇 번째 자리가 어떤 수인지 쉽게 찾을 수 있어. 소수점 아래 몇 번째 자리인지는 순환마디의 숫자의 개수만 알면 돼~

소수점 아래의 숫자가 규칙적으로 반복돼!

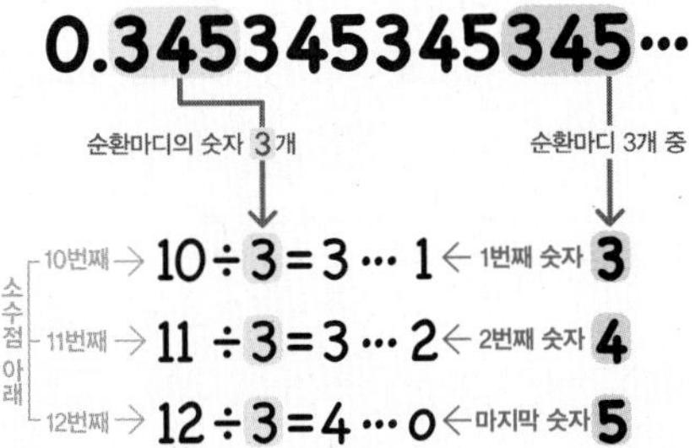

05 유한소수로 나타낼 수 있는 분수

0.25, 0.367과 같은 유한소수는 분모를 10, 100, 1000…과 같이 10의 거듭제곱인 분수로 만들 수 있어. 따라서 유한소수를 기약분수로 나타내면 분모의 소인수가 2나 5뿐이야! 반대로 분모의 소인수가 2나 5뿐인 분수는 소수로 나타냈을 때 유한소수야!

분모의 소인수를 살펴봐!

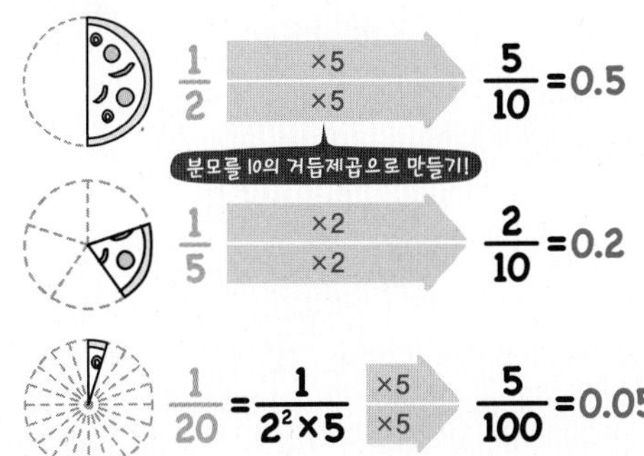

기약분수의 분모의 소인수가 2나 5뿐이면 분모를 10의 거듭제곱으로 만들 수 있으므로 유한소수로 나타낼 수 있다.

06 순환소수로 나타낼 수 있는 분수

기약분수의 분모의 소인수가 2 또는 5 이외의 소인수를 가지면 어떤 분수일까? 바로 순환소수야. 따라서 분수를 소수로 바꾸면 유한소수 또는 순환소수 둘 중 하나야!

분모의 소인수를 살펴봐!

$$\frac{1}{2\times3\times5}=0.0\dot{3}$$

2나 5가 아닌 수!

기약분수의 분모의 소인수가 2 또는 5 이외의 다른 소인수가 있으면 순환소수이다.

01

분수에서 소수로 표현되면 유리수!

유리수

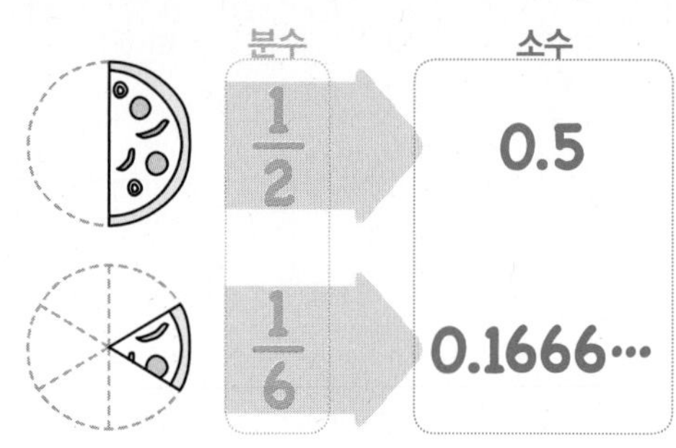

• **유리수**: 분수 $\frac{a}{b}$(a, b는 정수, $b\neq0$)의 꼴로 나타낼 수 있는 수

참고 유리수의 분류

- 유리수
  - 정수
    - 양의 정수(자연수) 1, 2, 3, …
    - 0
    - 음의 정수 −1, −2, −3, …
  - 정수가 아닌 유리수 $\frac{1}{2}$, $-\frac{1}{3}$, −0.4, …

원리확인 다음은 주어진 두 정수를 이용하여 만들 수 있는 유리수를 나타낸 것이다. □ 안에 알맞은 자연수를 써넣으시오.

❶ 2, 7 → $\frac{2}{7}$, $\frac{7}{\square}$

❷ 3, −5 → $-\frac{\square}{5}$, $-\frac{5}{3}$

❸ −4, −9 → $\frac{4}{\square}$, $\frac{9}{4}$

❹ −10, 11 → $-\frac{10}{11}$, $-\frac{\square}{10}$

1st 유리수를 분수 꼴로 표현하기

● 다음 유리수를 $\frac{(\text{정수})}{(0\text{이 아닌 정수})}$의 꼴로 나타내시오.
(단, 분모는 가장 작은 자연수로 나타낸다.)

1 0.2 → $\frac{\square}{10}=\frac{\square}{5}$

2 −0.8 →

3 5 → $\frac{\square}{1}$

자연수는 분모가 1인 분수로 나타낼 수 있어!

4 −3 →

5 0 → $\frac{\square}{1}$

분모는 0이 될 수 없어!

6 2.5 →

7 −3.8 →

내가 발견한 개념 어떤 수가 유리수일까?

• 분수 꼴로 나타낼 수 있으면 □ 이다.

2nd 유리수 분류하기

● 다음 유리수가 정수인지 정수가 아닌 유리수인지 옳은 것에 ○를 하시오.

8 -3 (정수, 정수가 아닌 유리수)

9 $\frac{4}{2}$ (정수, 정수가 아닌 유리수)

10 0.9 (정수, 정수가 아닌 유리수)

11 $-\frac{6}{7}$ (정수, 정수가 아닌 유리수)

12 -5.5 (정수, 정수가 아닌 유리수)

13 0 (정수, 정수가 아닌 유리수)

14 $\frac{9}{4}$ (정수, 정수가 아닌 유리수)

15 0.1 (정수, 정수가 아닌 유리수)

16 $-\frac{12}{3}$ (정수, 정수가 아닌 유리수)

17 0.12333 (정수, 정수가 아닌 유리수)

● 다음에 해당하는 수를 보기에서 있는 대로 찾아 써넣으시오.

보기

$-\frac{10}{2}$, 0, $\frac{9}{8}$, $\frac{20}{5}$, 10.0

$\frac{5}{10}$, 3.14, -7, -6.5, $-\frac{7}{3}$

18 정수

19 정수가 아닌 유리수

내가 발견한 개념 유리수는 어떻게 분류할까?

• 유리수는 [ ]와 [ ]가 아닌 유리수로 이루어져 있다.

개념모음문제

20 다음 유리수에 대한 설명 중 옳지 않은 것은?

① 모든 자연수는 유리수이다.
② 유리수는 정수와 정수가 아닌 유리수로 이루어져 있다.
③ 유리수는 $\frac{a}{b}$(a, b는 정수, $b \neq 0$)꼴로 나타낼 수 있다.
④ 정수는 양의 정수, 음의 정수로 이루어져 있다.
⑤ 정수는 유리수이다.

02 소수점 아래가 끝이 있어? 없어?

소수

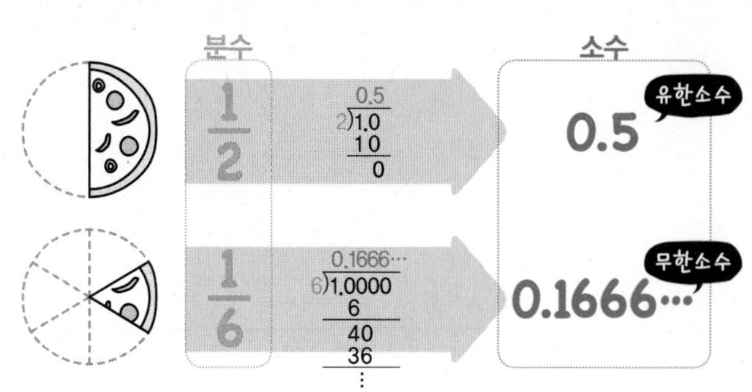

• 소수의 분류

① **유한소수**: 소수점 아래에 0이 아닌 숫자가 유한개인 소수

$\frac{3}{4}=0.75$ $\frac{2}{5}=0.4$ $\frac{1}{8}=0.125$

② **무한소수**: 소수점 아래에 0이 아닌 숫자가 무한히 많은 소수

$\frac{1}{6}=0.166\cdots$ $\frac{1}{7}=0.142857\cdots$ $\pi=3.141592\cdots$

참고 소수점 아래 0이 아닌 숫자가 무한히 많으면 소수 뒤에 '…'를 쓴다.

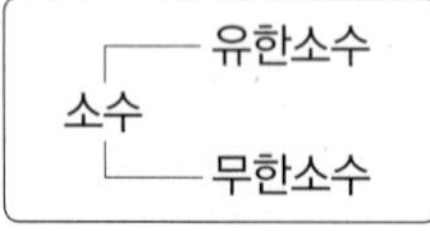

원리확인 다음 중에서 옳은 것에 ○를 하시오.

❶ 0.23 → 소수점 아래에 0이 아닌 숫자가 유한개이므로 (유한, 무한)소수이다.

❷ -1.51515 → 소수점 아래에 0이 아닌 숫자가 유한개이므로 (유한, 무한)소수이다.

❸ $0.3333\cdots$ → 소수점 아래에 0이 아닌 숫자가 무한개이므로 (유한, 무한)소수이다.

❹ $-4.2353535\cdots$ → 소수점 아래에 0이 아닌 숫자가 무한개이므로 (유한, 무한)소수이다.

1st 유한소수와 무한소수 구분하기

• 다음 소수가 유한소수인 것은 '유'를, 무한소수인 것은 '무'를 ( ) 안에 써넣으시오.

1 0.1 ( )

소수점 아래에 0이 아닌 숫자가 유한개이면 유한소수야!

2 $0.232323\cdots$ ( )

소수점 아래에 0이 아닌 숫자가 무한개이면 무한소수야!

3 0.05 ( )

4 $1.2666\cdots$ ( )

5 $-3.414141\cdots$ ( )

6 6.161616 ( )

7 $-0.2427871929\cdots$ ( )

2nd 분수를 소수로 나타내기

• 다음 분수를 소수로 나타내고, 유한소수인 것은 '유'를, 무한소수인 것은 '무'를 (　) 안에 써넣으시오.

8 $\frac{5}{2}$ → ☐ ÷ 2 = ☐ (　)

분수를 소수로 나타내려면 (분자)÷(분모)를 계산하면 돼!

9 $-\frac{17}{9}$ → ________ (　)

10 $\frac{9}{4}$ → ________ (　)

11 $-\frac{11}{5}$ → ________ (　)

12 $\frac{2}{3}$ → ________ (　)

13 $\frac{13}{6}$ → ________ (　)

14 $-\frac{3}{8}$ → ________ (　)

15 $\frac{4}{9}$ → ________ (　)

16 $\frac{7}{10}$ → ________ (　)

17 $-\frac{5}{12}$ → ________ (　)

18 $\frac{9}{8}$ → ________ (　)

내가 발견한 개념 소수는 소수점 아래 0이 아닌 숫자의 개수로 구분해!

소수점 아래에
- 0이 아닌 숫자가 유한개 → ☐ 소수
- 0이 아닌 숫자가 무한개 → ☐ 소수

개념모음문제

19 다음 중 옳지 않은 것을 모두 고르면? (정답 2개)

① 0.67은 유한소수이다.
② −10은 유리수이다.
③ $\frac{1}{16}$은 유한소수로 나타낼 수 없다.
④ 0은 분수로 나타낼 수 없다.
⑤ 0.357357357⋯은 무한소수이다.

03 소수점 아래의 어떤 자리부터 숫자가 끝없이 반복돼!

순환소수

끝이 없군

$0.3333333333\cdots = 0.\dot{3}$

순환마디!

$1.9067676767\cdots = 1.90\dot{6}\dot{7}$

- **순환소수**: 소수점 아래의 어떤 자리부터 일정한 숫자의 배열이 한없이 되풀이되는 무한소수
- **순환마디**: 순환소수에서 되풀이되는 한 부분
- **순환소수의 표현**: 순환마디의 양 끝의 숫자 위에 점을 찍어 나타낸다.

참고 무한소수 중에는 원주율 $\pi=3.141592\cdots$와 같이 순환하지 않는 무한소수도 있다.

원리확인 다음 □ 안에 알맞은 수를 써넣으시오.

❶ $0.434343\cdots$은 소수점 아래에서 □이 한없이 되풀이되므로 순환마디는 □이다.

❷ $1.4275275275\cdots$는 소수점 아래에서 □가 한없이 되풀이되므로 순환마디는 □이다.

❸ $2.145145145\cdots$는 소수점 아래에서 □가 한없이 되풀이되므로 순환마디는 □이다.

❹ $0.6231423142314\cdots$는 소수점 아래에서 □가 한없이 되풀이되므로 순환마디는 □이다.

1st — 순환소수와 순환마디 뜻 알기

• 다음 소수 중에서 순환소수인 것은 ○를, 순환소수가 아닌 것은 ×를 (　　) 안에 써넣으시오.

1 $0.232323\cdots$ (　　)

2 $0.123456\cdots$ (　　)

되풀이되는 부분이 없는 무한소수는 순환소수가 아니야!

3 $2.525252\cdots$ (　　)

4 $0.6666\cdots$ (　　)

5 $0.01001000100001\cdots$ (　　)

6 $1.4142135623\cdots$ (　　)

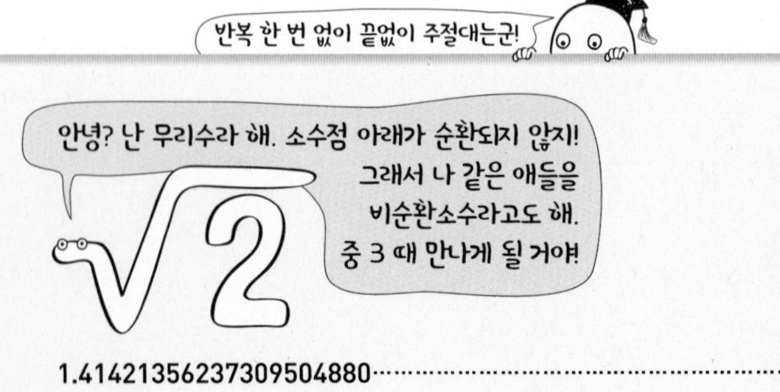

● 다음 순환소수의 순환마디를 찾아 쓰시오.

7 0.1555⋯ → ____________

순환마디가 꼭 소수점 아래 첫째 자리에서 시작하는 것은 아니야!

8 0.222⋯ → ____________

9 0.353535⋯ → ____________

10 2.121212⋯ → ____________

11 0.251251251⋯ → ____________

12 3.623623623⋯ → ____________

13 4.733733733⋯ → ____________

14 0.3272727⋯ → ____________

2nd 순환소수 표현하기

● 다음 순환소수의 순환마디에 점을 찍어 간단히 나타내시오.

15 0.131313⋯ → ____________

순환마디의 양 끝의 숫자 위에 점을 찍어 나타내!

16 0.123123123⋯ → ____________

17 3.1424242⋯ → ____________

18 1.2666⋯ → ____________

19 0.025025025⋯ → ____________

20 0.28432843⋯ → ____________

개념모음문제

21 다음 중 순환소수의 표현이 옳은 것을 모두 고르면? (정답 2개)

① $0.303030\cdots=\dot{0}.\dot{3}$

② $1.5727272\cdots=1.5\dot{7}\dot{2}$

③ $2.468468468\cdots=2.\dot{4}\dot{6}\dot{8}$

④ $3.777\cdots=3.\dot{7}\dot{7}\dot{7}$

⑤ $5.8935935935\cdots=5.8\dot{9}3\dot{5}$

3rd 분수를 순환소수로 표현하기

● 다음 분수를 소수로 나타낸 후, 순환마디에 점을 찍어 간단히 나타내시오.

22 $\frac{2}{3}$ → 0.666… → (0.$\dot{\square}$)

23 $\frac{5}{9}$ → ______ → (   )

24 $\frac{7}{9}$ → ______ → (   )

25 $\frac{11}{3}$ → ______ → (   )

26 $\frac{7}{6}$ → ______ → (   )

27 $\frac{22}{9}$ → ______ → (   )

28 $\frac{7}{30}$ → ______ → (   )

29 $\frac{29}{30}$ → ______ → (   )

30 $\frac{41}{33}$ → ______ → (   )

31 $\frac{85}{33}$ → ______ → (   )

32 $\frac{23}{90}$ → ______ → (   )

33 $\frac{40}{99}$ → ______ → (   )

34 $\frac{100}{99}$ → ______ → (   )

● 다음은 $\frac{1}{7}, \frac{2}{7}, \frac{3}{7}, \cdots, \frac{6}{7}$을 소수로 나타낸 것이다. 아래 그림과 같이 주어진 그림에 그 소수의 소수점 아래 각 자리 숫자를 찾아 선으로 연결하시오.

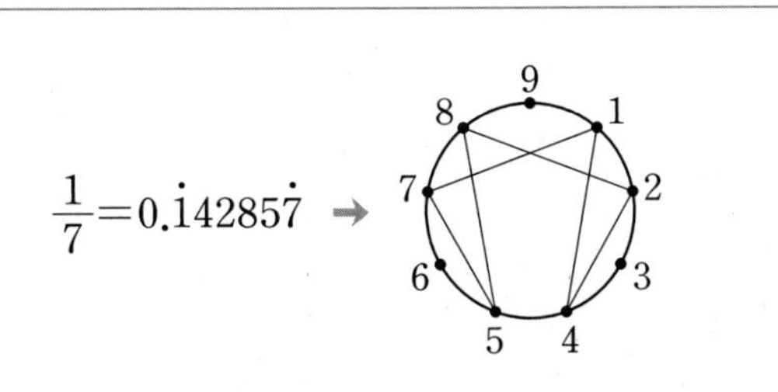

35 $\frac{2}{7}=0.\dot{2}8571\dot{4}$

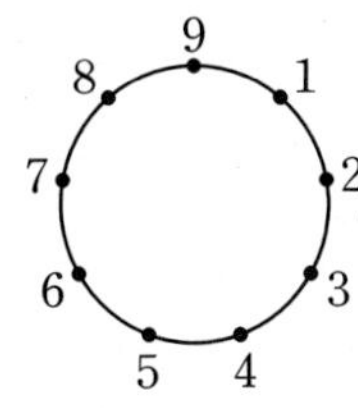

36 $\frac{3}{7}=0.\dot{4}2857\dot{1}$

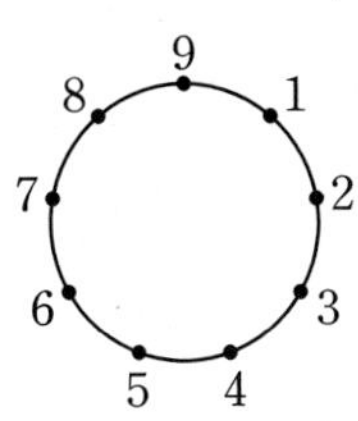

37 $\frac{4}{7}=0.\dot{5}7142\dot{8}$

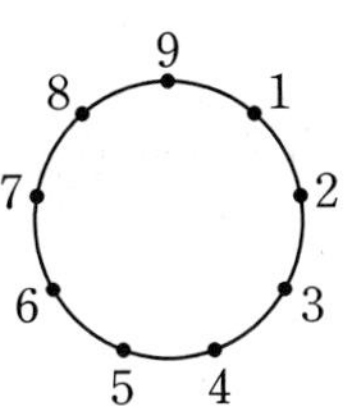

38 $\frac{5}{7}=0.\dot{7}1428\dot{5}$

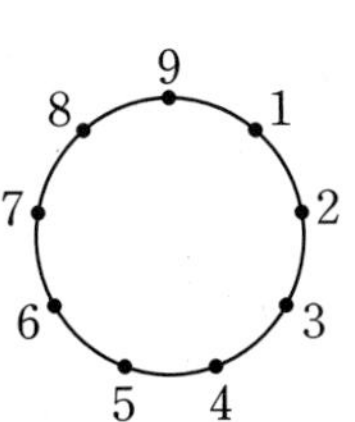

39 $\frac{6}{7}=0.\dot{8}5714\dot{2}$

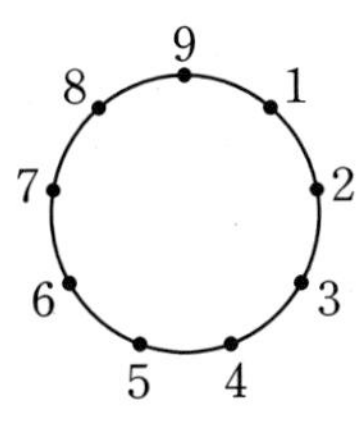

● 다음 분수를 소수로 나타낸 후, 주어진 그림에 그 소수의 소수점 아래 각 자리 숫자를 찾아 선으로 연결하시오.

40 $\frac{4}{333}$ → .... →

41 $\frac{17}{111}$ → .... →

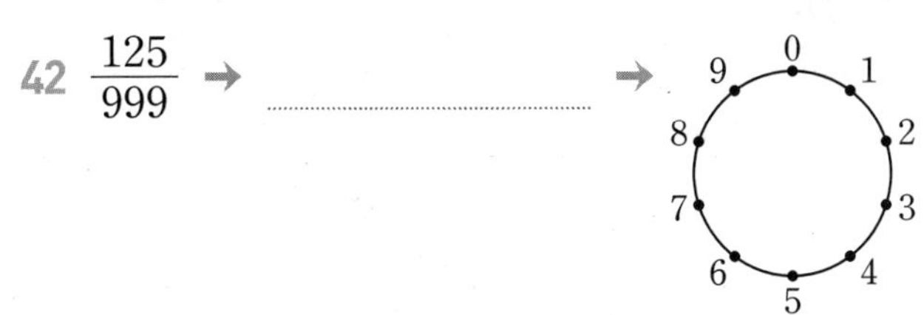

42 $\frac{125}{999}$ → .... →

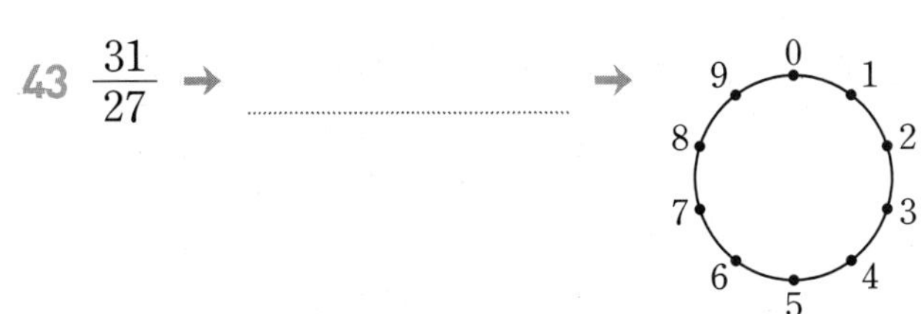

43 $\frac{31}{27}$ → .... →

개념모음문제

44 분수 $\frac{32}{45}$를 순환소수로 나타내면?

① $0.\dot{1}\dot{7}$ ② $0.1\dot{7}$ ③ $0.\dot{7}$

④ $0.7\dot{1}$ ⑤ $0.\dot{7}\dot{1}$

04 소수점 아래의 숫자가 규칙적으로 반복돼!

순환소수의 소수점 아래 n번째 자리

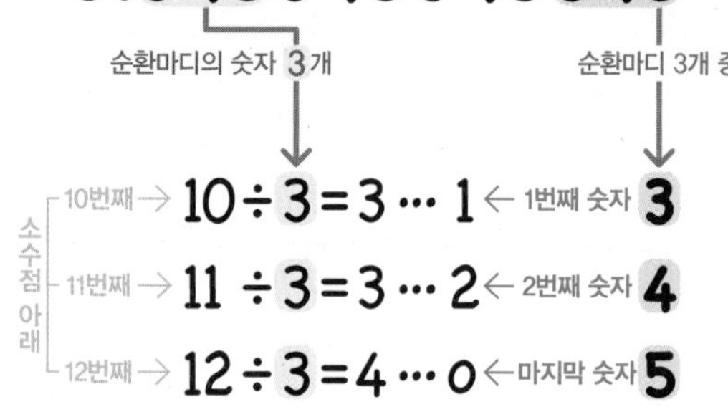

- **소수점 아래 첫째 자리부터 순환마디가 시작되는 순환소수에서 소수점 아래 n번째 자리의 숫자 구하기**
  (i) 순환마디의 숫자의 개수 a를 구한다.
  (ii) n을 a로 나눈 나머지 r를 구한다.
  (iii) 소수점 아래 n번째 자리의 숫자는 순환마디의 r번째 숫자와 같다.
  (단, $r=0$인 경우 소수점 아래 n번째 자리의 숫자는 순환마디의 마지막 숫자와 같다.)

원리확인 주어진 순환소수에 대하여 다음 □ 안에 알맞은 수를 써넣으시오.

0.245245245245…
→ 순환마디: 245

❶ 소수점 아래 10번째 자리의 숫자
→ 10÷3=□ … □이므로
→ 소수점 아래 □번째 숫자와 같은 □이다.

❷ 소수점 아래 11번째 자리의 숫자
→ 11÷3=□ … □이므로
→ 소수점 아래 □번째 숫자와 같은 □이다.

❸ 소수점 아래 12번째 자리의 숫자
→ 12÷3=□ … □이므로
→ 순환마디의 마지막 숫자와 같은 □이다.

1st — 소수점 아래 n번째 자리의 숫자 구하기

● 다음 주어진 순환소수에 대하여 조건에 맞는 숫자를 구하시오.

1 $0.\dot{2}\dot{6}$

(1) 순환마디 → 26

(2) 순환마디의 숫자의 개수 → □

(3) 소수점 아래 5번째 자리의 숫자
→ 5÷2=2…□이므로 나머지가 □이다.
→ 순환마디의 □번째 자리의 숫자와 같은 □이다.

(4) 소수점 아래 10번째 자리의 숫자
→ 10÷2=□이므로 나누어떨어진다.
→ 순환마디의 마지막 숫자와 같은 □이다.

2 $0.\dot{1}0\dot{7}$

(1) 순환마디

(2) 순환마디의 숫자의 개수

(3) 소수점 아래 10번째 자리의 숫자

(4) 소수점 아래 20번째 자리의 숫자

(5) 소수점 아래 30번째 자리의 숫자

3 $1.\dot{7}32\dot{9}$

(1) 순환마디

(2) 순환마디의 숫자의 개수

(3) 소수점 아래 8번째 자리의 숫자

(4) 소수점 아래 11번째 자리의 숫자

(5) 소수점 아래 17번째 자리의 숫자

4 $1.\dot{1}024\dot{6}$

(1) 순환마디

(2) 순환마디의 숫자의 개수

(3) 소수점 아래 20번째 자리의 숫자

(4) 소수점 아래 24번째 자리의 숫자

(5) 소수점 아래 28번째 자리의 숫자

내가 발견한 개념 소수점 아래 n번째 자리의 숫자는?

- $0.\dot{a}b\dot{c}$(단, a, b, c는 상수)
  → 소수점 아래 n번째 자리의 숫자:
  n÷□에서 나머지가 0이면 □,
  나머지가 1이면 □, 나머지가 2이면 □이다.

● **다음 순환소수의 소수점 아래 20번째 자리의 숫자를 구하시오.**

5 $0.\dot{1}\dot{2}$

→ 20÷□=□이므로 나누어떨어진다.

→ 순환마디의 마지막 숫자와 같은 □이다.

6 $1.\dot{3}5\dot{7}$

→ 20÷□=□…□이므로 나머지가 □이다.

→ 순환마디의 □번째 자리의 숫자와 같은 □이다.

7 $0.\dot{3}2\dot{2}$

8 $1.\dot{2}47\dot{5}$

9 $7.\dot{4}11\dot{7}$

10 $0.\dot{2}513\dot{4}$

개념모음문제

11 분수 $\frac{8}{33}$을 소수로 나타낼 때, 순환마디의 숫자의 개수를 a, 소수점 아래 50번째 자리의 숫자를 b라 하자. $a+b$의 값은?

① 2 ② 4 ③ 6
④ 8 ⑤ 10

05 분모의 소인수를 살펴봐!

유한소수로 나타낼 수 있는 분수

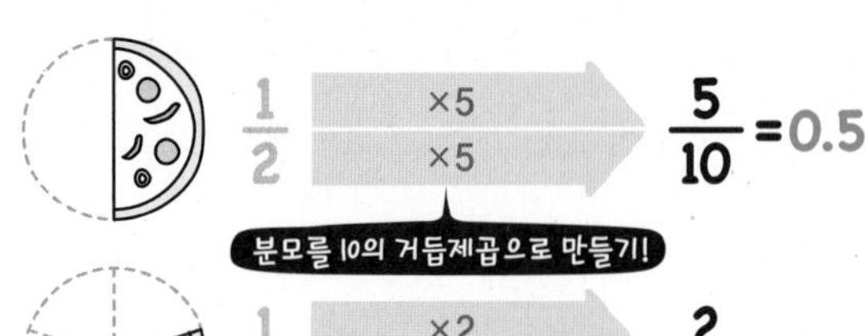

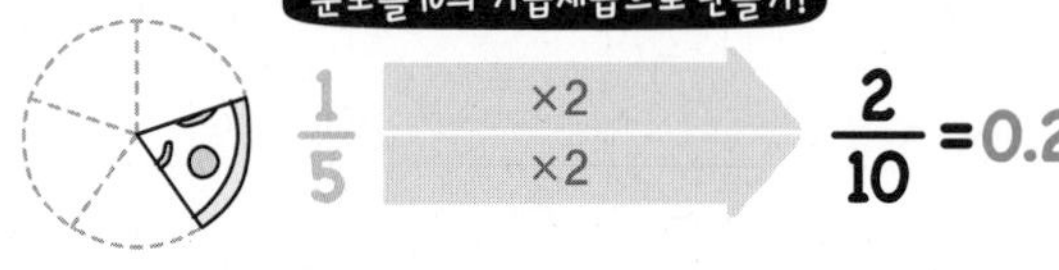

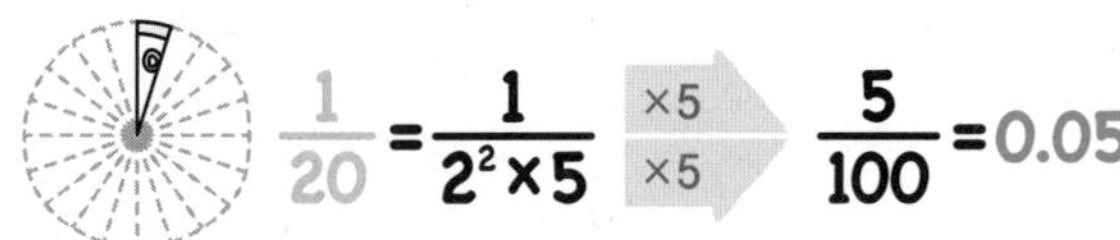

기약분수의 분모의 소인수가 2나 5뿐이면 분모를 10의 거듭제곱으로 만들 수 있으므로 유한소수로 나타낼 수 있다.

- **유한소수로 나타낼 수 있는 분수**
  ① 분모가 10의 거듭제곱인 분수는 모두 유한소수로 나타낼 수 있다.
  ② 기약분수의 분모의 소인수가 2나 5뿐이면 유한소수로 나타낼 수 있다.
- **유한소수로 나타낼 수 있는 분수를 판별하는 방법**
  분수를 기약분수로 고친 후, 그 분모를 소인수분해하였을 때
  ① 분모의 소인수가 2나 5뿐이면 유한소수로 나타낼 수 있다.
  ② 분모가 2나 5 이외의 소인수를 가지면 그 분수를 유한소수로 나타낼 수 없다. → 순환소수로 나타낼 수 있다.

원리확인 다음 중에서 옳은 것에 ○를 하시오.

❶ $\frac{4}{25}=\frac{4}{5^2}$에서 분모의 소인수가 5이므로 (유한, 무한)소수이다.

❷ $\frac{18}{300}=\frac{3}{50}=\frac{3}{2\times5^2}$에서 분모의 소인수가 2, 5뿐이므로 (유한, 무한)소수이다.

❸ $\frac{9}{420}=\frac{3}{140}=\frac{3}{2^2\times5\times7}$에서 분모의 소인수가 2, 5, 7이므로 (유한, 무한)소수이다.

1st — 유한소수의 특징 알기

• 다음 분수를 소수로 나타내시오.

1 $\frac{3}{10}$ → ________

2 $\frac{29}{10}$ → ________

3 $\frac{53}{100}$ → ________

4 $\frac{99}{100}$ → ________

5 $\frac{11}{1000}$ → ________

6 $\frac{817}{1000}$ → ________

7 $\frac{2019}{10000}$ → ________

내가 발견한 개념 — 분모가 10의 거듭제곱이면?

• 분모가 10의 거듭제곱인 분수는 [ ]소수로 나타낼 수 있다.

● 다음은 분수의 분모를 10의 거듭제곱으로 고쳐서 소수로 나타내는 과정이다. □ 안에 알맞은 수를 써넣으시오.

8 $\frac{2}{5}=\frac{2\times\square}{5\times\square}=\frac{\square}{10}=\square$

9 $\frac{7}{8}=\frac{7}{2^3}=\frac{7\times\square}{2^3\times\square}=\frac{\square}{1000}=\square$

10 $\frac{1}{20}=\frac{1}{2^2\times5}=\frac{1\times\square}{2^2\times5\times\square}=\frac{\square}{100}=\square$

11 $\frac{4}{25}=\frac{4}{5^2}=\frac{4\times\square}{5^2\times\square}=\frac{\square}{100}=\square$

12 $\frac{7}{40}=\frac{7}{2^3\times5}=\frac{7\times\square}{2^3\times5\times\square}=\frac{\square}{1000}$

$=\square$

내가 발견한 개념 　유한소수로 나타낼 수 있는 분수의 특징은?

• 분모가 10의 거듭제곱인 수의 소인수는 □ 나 □ 뿐이다.

13 $\frac{3}{12}=\frac{1}{4}=\frac{1}{2^2}=\frac{1\times\square}{2^2\times\square}=\frac{\square}{100}=\square$

14 $\frac{27}{60}=\frac{9}{20}=\frac{9}{2^2\times5}=\frac{9\times\square}{2^2\times5\times\square}=\frac{\square}{100}$

$=\square$

15 $\frac{24}{64}=\frac{3}{8}=\frac{3}{2^3}=\frac{3\times\square}{2^3\times\square}=\frac{\square}{1000}$

$=\square$

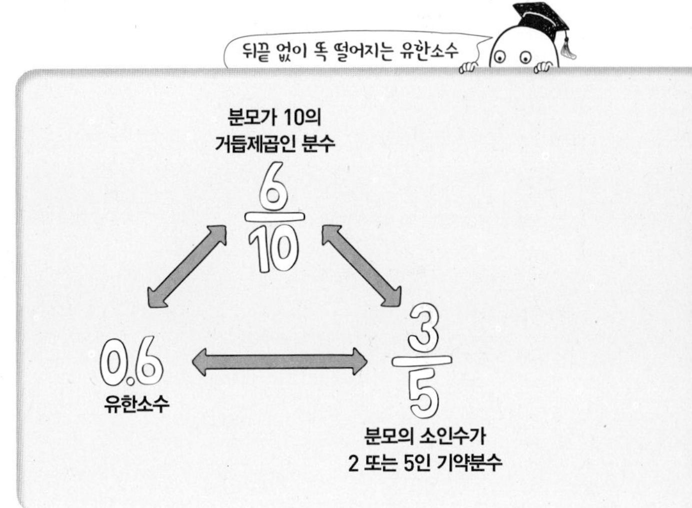

개념모음문제

16 다음은 분수 $\frac{5}{8}$를 유한소수로 나타내는 과정이다. $a+bc$의 값은? (단, a, b, c는 상수)

$$\frac{5}{8}=\frac{5}{2^3}=\frac{5\times a}{2^3\times a}=\frac{625}{b}=c$$

① 600　② 650　③ 700
④ 750　⑤ 800

2nd 유한소수로 나타낼 수 있는 분수 이해하기

• 다음은 분수의 분모를 소인수분해하여 나타낸 것이다. 분모의 소인수를 말하고, 옳은 것에 ○를 하시오.

17 $\frac{3}{4}=\frac{3}{2^2}$

분모의 소인수는 ______ 이고,

유한소수로 나타낼 수 (있다, 없다).

18 $\frac{5}{6}=\frac{5}{2\times3}$

분모의 소인수는 ______ 이고,

유한소수로 나타낼 수 (있다, 없다).

19 $\frac{9}{8}=\frac{9}{2^3}$

분모의 소인수는 ______ 이고,

유한소수로 나타낼 수 (있다, 없다).

20 $\frac{7}{20}=\frac{7}{2^2\times5}$

분모의 소인수는 ______ 이고,

유한소수로 나타낼 수 (있다, 없다).

21 $\frac{12}{25}=\frac{12}{5^2}$

분모의 소인수는 ______ 이고,

유한소수로 나타낼 수 (있다, 없다).

22 $\frac{13}{30}=\frac{13}{2\times3\times5}$

분모의 소인수는 ______ 이고,

유한소수로 나타낼 수 (있다, 없다).

23 $\frac{19}{50}=\frac{19}{2\times5^2}$

분모의 소인수는 ______ 이고,

유한소수로 나타낼 수 (있다, 없다).

24 $\frac{7}{60}=\frac{7}{2^2\times3\times5}$

분모의 소인수는 ______ 이고,

유한소수로 나타낼 수 (있다, 없다).

25 $\frac{13}{70}=\frac{13}{2\times5\times7}$

분모의 소인수는 ______ 이고,

유한소수로 나타낼 수 (있다, 없다).

26 $\frac{3}{220}=\frac{3}{2^2\times5\times11}$

분모의 소인수는 ______ 이고,

유한소수로 나타낼 수 (있다, 없다).

● 다음 분수를 기약분수로 나타낸 후, 분모를 소인수분해하고, 유한소수로 나타낼 수 있는 것은 '유한'을, 무한소수로 나타낼 수 있는 것은 '무한'을 (   ) 안에 써넣으시오.

기약분수로 나타내기	분모를 소인수분해하기

27 $\frac{9}{12}=$ ………… $=$ …………
→ (   )소수

28 $\frac{3}{18}=$ ………… $=$ …………
→ (   )소수

29 $\frac{6}{20}=$ ………… $=$ …………
→ (   )소수

30 $\frac{7}{28}=$ ………… $=$ …………
→ (   )소수

31 $\frac{9}{60}=$ ………… $=$ …………
→ (   )소수

32 $\frac{18}{75}=$ ………… $=$ …………
→ (   )소수

33 $\frac{14}{84}=$ ………… $=$ …………
→ (   )소수

34 $\frac{12}{108}=$ ………… $=$ …………
→ (   )소수

35 $\frac{15}{180}=$ ………… $=$ …………
→ (   )소수

36 $\frac{21}{280}=$ ………… $=$ …………
→ (   )소수

개념모음문제

37 다음 분수 중 유한소수로 나타낼 수 없는 것은?

① $\frac{18}{12}$ ② $\frac{13}{50}$ ③ $\frac{21}{2\times5\times7}$
④ $\frac{15}{84}$ ⑤ $\frac{66}{2^2\times3\times11}$

3rd 유한소수가 되게 하는 수 구하기

● 다음 분수에 어떤 자연수를 곱하면 유한소수로 나타낼 수 있다. 어떤 자연수 중 가장 작은 자연수를 □ 안에 써넣으시오.

38 $\frac{1}{2\times7}\times\square$

분모의 소인수가 2나 5가 되도록 만들어 봐!

39 $\frac{7}{2\times3\times5}\times\square$

40 $\frac{14}{3\times5\times7}\times\square$

먼저 기약분수인지 확인해야 해!

41 $\frac{15}{2^2\times5\times11}\times\square$

42 $\frac{27}{3^2\times5\times7}\times\square$

43 $\frac{21}{2^2\times3^2\times5}\times\square$

44 $\frac{3}{28}\times\square$

분모를 소인수분해해야 해!

45 $\frac{7}{36}\times\square$

46 $\frac{17}{60}\times\square$

47 $\frac{7}{132}\times\square$

내가 발견한 개념 분수에 자연수를 곱하여 유한소수가 되게 하려면?

• 기약분수로 고친 후 분모의 소인수 중 □나 □ 이외의 소인수를 약분하여 없앨 수 있는 수를 곱한다.

개념모음문제

48 분수 $\frac{n}{600}$을 소수로 나타내면 유한소수가 될 때, n의 값이 될 수 있는 가장 작은 두 자리의 자연수는?

① 10 ② 12 ③ 14
④ 16 ⑤ 18

● 다음 분수를 소수로 나타내면 유한소수가 될 때, 자연수 x의 값이 될 수 있는 수에 ○를 하시오.

49 $\frac{1}{2\times5\times x}$ → 2, 3, 4, 5, 7, 11

50 $\frac{7}{2\times5\times x}$ → 2, 3, 4, 5, 7, 11

51 $\frac{21}{2\times x}$ → 2, 3, 4, 5, 7, 11

52 $\frac{6}{5\times x}$ → 2, 3, 4, 5, 7, 11

53 $\frac{22}{2\times5\times x}$ → 2, 3, 4, 5, 7, 11

54 $\frac{28}{2\times5\times x}$ → 2, 3, 4, 5, 7, 11

55 $\frac{33}{2\times5\times x}$ → 2, 3, 4, 5, 7, 11

56 $\frac{154}{2\times5\times x}$ → 2, 3, 4, 5, 7, 11

57 $\frac{3}{2^2\times x}$ → 2, 3, 4, 5, 7, 11

58 $\frac{7}{5^2\times x}$ → 2, 3, 4, 5, 7, 11

59 $\frac{42}{2^2\times5\times x}$ → 2, 3, 4, 5, 7, 11

개념모음문제

60 분수 $\frac{9}{2^2\times5\times x}$를 소수로 나타내면 유한소수가 될 때, 다음 중 자연수 x의 값이 될 수 없는 것은?

① 3 ② 6 ③ 12
④ 18 ⑤ 27

06

분모의 소인수를 살펴봐!

순환소수로 나타낼 수 있는 분수

$$\frac{1}{2\times3\times5}=0.0\dot{3}$$

2나 5가 아닌 수!

기약분수의 분모의 소인수가 2 또는 5 이외의 다른 소인수가 있으면 순환소수이다.

- **분수를 소수로 나타냈을 때 순환소수인 경우**
  분수를 기약분수로 고친 후, 그 분모를 소인수분해하였을 때 소인수에 2 또는 5 이외의 다른 소인수가 있으면 순환소수이다.

1st 순환소수로 만드는 미지수의 값 구하기

● 다음 분수를 소수로 나타내면 순환소수가 될 때, 보기에서 x의 값이 될 수 있는 것만을 있는 대로 고르시오.

보기		
ㄱ. 2	ㄴ. 3	ㄷ. 4
ㄹ. 5	ㅁ. 6	ㅂ. 7

1 $\frac{x}{6}$ ....

$\frac{x}{6}=\frac{x}{2\times3}$ 이므로 순환소수가 되려면 x의 값이 3의 배수가 아니어야 해!

2 $\frac{x}{7}$ ....

3 $\frac{x}{9}$ ....

4 $\frac{x}{12}$ ....

5 $\frac{x}{24}$ ....

6 $\frac{x}{28}$ ....

7 $\frac{x}{30}$ ....

내가 발견한 개념 | 순환소수가 되려면?

- 기약분수의 분모를 소인수분해했을 때 소인수가 2 또는 ☐ 이외의 다른 소인수가 있으면 그 분수를 소수로 나타내었을 때 ☐ 소수가 된다.

개념모음문제

8 분수 $\frac{15}{x}$를 소수로 나타내면 순환소수가 될 때, 다음 중 x의 값이 될 수 <u>없는</u> 것은?

① 45 ② 65 ③ 85
④ 105 ⑤ 125

TEST 1. 유리수의 소수 표현

1 다음 중 정수가 아닌 유리수를 모두 고르시오.

$\frac{9}{4}$, -5, -3.14, 0, $\frac{12}{3}$, 7, $-\frac{10}{5}$

2 다음 중 순환마디가 바르게 연결된 것은?

① $0.707070\cdots \rightarrow 07$
② $1.919191\cdots \rightarrow 19$
③ $0.3575757\cdots \rightarrow 57$
④ $3.84384384384\cdots \rightarrow 384$
⑤ $4.963963963\cdots \rightarrow 9639$

3 분수 $\frac{2}{33}$를 소수로 나타내었을 때, 순환마디의 숫자의 개수는 a, 소수점 아래 1000번째 자리의 숫자를 b라 하자. $a+b$의 값을 구하시오.

4 다음은 분수 $\frac{13}{40}$을 10의 거듭제곱을 이용하여 소수로 나타내는 과정이다. 자연수 a, b, c, d, e의 값으로 옳지 않은 것은?

$$\frac{13}{40}=\frac{13}{2^a\times5}=\frac{13\times c}{2^a\times5\times b}=\frac{d}{1000}=e$$

① $a=3$ ② $b=5^2$ ③ $c=5^3$
④ $d=325$ ⑤ $e=0.325$

5 다음 분수 중 유한소수로 나타낼 수 없는 것은?

① $\frac{3}{24}$ ② $\frac{132}{55}$ ③ $\frac{9}{60}$
④ $\frac{36}{70}$ ⑤ $\frac{15}{96}$

6 분수 $\frac{a}{168}$를 소수로 나타내면 유한소수가 될 때, 다음 중 a의 값이 될 수 있는 것은?

① 3 ② 7 ③ 14
④ 21 ⑤ 35

2

끝없는 걸 간단하게!

순환소수의 분수 표현

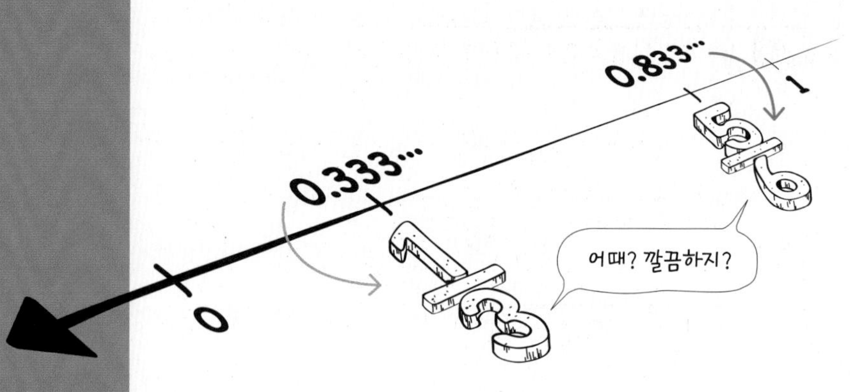

순환마디의 시작이 소수점 아래 첫째 자리부터!

$x = 0.222\cdots$

$$\begin{array}{rl} 10x = & 2.222\cdots \\ -) \quad x = & 0.222\cdots \\ \hline 9x = & 2. \quad 0 \end{array}$$

(×10, ×10) 소수점 아래가 같아지도록 식을 만들어!

어? 없어졌네!

$$x = \frac{2}{9}$$

순환마디의 시작이 소수점 아래 둘째 자리, 셋째 자리…

$x = 0.35454\cdots$

$$\begin{array}{rl} 1000x = & 354.5454\cdots \\ -) \quad 10x = & 3.5454\cdots \\ \hline 990x = & 351. \quad 0 \end{array}$$

소수점 아래가 같아지도록 식 두 개를 만들어!

어? 없어졌네!

$$x = \frac{351}{990} = \frac{39}{110}$$

01~02 순환소수를 분수로 나타내는 방법

순환소수를 분수로 나타내는 방법의 핵심은 순환소수에 10의 거듭제곱을 곱해서 소수점 아래가 같아지도록 식을 두 개 만드는 거야! 그러면 두 개의 식의 차를 이용해서 순환마디를 없앨 수 있어!
순환마디가 사라졌으니 이제 등식의 성질을 이용해서 순환소수를 분수로 나타내 보자!

03~04 순환소수를 분수로 나타내는 공식

순환소수를 분수로 만드는 연습을 충분히 하다보면 순환소수를 분수로 바꾸는 공식이 보여! 무조건 외우지 말고 원리를 이해해 봐~! 공식을 쉽게 이용할 수 있을 거야!

순환마디의 시작이 소수점 아래 첫째 자리 부터!

$$x = 1.\dot{2}\dot{3}$$

$$\begin{array}{r} 100x = 123.232323\cdots \\ -)\quad x = \quad 1.232323\cdots \\ \hline 99x = 122 \end{array}$$

정수 부분

전체의 수

$$\rightarrow 1.\dot{2}\dot{3} = \frac{123-1}{99} = \frac{122}{99}$$

순환마디 숫자 2개 (9 쓰기)

순환마디의 시작이 소수점 아래 둘째 자리, 셋째 자리…

$$x = 1.2\dot{3}\dot{4}$$

$$\begin{array}{r} 1000x = 1234.343434\cdots \\ -)\quad 10x = \quad 12.343434\cdots \\ \hline 990x = 1222 \end{array}$$

순환하지 않는 부분의 수

전체의 수

$$\rightarrow 1.2\dot{3}\dot{4} = \frac{1234-12}{990} = \frac{1222}{990} = \frac{611}{495}$$

순환마디 숫자 2개 (9 쓰기)

소수점 아래에서 순환하지 않는 숫자 1개 (0 쓰기)

05 유리수와 소수의 관계

유리수는 분수 꼴로 나타낼 수 있는 수야! 따라서 소수 중 유한소수와 순환소수는 분수로 나타낼 수 있으니깐 유리수지!

그리고 순환하지 않는 무한소수는 분수로 바꿀 수 없어서 유리수라 할 수 없어. 유리수가 아니면 뭘까? 그건 중3 때 배울 거야.

분수 꼴로 표현되는 소수는 모두 유리수!

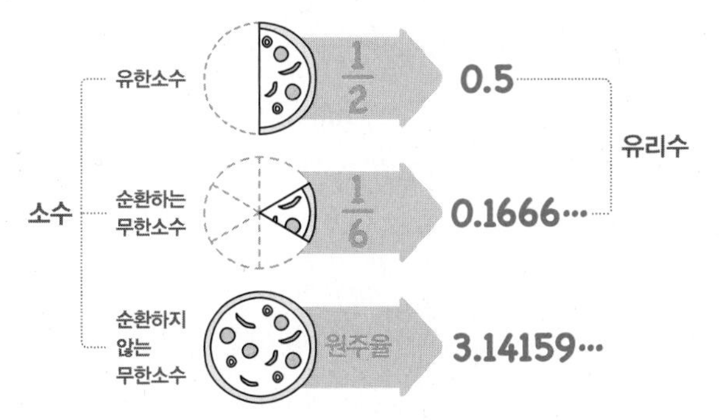

유한소수, 순환소수 모두
분수로 나타낼 수 있으므로 유리수이다.

01 순환마디의 시작이 소수점 아래 첫째 자리부터!

순환소수를 분수로 나타내는 방법 (1)

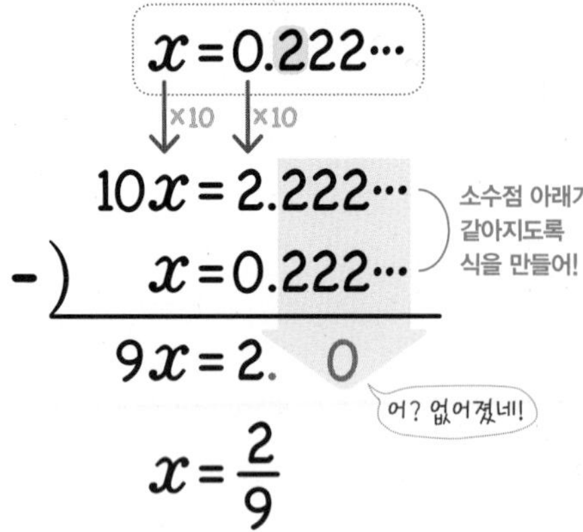

- 소수점 아래 첫째 자리부터 순환마디가 시작되는 순환소수를 분수로 나타내는 방법
  - (i) 주어진 순환소수를 x로 놓는다.
  - (ii) (i)의 양변에 순환마디의 숫자의 개수만큼 10의 거듭제곱을 곱한다.
  - (iii) (i), (ii)의 두 식을 변끼리 빼어 순환하는 부분을 없앤 후 x의 값을 구한다.

참고 순환마디의 숫자의 개수만큼 10의 거듭제곱을 곱하면 두 수의 소수 부분이 같아진다.

원리확인 다음은 순환소수 $0.\dot{5}$를 분수로 나타내는 과정이다. □ 안에 알맞은 수를 써넣으시오.

$0.\dot{5}$를 x라 하면 $x=0.555\cdots$ …… ㉠

㉠×□을 하면 □$x=5.555\cdots$ …… ㉡

㉡−㉠을 하면

□$x=5.555\cdots$

$-)\quad x=0.555\cdots$

$9x=$□

따라서 $x=$□

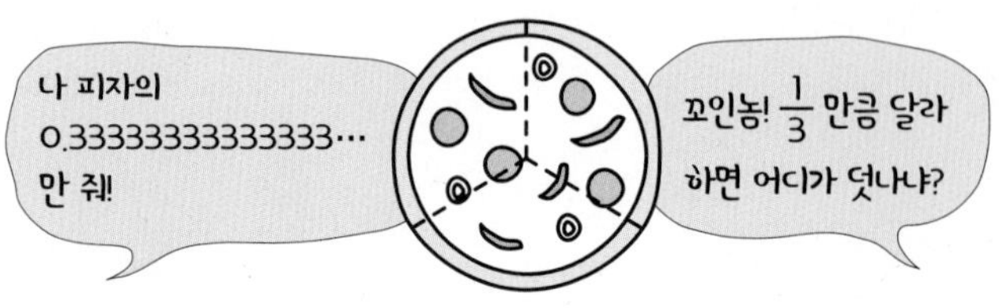

1st 순환소수를 분수로 나타내는 과정 이해하기

● 다음은 순환소수를 분수로 나타내는 과정이다. □ 안에 알맞은 수를 써넣으시오.

1 $0.\dot{3}$

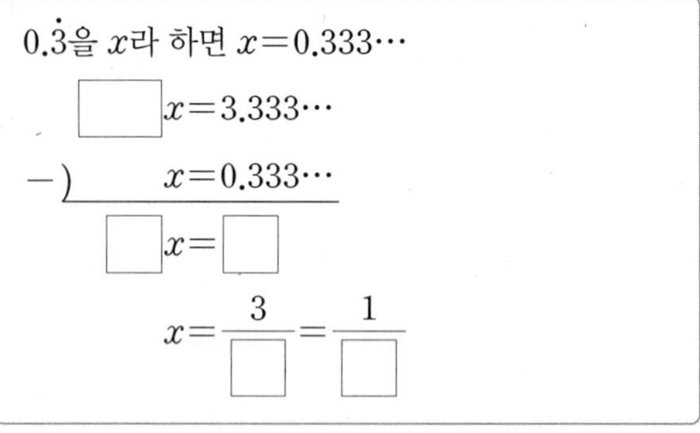

$0.\dot{3}$을 x라 하면 $x=0.333\cdots$

□$x=3.333\cdots$

$-)\quad x=0.333\cdots$

□$x=$□

$x=\frac{3}{\square}=\frac{1}{\square}$

답은 약분하여 기약분수로 써야 해!

2 $1.\dot{4}$

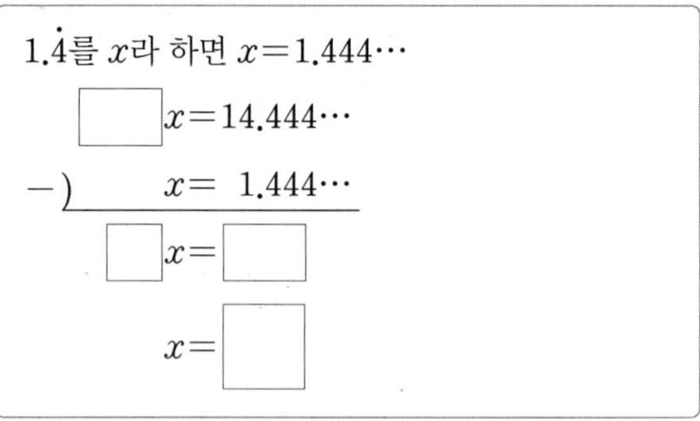

$1.\dot{4}$를 x라 하면 $x=1.444\cdots$

□$x=14.444\cdots$

$-)\quad x=\ 1.444\cdots$

□$x=$□

$x=$□

3 $2.\dot{6}$

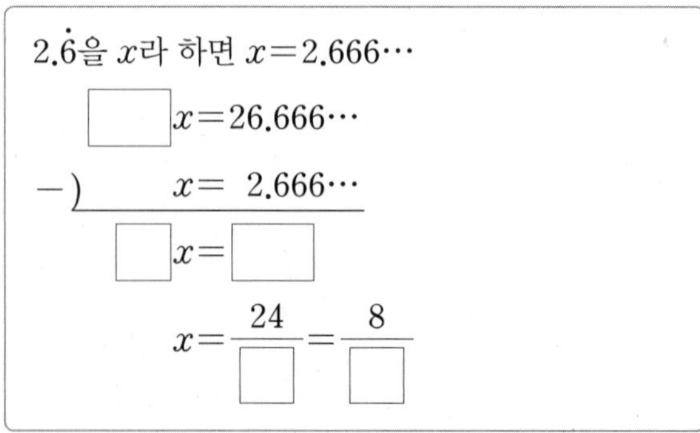

$2.\dot{6}$을 x라 하면 $x=2.666\cdots$

□$x=26.666\cdots$

$-)\quad x=\ 2.666\cdots$

□$x=$□

$x=\frac{24}{\square}=\frac{8}{\square}$

4 $0.\dot{2}\dot{5}$

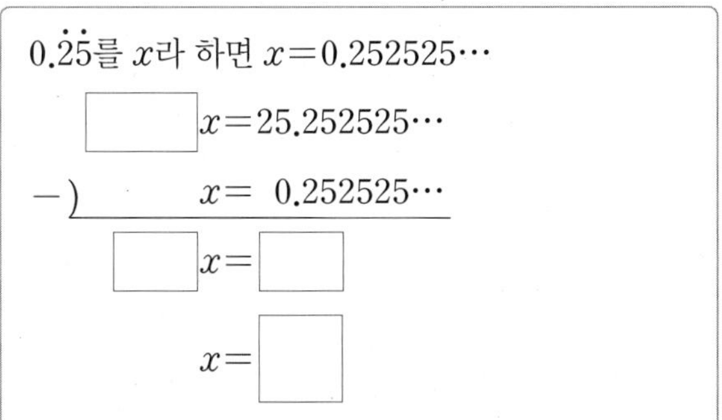

$0.\dot{2}\dot{5}$를 x라 하면 $x=0.252525\cdots$

$\square\, x=25.252525\cdots$

$-)\quad x=\ \ 0.252525\cdots$

$\square\, x=\square$

$x=\square$

5 $1.\dot{4}\dot{3}$

$1.\dot{4}\dot{3}$을 x라 하면 $x=1.434343\cdots$

$\square\, x=143.434343\cdots$

$-)\quad x=\ \ 1.434343\cdots$

$\square\, x=\square$

$x=\square$

6 $3.\dot{7}\dot{2}$

$3.\dot{7}\dot{2}$를 x라 하면 $x=3.727272\cdots$

$\square\, x=372.727272\cdots$

$-)\quad x=\ \ 3.727272\cdots$

$\square\, x=\square$

$x=\dfrac{369}{\square}=\dfrac{41}{\square}$

7 $0.\dot{4}1\dot{3}$

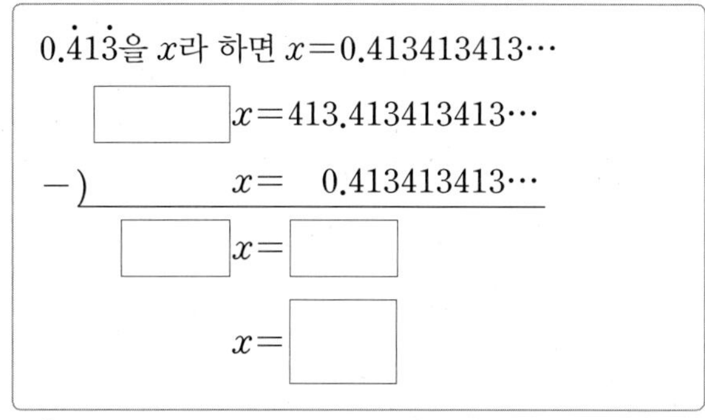

$0.\dot{4}1\dot{3}$을 x라 하면 $x=0.413413413\cdots$

$\square\, x=413.413413413\cdots$

$-)\quad x=\ \ 0.413413413\cdots$

$\square\, x=\square$

$x=\square$

8 $1.\dot{1}2\dot{6}$

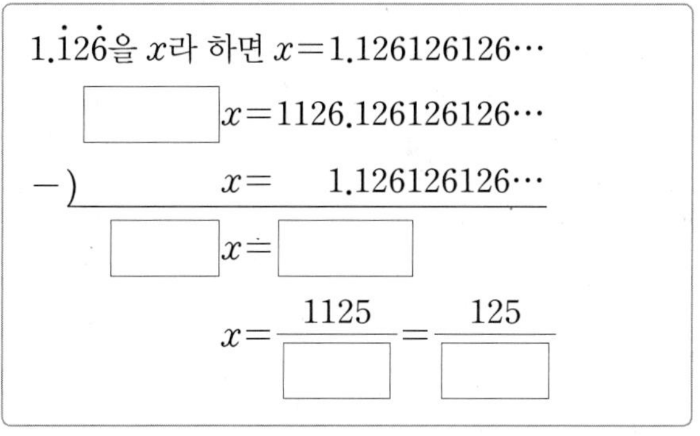

$1.\dot{1}2\dot{6}$을 x라 하면 $x=1.126126126\cdots$

$\square\, x=1126.126126126\cdots$

$-)\quad x=\ \ 1.126126126\cdots$

$\square\, x=\square$

$x=\dfrac{1125}{\square}=\dfrac{125}{\square}$

9 $2.\dot{3}4\dot{5}$

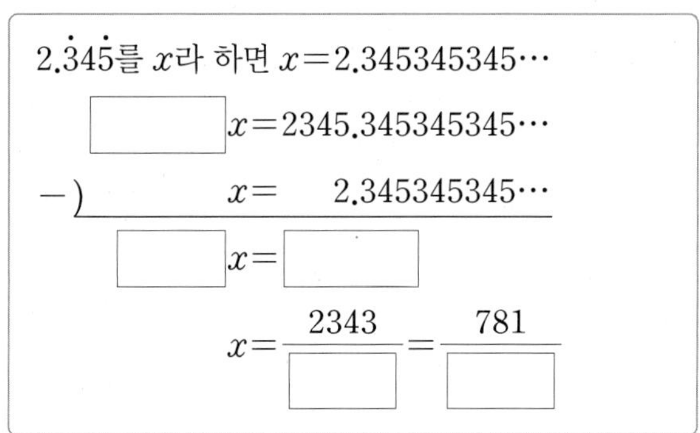

$2.\dot{3}4\dot{5}$를 x라 하면 $x=2.345345345\cdots$

$\square\, x=2345.345345345\cdots$

$-)\quad x=\ \ 2.345345345\cdots$

$\square\, x=\square$

$x=\dfrac{2343}{\square}=\dfrac{781}{\square}$

2nd 순환소수를 분수로 나타내기

● **다음 순환소수를 기약분수로 나타내시오.**

10 $0.\dot{4}$

→ $0.\dot{4}$를 x라 하면 $x=0.444\cdots$

$10x=4.444\cdots$

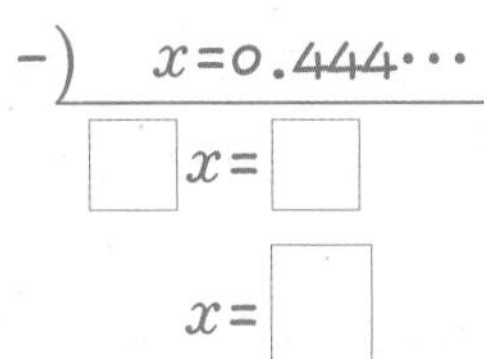

11 $1.\dot{3}$

12 $3.\dot{7}$

13 $10.\dot{6}$

14 $0.\dot{3}\dot{7}$

15 $0.\dot{6}\dot{5}$

16 $1.\dot{4}\dot{0}$

17 $1.\dot{8}\dot{2}$

18 $2.\dot{3}\dot{2}$

19 $0.\dot{6}1\dot{8}$

20 $1.\dot{4}2\dot{9}$

21 $2.\dot{2}3\dot{4}$

22 $0.\dot{1}23\dot{4}$

23 $1.\dot{0}01\dot{1}$

● **다음 순환소수를 분수로 나타내기 위해 필요한 간단한 식을 찾아 줄로 이으시오.**

24

$x=0.\dot{1}5\dot{4}$ •	• $10x-x$
$x=0.\dot{8}$ •	• $100x-x$
$x=9.\dot{8}\dot{5}$ •	• $1000x-x$

25

$x=0.\dot{4}68\dot{2}$ •	• $10x-x$
$x=2.\dot{3}7\dot{6}$ •	• $1000x-x$
$x=3.\dot{1}$ •	• $10000x-x$

26

$x=0.\dot{7}5\dot{6}$ •	• $100x-x$
$x=3.\dot{5}79\dot{1}$ •	• $1000x-x$
$x=10.\dot{9}\dot{7}$ •	• $10000x-x$

27

$x=0.\dot{7}\dot{1}$ •	• $10x-x$
$x=1.\dot{0}24\dot{6}$ •	• $100x-x$
$x=100.\dot{0}0\dot{1}$ •	• $1000x-x$
$x=393.\dot{9}$ •	• $10000x-x$

28

$x=5.\dot{5}$ •	• $10x-x$
$x=6.\dot{9}5\dot{4}$ •	• $100x-x$
$x=12.\dot{3}45\dot{6}$ •	• $1000x-x$
$x=111.\dot{2}\dot{3}$ •	• $10000x-x$

개념모음문제

29 다음 중 순환소수 $x=2.\dot{3}6\dot{8}$을 분수로 나타낼 때, 가장 편리한 식은?

① $10x-x$ ② $100x-x$
③ $100x-10x$ ④ $1000x-x$
⑤ $1000x-10x$

02 순환마디의 시작이 소수점 아래 둘째 자리, 셋째 자리⋯

순환소수를 분수로 나타내는 방법 (2)

$x=0.35454\cdots$

$$
\begin{array}{r}
1000x=354.5454\cdots \\
-)\quad 10x=\quad 3.5454\cdots \\
\hline
990x=351.\quad 0
\end{array}
$$

소수점 아래가 같아지도록 식 두 개를 만들어!

어? 없어졌네!

$$x=\frac{351}{990}=\frac{39}{110}$$

- 소수점 아래 둘째 자리 이상부터 순환마디가 시작되는 순환소수를 분수로 나타내는 방법
  (i) 주어진 순환소수를 x로 놓는다.
  (ii) 소수점 아래 첫째 자리부터 똑같이 순환마디가 시작되도록 양변에 10의 거듭제곱을 곱하여 두 식을 만든다.
  (iii) 두 식을 변끼리 빼어 순환하는 부분을 없앤 후 x의 값을 구한다.

원리확인 다음은 순환소수 $0.1\dot{5}$를 분수로 나타내는 과정이다. □ 안에 알맞은 수를 써넣으시오.

$0.1\dot{5}$를 x라 하면

$x=0.1555\cdots$ ⋯⋯ ㉠

㉠×100을 하면

□$x=15.555\cdots$ ⋯⋯ ㉡

㉠×10을 하면

□$x=1.555\cdots$ ⋯⋯ ㉢

㉡−㉢을 하면

$$
\begin{array}{r}
\square x=15.555\cdots \\
-)\quad \square x=\ \ 1.555\cdots \\
\hline
90x=\square
\end{array}
$$

따라서 $x=\frac{\square}{90}=\frac{\square}{45}$

1st — 순환소수를 분수로 나타내는 과정 이해하기

● 다음은 순환소수를 분수로 나타내는 과정이다. □ 안에 알맞은 수를 써넣으시오.

1 $0.4\dot{3}$

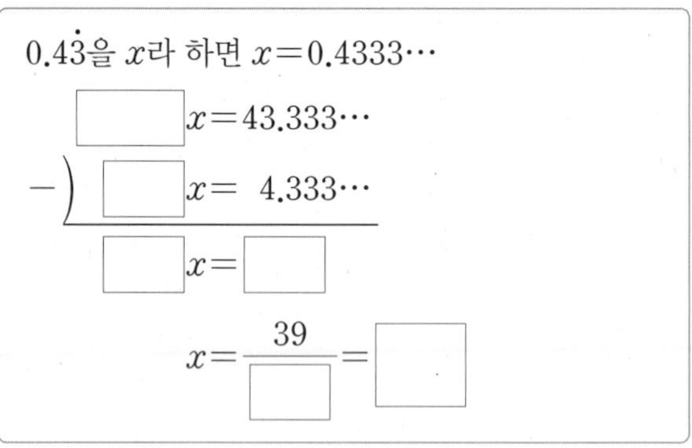

$0.4\dot{3}$을 x라 하면 $x=0.4333\cdots$

$$
\begin{array}{r}
\square x=43.333\cdots \\
-)\quad \square x=\ \ 4.333\cdots \\
\hline
\square x=\square
\end{array}
$$

$x=\frac{39}{\square}=\square$

2 $1.7\dot{4}$

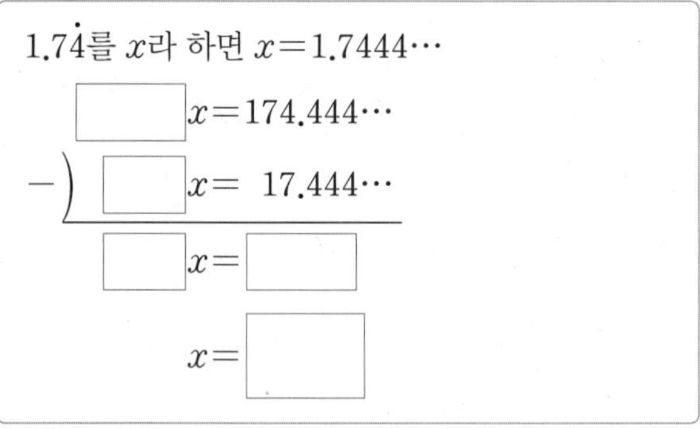

$1.7\dot{4}$를 x라 하면 $x=1.7444\cdots$

$$
\begin{array}{r}
\square x=174.444\cdots \\
-)\quad \square x=\ \ 17.444\cdots \\
\hline
\square x=\square
\end{array}
$$

$x=\square$

3 $0.32\dot{1}$

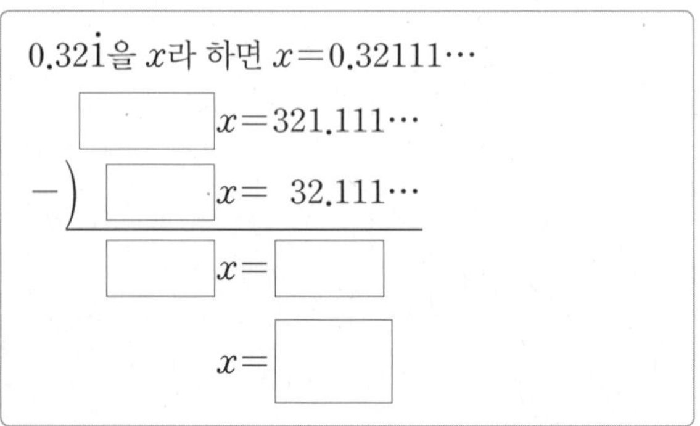

$0.32\dot{1}$을 x라 하면 $x=0.32111\cdots$

$$
\begin{array}{r}
\square x=321.111\cdots \\
-)\quad \square x=\ \ 32.111\cdots \\
\hline
\square x=\square
\end{array}
$$

$x=\square$

4 $2.50\dot{6}$

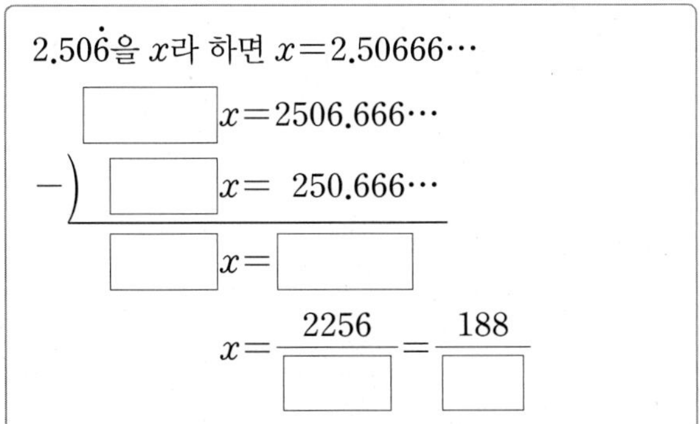

$2.50\dot{6}$을 x라 하면 $x=2.50666\cdots$

$$\begin{array}{rl} \square\, x = & 2506.666\cdots \\ -)\ \square\, x = & 250.666\cdots \\ \hline \square\, x = & \square \end{array}$$

$$x=\frac{2256}{\square}=\frac{188}{\square}$$

7 $1.24\dot{1}\dot{6}$

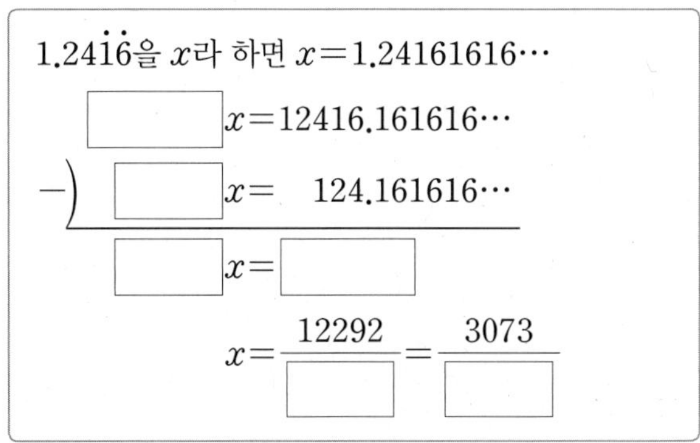

$1.24\dot{1}\dot{6}$을 x라 하면 $x=1.24161616\cdots$

$$\begin{array}{rl} \square\, x = & 12416.161616\cdots \\ -)\ \square\, x = & 124.161616\cdots \\ \hline \square\, x = & \square \end{array}$$

$$x=\frac{12292}{\square}=\frac{3073}{\square}$$

5 $0.7\dot{2}\dot{5}$

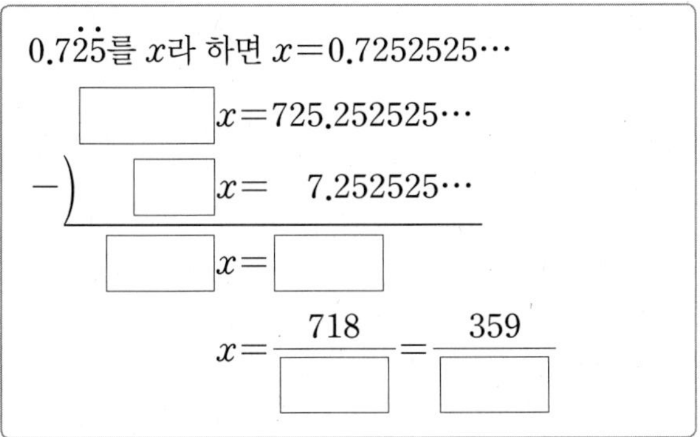

$0.7\dot{2}\dot{5}$를 x라 하면 $x=0.7252525\cdots$

$$\begin{array}{rl} \square\, x = & 725.252525\cdots \\ -)\ \square\, x = & 7.252525\cdots \\ \hline \square\, x = & \square \end{array}$$

$$x=\frac{718}{\square}=\frac{359}{\square}$$

8 $0.\dot{1}30\dot{9}$

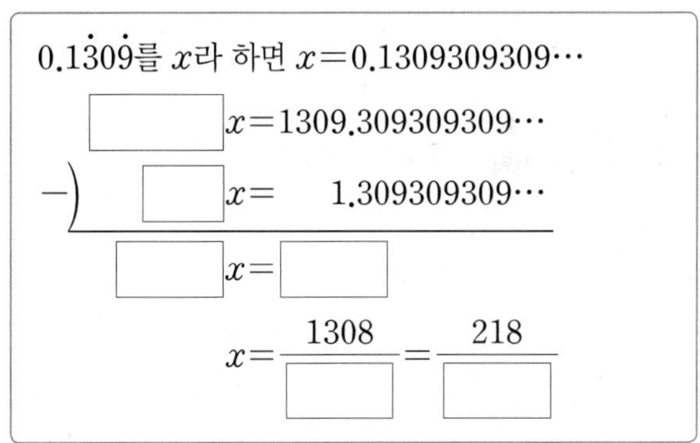

$0.\dot{1}30\dot{9}$를 x라 하면 $x=0.1309309309\cdots$

$$\begin{array}{rl} \square\, x = & 1309.309309309\cdots \\ -)\ \square\, x = & 1.309309309\cdots \\ \hline \square\, x = & \square \end{array}$$

$$x=\frac{1308}{\square}=\frac{218}{\square}$$

6 $3.1\dot{7}\dot{2}$

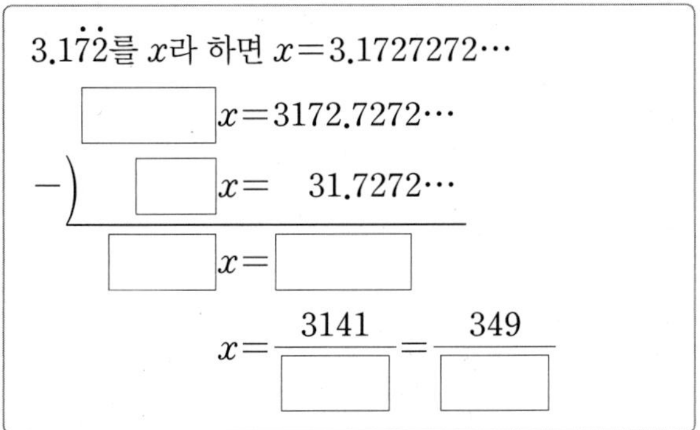

$3.1\dot{7}\dot{2}$를 x라 하면 $x=3.1727272\cdots$

$$\begin{array}{rl} \square\, x = & 3172.7272\cdots \\ -)\ \square\, x = & 31.7272\cdots \\ \hline \square\, x = & \square \end{array}$$

$$x=\frac{3141}{\square}=\frac{349}{\square}$$

9 $1.2\dot{3}4\dot{5}$

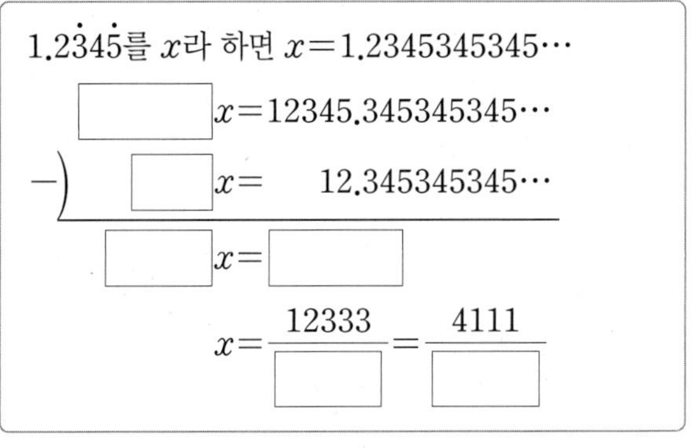

$1.2\dot{3}4\dot{5}$를 x라 하면 $x=1.2345345345\cdots$

$$\begin{array}{rl} \square\, x = & 12345.345345345\cdots \\ -)\ \square\, x = & 12.345345345\cdots \\ \hline \square\, x = & \square \end{array}$$

$$x=\frac{12333}{\square}=\frac{4111}{\square}$$

2nd 순환소수를 분수로 나타내기

● 다음 순환소수를 기약분수로 나타내시오.

10 $0.4\dot{5}$

→ $0.4\dot{5}$를 x라 하면 $x=0.4555\cdots$

$$\begin{array}{rl} 100x &= 45.555\cdots \\ -)\ \ 10x &= \ \ 4.555\cdots \\ \hline \square\, x &= \square \\ x &= \square \end{array}$$

11 $1.3\dot{5}$

12 $3.7\dot{9}$

13 $6.8\dot{4}$

14 $0.0\dot{1}\dot{7}$

15 $1.2\dot{3}\dot{0}$

16 $1.5\dot{1}\dot{6}$

17 $2.3\dot{2}\dot{4}$

18 $0.02\dot{4}$

19 $0.80\dot{7}$

20 $1.21\dot{5}$

21 $3.05\dot{4}$

22 $0.100\dot{6}$

23 $1.82\dot{6}\dot{4}$

● **다음 순환소수를 분수로 나타내기 위해 필요한 간단한 식을 찾아 줄로 이으시오.**

24

$x=0.7\dot{1}\dot{3}$ •	• $100x-10x$
$x=1.78\dot{4}$ •	• $1000x-10x$
$x=6.5\dot{1}$ •	• $1000x-100x$

25

$x=0.4\dot{7}3\dot{1}$ •	• $1000x-10x$
$x=2.32\dot{4}$ •	• $1000x-100x$
$x=3.0\dot{1}\dot{5}$ •	• $10000x-10x$

26

$x=3.2\dot{7}$ •	• $100x-10x$
$x=8.1\dot{5}7\dot{1}$ •	• $1000x-100x$
$x=2.46\dot{8}$ •	• $10000x-10x$

27

$x=0.1\dot{2}\dot{3}$ •	• $100x-10x$
$x=3.51\dot{6}$ •	• $1000x-10x$
$x=5.47\dot{3}\dot{5}$ •	• $1000x-100x$
$x=7.2\dot{3}$ •	• $10000x-100x$

28

$x=0.4\dot{6}\dot{2}$ •	• $100x-10x$
$x=1.5\dot{8}$ •	• $1000x-10x$
$x=2.31\dot{4}\dot{1}$ •	• $1000x-100x$
$x=3.19\dot{2}$ •	• $10000x-100x$

개념모음문제

29 다음 중 순환소수를 분수로 나타내는 과정에서 $1000x-100x$를 이용하는 것이 가장 편리한 것은?

① $x=0.0\dot{9}\dot{5}$　　② $x=0.9\dot{7}$
③ $x=1.3\dot{6}2\dot{1}$　　④ $x=2.58\dot{4}$
⑤ $x=3.0\dot{1}\dot{6}$

03 순환마디의 시작이 소수점 아래 첫째 자리부터!

순환소수를 분수로 나타내는 공식 (1)

$x=1.\dot{2}\dot{3}$

$$\begin{array}{rl} 100x &= 123.232323\cdots \\ -)\quad x &= \quad 1.232323\cdots \\ \hline 99x &= 122 \end{array}$$

정수 부분

전체의 수

$\rightarrow 1.\dot{2}\dot{3} = \dfrac{123-1}{99} = \dfrac{122}{99}$

순환마디 숫자 2개 (9 쓰기)

- 소수점 아래 첫째 자리부터 순환마디가 시작되는 순환소수를 분수로 나타내는 공식
  ① **분자**: (전체의 수)−(정수 부분)
  ② **분모**: 순환마디의 숫자의 개수만큼 9를 쓴다.

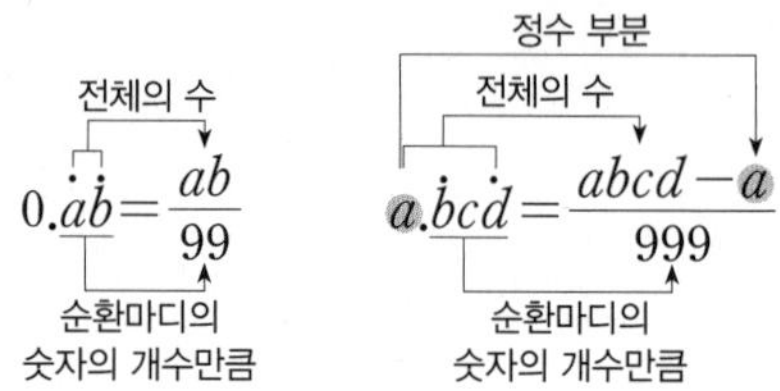

원리확인 다음은 순환소수를 분수로 나타내는 과정이다. □ 안에 알맞은 수를 써넣으시오.

❶ $x=0.\dot{2}$

$$\begin{array}{rl} 10x &= 2.222\cdots \\ -)\quad x &= 0.222\cdots \\ \hline 9x &= 2 \end{array}$$

$x=\square$

전체의 수

$\rightarrow 0.\dot{2}=\dfrac{\square}{\square}$

순환마디의 숫자 1개

❷ $x=0.\dot{3}\dot{2}$

$$\begin{array}{rl} 100x &= 32.323232\cdots \\ -)\quad x &= \ 0.323232\cdots \\ \hline 99x &= 32 \end{array}$$

$x=\square$

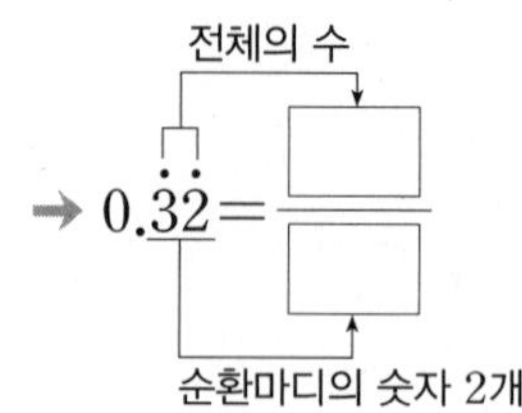

❸ $x=1.\dot{2}\dot{5}$

$$\begin{array}{rl} 100x &= 125.252525\cdots \\ -)\quad x &= \ 1.252525\cdots \\ \hline 99x &= 124 \end{array}$$

$x=\square$

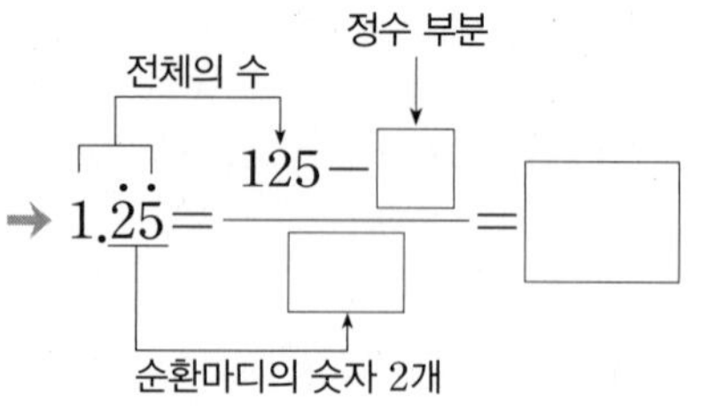

❹ $x=1.\dot{5}0\dot{4}$

$$\begin{array}{rl} 1000x &= 1504.504504504\cdots \\ -)\quad x &= \ 1.504504504\cdots \\ \hline 999x &= 1503 \end{array}$$

$x=\dfrac{1503}{\square}=\dfrac{167}{\square}$

정수 부분

전체의 수

$\rightarrow 1.\dot{5}0\dot{4}=\dfrac{1504-\square}{\square}=\dfrac{1503}{\square}=\dfrac{167}{\square}$

순환마디의 숫자 3개

1st 순환소수를 분수로 나타내는 공식 이용하기

● 다음 □ 안에 알맞은 수를 써넣으시오.

1 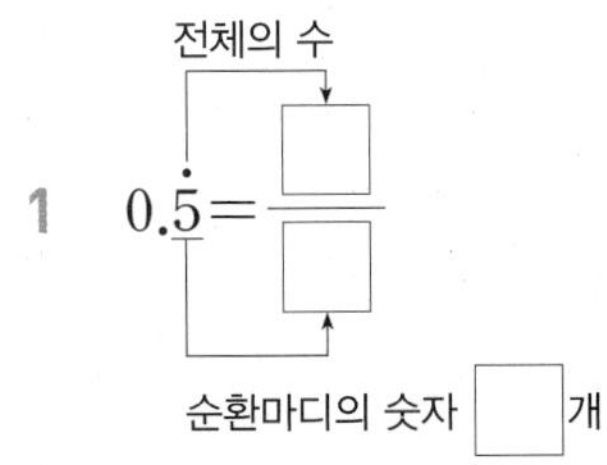

2 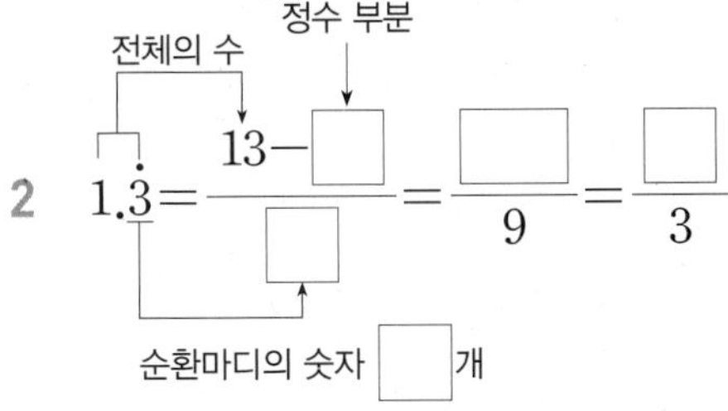

3 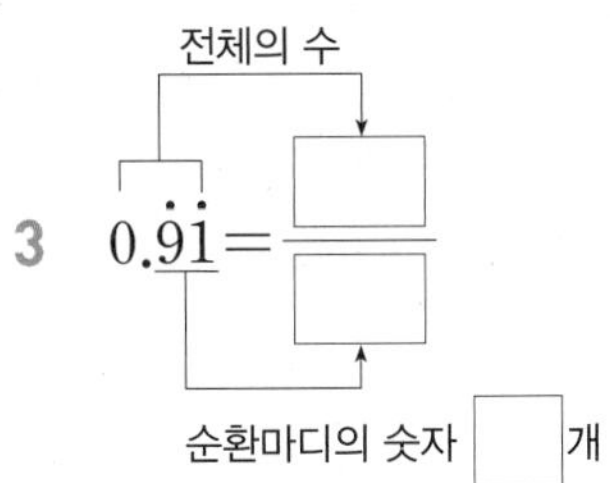

4 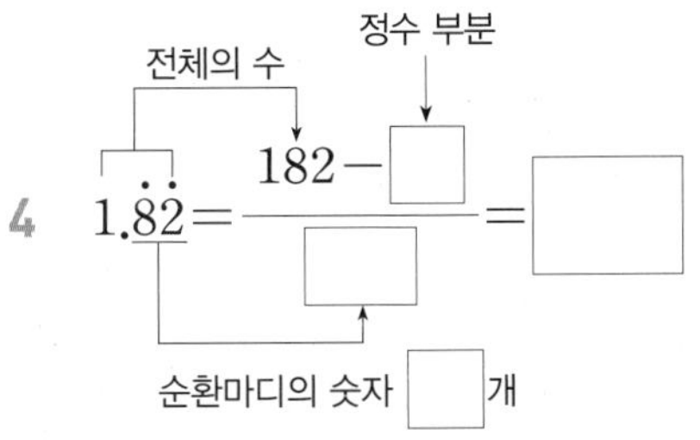

5 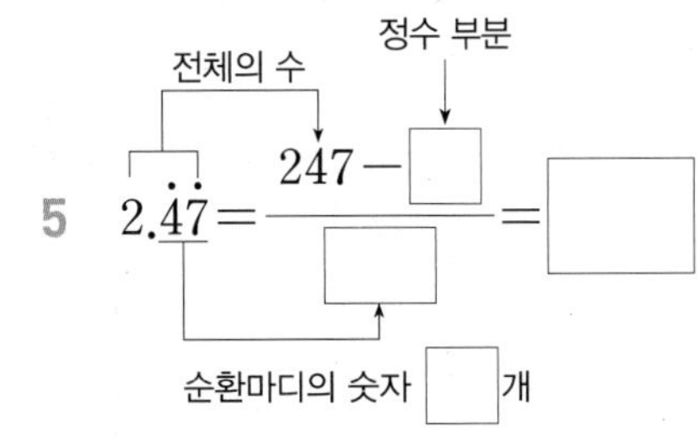

6 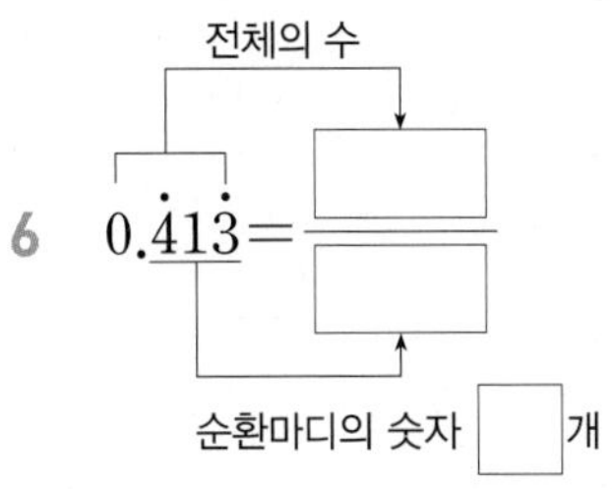

7 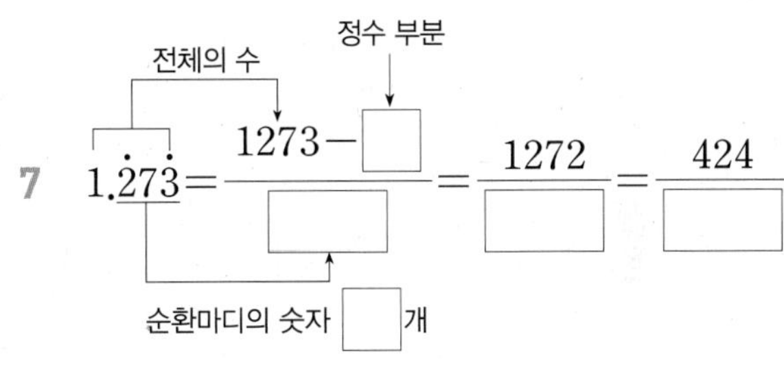

8 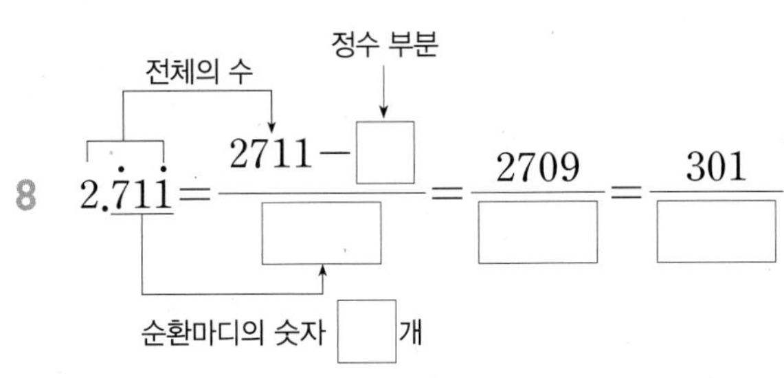

● 다음 순환소수를 기약분수로 나타내시오.

9 $0.\dot{5}=\frac{\square}{9}$

10 $0.\dot{6}$

11 $2.\dot{4}=\frac{24-\square}{9}=\frac{\square}{\square}$

12 $1.\dot{8}$

13 $3.\dot{6}$

14 $4.\dot{7}$

15 $10.\dot{5}$

16 $11.\dot{2}$

17 $0.\dot{3}\dot{4}=\frac{\square}{99}$

18 $0.\dot{4}\dot{5}$

19 $0.\dot{5}\dot{7}$

20 $0.\dot{7}\dot{2}$

21 $1.\dot{4}\dot{0}=\frac{140-\square}{99}=\frac{\square}{\square}$

22 $1.\dot{8}\dot{1}$

23 $2.\dot{0}\dot{7}$

24 $2.\dot{3}\dot{2}$

25 $3.\dot{5}\dot{2}$

26 $8.\dot{2}\dot{4}$

27 $0.\dot{6}2\dot{1}=\dfrac{\square}{999}=\dfrac{\square}{\square}$

28 $0.\dot{7}5\dot{6}$

29 $0.\dot{9}1\dot{2}$

30 $1.\dot{4}2\dot{6}=\dfrac{1426-\square}{999}=\dfrac{\square}{999}=\dfrac{\square}{\square}$

31 $2.\dot{2}3\dot{7}$

32 $3.\dot{1}5\dot{4}$

33 $3.\dot{4}2\dot{9}$

34 $4.\dot{5}1\dot{6}$

35 $6.\dot{5}1\dot{3}$

36 $0.\dot{5}67\dot{8}$

37 $1.\dot{1}00\dot{1}$

38 $1.\dot{3}57\dot{9}$

개념모음문제

39 다음 중 순환소수를 분수로 나타낸 것으로 옳지 않은 것은?

① $0.\dot{8}=\dfrac{8}{9}$　② $0.\dot{3}\dot{1}=\dfrac{31}{99}$

③ $3.\dot{3}\dot{6}=\dfrac{112}{33}$　④ $0.\dot{1}4\dot{6}=\dfrac{146}{999}$

⑤ $2.\dot{2}1\dot{6}=\dfrac{82}{37}$

04 순환마디의 시작이 소수점 아래 둘째 자리, 셋째 자리⋯

순환소수를 분수로 나타내는 공식 (2)

$x=1.2\dot{3}\dot{4}$

$$\begin{array}{rl} 1000x &= 1234.343434\cdots \\ -)\ 10x &= 12.343434\cdots \\ \hline 990x &= 1222 \end{array}$$

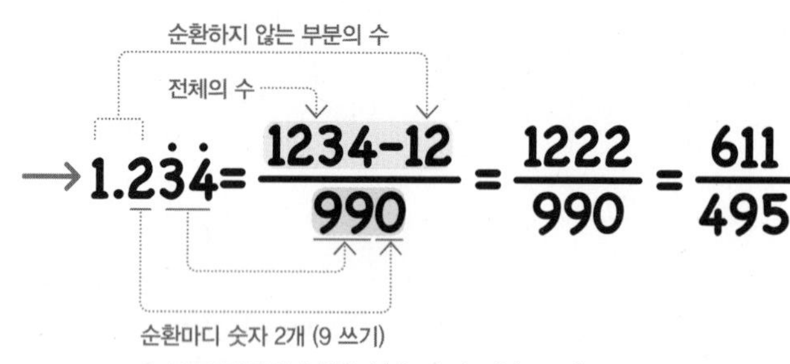

• **소수점 아래 첫째 자리부터 순환마디가 시작되지 않는 순환소수를 분수로 나타내는 공식**

① **분자:** (전체의 수)−(순환하지 않는 부분의 수)

② **분모:** 순환마디의 숫자의 개수만큼 9를 쓰고 그 뒤에 소수점 아래에서 순환하지 않는 숫자의 개수만큼 0을 쓴다.

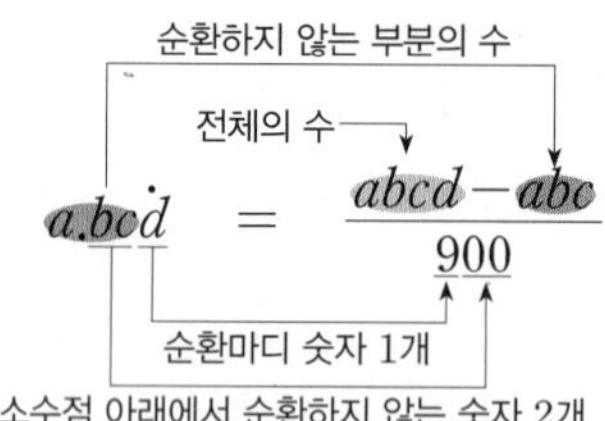

원리확인 다음은 주어진 순환소수를 기약분수로 나타내는 과정이다. □ 안에 알맞은 수를 써넣으시오.

❶ $x=0.7\dot{4}$

$$\begin{array}{rl} 100x &= 74.444\cdots \\ -)\ 10x &= 7.444\cdots \\ \hline 90x &= 67 \end{array}$$

$x=\square$

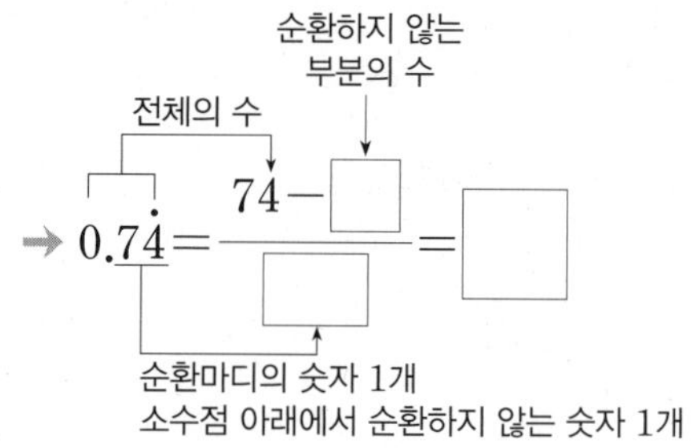

❷ $x=0.42\dot{5}$

$$\begin{array}{rl} 1000x &= 425.555\cdots \\ -)\ 100x &= 42.555\cdots \\ \hline 900x &= 383 \end{array}$$

$x=\square$

순환하지 않는 부분의 수
전체의 수

$\rightarrow 0.42\dot{5}=\dfrac{425-\square}{\square}=\square$

순환마디의 숫자 1개
소수점 아래에서 순환하지 않는 숫자 2개

❸ $x=1.1\dot{0}\dot{1}$

$$\begin{array}{rl} 1000x &= 1101.010101\cdots \\ -)\ 10x &= 11.010101\cdots \\ \hline 990x &= 1090 \end{array}$$

$x=\dfrac{1090}{\square}=\dfrac{109}{\square}$

순환하지 않는 부분의 수
전체의 수

$\rightarrow 1.1\dot{0}\dot{1}=\dfrac{1101-\square}{\square}=\dfrac{1090}{\square}=\dfrac{109}{\square}$

순환마디의 숫자 2개
소수점 아래에서 순환하지 않는 숫자 1개

1st 순환소수를 분수로 나타내는 공식 이용하기

● 다음 □ 안에 알맞은 수를 써넣으시오.

1
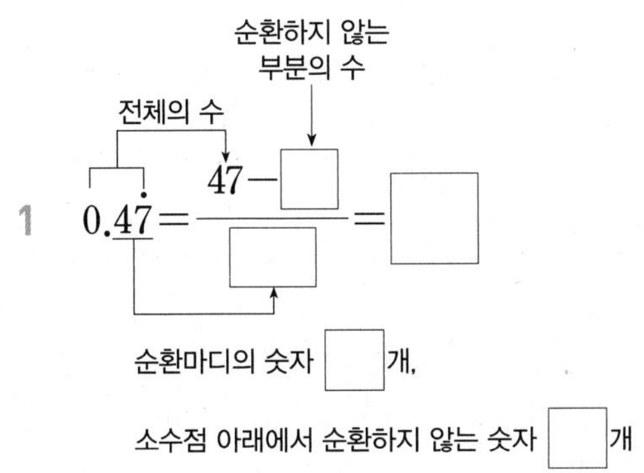

순환마디의 숫자 □개,

소수점 아래에서 순환하지 않는 숫자 □개

2
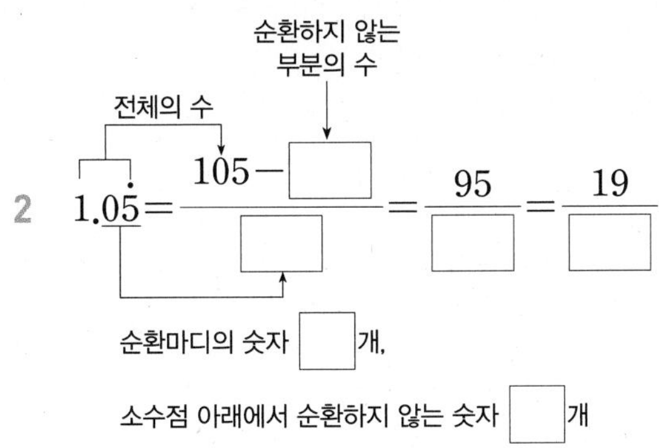

순환마디의 숫자 □개,

소수점 아래에서 순환하지 않는 숫자 □개

3
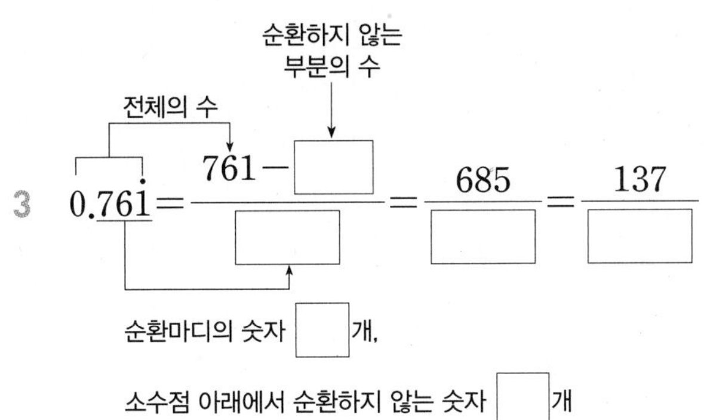

순환마디의 숫자 □개,

소수점 아래에서 순환하지 않는 숫자 □개

4
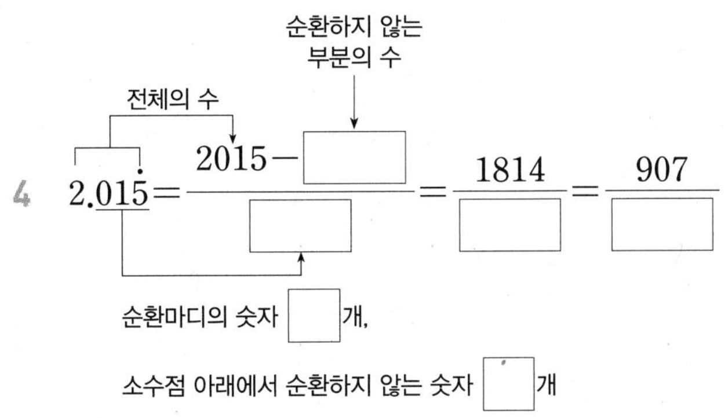

순환마디의 숫자 □개,

소수점 아래에서 순환하지 않는 숫자 □개

5
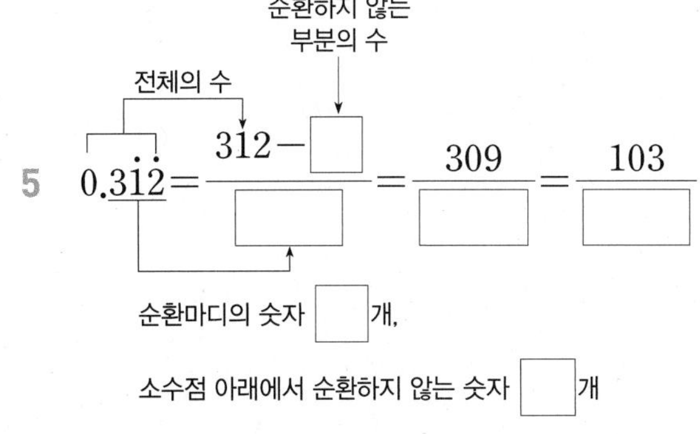

순환마디의 숫자 □개,

소수점 아래에서 순환하지 않는 숫자 □개

6
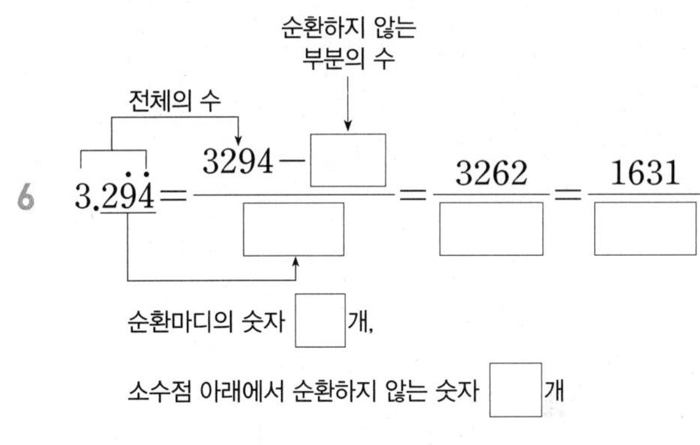

순환마디의 숫자 □개,

소수점 아래에서 순환하지 않는 숫자 □개

7
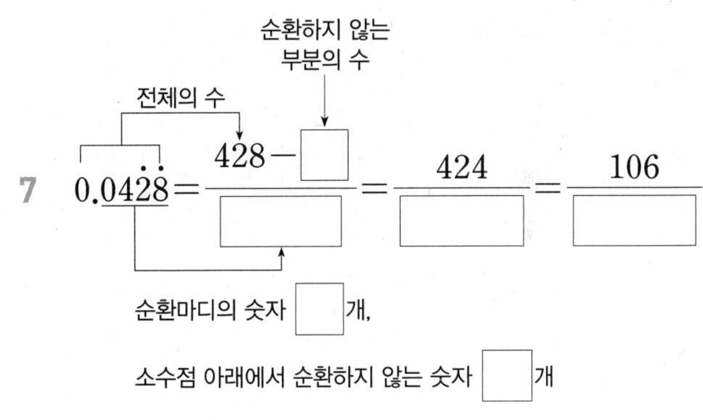

순환마디의 숫자 □개,

소수점 아래에서 순환하지 않는 숫자 □개

8
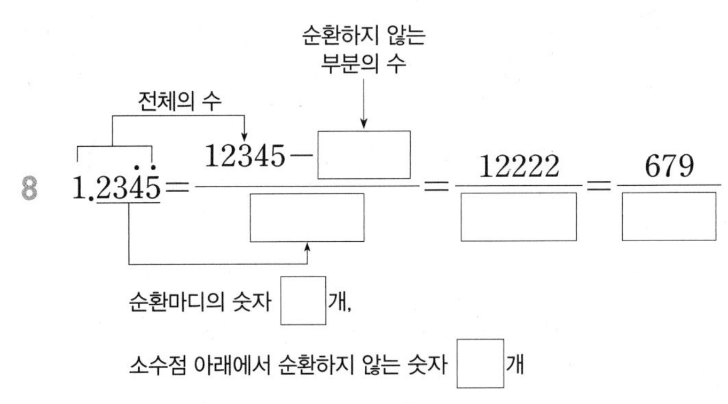

순환마디의 숫자 □개,

소수점 아래에서 순환하지 않는 숫자 □개

● 다음 순환소수를 기약분수로 나타내시오.

9 $0.1\dot{4}=\dfrac{14-\square}{90}=\dfrac{\square}{\square}$

10 $0.3\dot{6}$

11 $1.0\dot{8}$

12 $1.9\dot{4}$

13 $2.1\dot{6}$

14 $3.5\dot{7}$

15 $10.0\dot{6}$

16 $11.1\dot{2}$

17 $0.24\dot{3}=\dfrac{243-\square}{900}=\dfrac{\square}{900}=\dfrac{\square}{\square}$

18 $0.74\dot{5}$

19 $0.97\dot{4}$

20 $1.18\dot{2}$

21 $1.65\dot{3}$

22 $2.00\dot{7}$

23 $3.17\dot{2}$

24 $4.10\dot{5}$

25 $0.2\dot{3}\dot{4}=\dfrac{234-\square}{990}=\dfrac{\square}{990}=\dfrac{\square}{\square}$

26 $0.7\dot{6}\dot{5}$

27 $1.2\dot{4}\dot{0}$

28 $1.6\dot{4}\dot{5}$

29 $2.0\dot{1}\dot{2}$

30 $2.1\dot{3}\dot{2}$

31 $3.3\dot{5}\dot{2}$

32 $8.7\dot{2}\dot{4}$

33 $0.11\dot{6}\dot{8}=\dfrac{1168-\square}{9900}=\dfrac{\square}{9900}$

34 $0.54\dot{7}\dot{6}$

35 $0.81\dot{9}\dot{2}$

36 $1.25\dot{4}\dot{9}$

37 $2.03\dot{2}\dot{4}$

38 $3.50\dot{1}\dot{4}$

개념모음문제

39 순환소수 $0.86\dot{4}$를 기약분수로 나타내면 $\dfrac{b}{a}$일 때, 두 자연수 a, b에 대하여 $a+b$의 값은?

① 838 ② 839 ③ 840
④ 841 ⑤ 842

05 분수 꼴로 표현되는 소수는 모두 유리수!

유리수와 소수의 관계

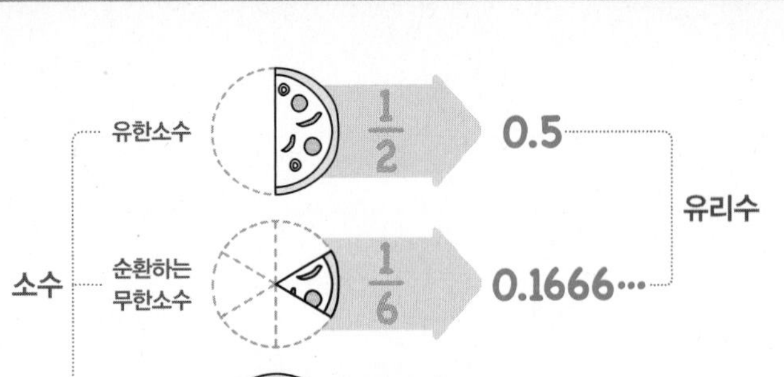

유한소수, 순환소수 모두 분수로 나타낼 수 있으므로 유리수이다.

• 유리수와 소수의 관계

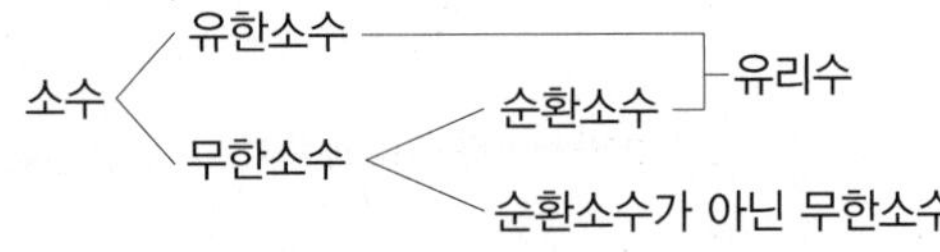

① 정수가 아닌 유리수는 유한소수 또는 순환소수로 나타낼 수 있다.

② 유한소수와 순환소수는 모두 유리수이다.

1st 유리수와 소수의 관계 이해하기

1 다음 **보기**에서 유리수가 아닌 것만을 있는 대로 고르시오.

보기

ㄱ. 2.525252…　　ㄴ. $\frac{5}{11}$

ㄷ. 1.121121112…　　ㄹ. $\frac{1}{2\times3^2\times7}$

ㅁ. 0.35　　ㅂ. 3.696696669…

ㅅ. 원주율　　ㅇ. 0.0001

내가 발견한 개념 　유리수와 소수의 관계를 확인해 봐!

• 소수를 분수로 나타낼 수 있으면 ☐ 다.

• 정수가 아닌 모든 유리수는 유한소수 또는 ☐ 소수로 나타낼 수 있다.

• 다음 설명 중 옳은 것은 ○를, 옳지 않은 것은 ×를 (　) 안에 써넣으시오.

2 모든 유한소수는 유리수이다. (　　)

3 순환소수 중에는 유리수가 아닌 것도 있다. (　　)

4 모든 소수는 분수로 나타낼 수 있다. (　　)

5 정수가 아닌 유리수는 모두 유한소수로 나타낼 수 있다. (　　)

6 모든 순환소수는 분수로 나타낼 수 있다. (　　)

7 모든 무한소수는 순환소수이다. (　　)

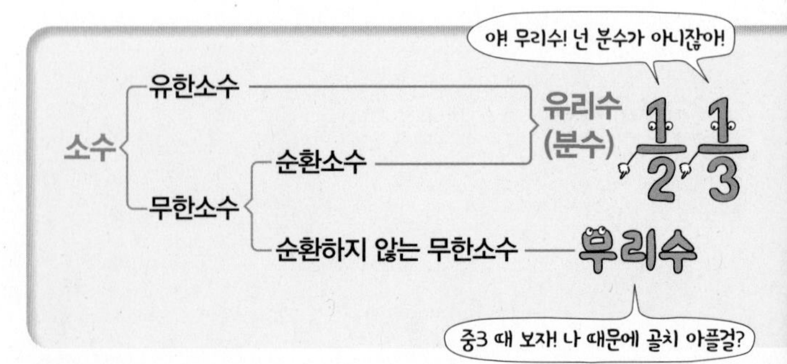

TEST 2. 순환소수의 분수 표현

1 다음은 순환소수 $7.\dot{5}\dot{3}$을 분수로 나타내는 과정이다. (가)~(마)에 들어갈 수로 옳지 않은 것은?

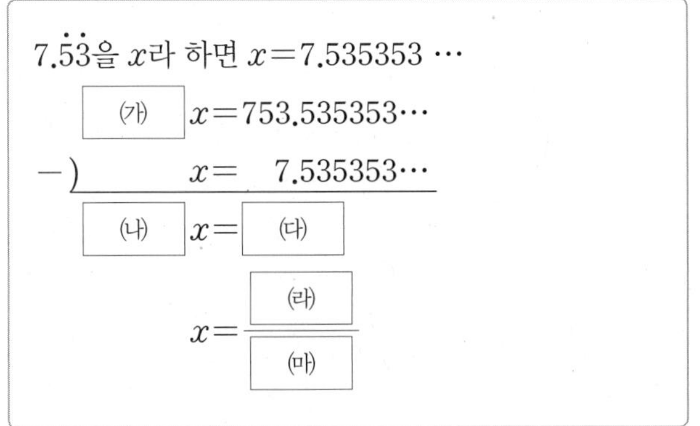

① (가) 100 ② (나) 99 ③ (다) 746
④ (라) 746 ⑤ (마) 100

2 순환소수 $x=5.29\dot{1}$을 분수로 나타낼 때, 다음 중 가장 편리한 식은?

① $100x-x$ ② $100x-10x$
③ $1000x-10x$ ④ $1000x-100x$
⑤ $10000x-10x$

3 다음 중 순환소수 $x=0.23151515\cdots$에 대한 설명으로 옳지 않은 것은?

① $0.23\dot{1}\dot{5}$로 나타낸다.
② 분수로 나타낼 때 가장 편리한 식은 $10000x-100x$이다.
③ 순환마디의 숫자는 2개이다.
④ x는 무한소수이다.
⑤ 분수로 나타내면 $x=\dfrac{191}{750}$이다.

4 다음 중 순환소수를 분수로 나타낸 것으로 옳지 않은 것은?

① $0.\dot{7}\dot{2}=\dfrac{8}{11}$ ② $1.\dot{8}=\dfrac{17}{9}$
③ $0.6\dot{4}=\dfrac{29}{45}$ ④ $1.\dot{3}7\dot{2}=\dfrac{457}{330}$
⑤ $2.0\dot{2}\dot{4}=\dfrac{334}{165}$

5 순환소수 $6.4\dot{6}$에 a를 곱하면 자연수가 될 때, a의 값이 될 수 있는 가장 작은 자연수를 구하시오.

6 다음 **보기**에서 옳지 않은 것만을 있는 대로 고르시오.

보기
ㄱ. 모든 순환소수는 유리수이다.
ㄴ. 무한소수는 유리수가 아니다.
ㄷ. 0은 유리수이다.
ㄹ. 정수가 아닌 유리수는 모두 유한소수로 나타낼 수 있다.

대단원

TEST Ⅰ. 유리수와 순환소수

1 다음 중 정수가 <u>아닌</u> 유리수를 모두 고르면? (정답 2개)

① $-\frac{12}{8}$　② 0　③ $\frac{6}{3}$
④ $\frac{9}{3}$　⑤ 4.3

2 다음 설명 중 옳은 것은?

① 0은 양의 유리수이다.
② 모든 자연수는 유리수이다.
③ 정수는 분수의 꼴로 나타낼 수 없다.
④ 양의 정수가 아닌 정수는 음의 정수이다.
⑤ 분수의 꼴로 나타낼 수 없는 유리수도 있다.

3 다음 분수를 소수로 나타내었을 때, 유한소수가 <u>아닌</u> 것은?

① $\frac{3}{4}$　② $\frac{5}{8}$　③ $\frac{7}{20}$
④ $\frac{8}{45}$　⑤ $\frac{9}{125}$

4 다음 중 순환마디가 바르게 연결된 것은?

① $0.12323\cdots \rightarrow 123$
② $0.231231\cdots \rightarrow 231$
③ $1.231231\cdots \rightarrow 123$
④ $23.123123\cdots \rightarrow 231$
⑤ $31.231231\cdots \rightarrow 312$

5 두 분수 $\frac{2}{11}$와 $\frac{5}{12}$를 소수로 나타내었을 때, 순환마디의 숫자의 개수를 각각 a, b라 하자. $a+b$의 값을 구하시오.

6 분수 $\frac{7}{22}$을 순환소수로 나타내면?

① $0.31\dot{8}$　② $0.\dot{3}\dot{1}8$　③ $0.3\dot{1}\dot{8}$
④ $0.\dot{3}1\dot{8}$　⑤ $0.\dot{3}\dot{1}\dot{8}$

7 분수 $\frac{2}{7}$를 소수로 나타낼 때, 소수점 아래 50번째 자리의 숫자는?

① 1　② 2　③ 5
④ 7　⑤ 8

8 다음은 분수 $\frac{9}{50}$의 분모를 10의 거듭제곱의 꼴로 고쳐서 유한소수로 나타내는 과정이다.
$a+b+c+100d$의 값은?

$$\frac{9}{50}=\frac{9}{2\times5^{a}}=\frac{9\times b}{2\times5^{a}\times b}=\frac{c}{100}=d$$

① 34　② 36　③ 38
④ 40　⑤ 42

9 다음 분수 중 유한소수로 나타낼 수 있는 것은?

① $\frac{5}{6}$ ② $\frac{7}{12}$ ③ $\frac{11}{14}$
④ $\frac{19}{24}$ ⑤ $\frac{28}{35}$

10 분수 $\frac{15}{2\times a}$를 소수로 나타내면 유한소수가 될 때, a의 값이 될 수 있는 한 자리의 자연수의 개수는?

① 3 ② 4 ③ 5
④ 6 ⑤ 7

11 다음 중 순환소수 $x=12.\dot{3}4\dot{5}$를 분수로 나타낼 때, 가장 편리한 식은?

① $1000x-x$ ② $1000x-10x$
③ $1000x-100x$ ④ $10000x-100x$
⑤ $10000x-1000x$

12 다음 중 옳은 것은?

① 0은 분수로 나타낼 수 없다.
② 모든 순환소수는 유리수이다.
③ 유리수는 유한소수로만 나타낼 수 있다.
④ 모든 무한소수는 분수로 나타낼 수 있다.
⑤ 기약분수의 분모의 소인수에 5가 없으면 유한소수로 나타낼 수 없다.

13 분수 $\frac{x}{28}$를 소수로 나타내면 순환소수가 될 때, 다음 중 x의 값이 될 수 <u>없는</u> 것은?

① 15 ② 25 ③ 35
④ 45 ⑤ 55

14 두 분수 $\frac{x}{2\times3\times5}$와 $\frac{x}{5^2\times7}$를 소수로 나타내면 모두 유한소수가 될 때, x의 값 중 가장 작은 세 자리 자연수를 구하시오.

15 순환소수 $0.\dot{a}\dot{b}$를 기약분수로 나타내면 $\frac{4}{33}$일 때, 순환소수 $0.\dot{b}\dot{a}$를 기약분수로 나타내면?
(단, a, b는 한 자리의 자연수이다.)

① $\frac{2}{33}$ ② $\frac{5}{33}$ ③ $\frac{7}{33}$
④ $\frac{8}{33}$ ⑤ $\frac{10}{33}$

대수의 계산!

식의 계산

3 지수가 있는,
단항식의 계산

4 괄호를 풀어라!
다항식의 계산

지수가 있는, 단항식의 계산

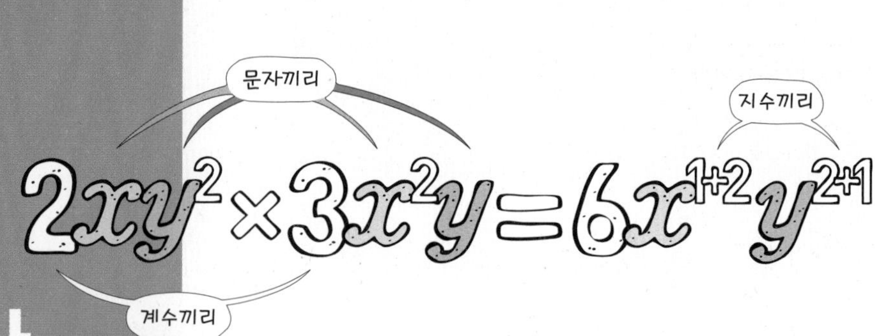

밑이 같은 거듭제곱의 계산은 지수법칙을 이용해!

① 밑이 같은 거듭제곱의 곱셈은 지수끼리 더해!

$$a^m \times a^n = a^{m+n}$$

② 밑이 같은 거듭제곱의 거듭제곱은 지수끼리 곱해!

$$(a^m)^n = a^{m \times n}$$

③ 밑이 같은 거듭제곱의 나눗셈은 지수끼리 빼!

$$a^m \div a^n = \begin{cases} a^{m-n} & m>n\text{이면} \\ 1 & m=n\text{이면} \\ \dfrac{1}{a^{n-m}} & m<n\text{이면} \end{cases}$$

④ 전체의 거듭제곱은 각각 분배해!

$$(ab)^m = a^m b^m \qquad \left(\frac{a}{b}\right)^m = \frac{a^m}{b^m}\ (b \neq 0)$$

01~04 지수법칙

큰 수를 나타낼 때 거듭제곱을 이용하면 간단히 나타낼 수 있어! 그럼 큰 수끼리의 계산은 어떻게 할 수 있을까? 바로 지수법칙을 이용하면 아주 간단하게 계산할 수 있지!

이때 거듭제곱의 밑이 같을 때에만 지수법칙을 이용할 수 있으니 주의해야 해!

계수는 계수끼리, 문자는 문자끼리!

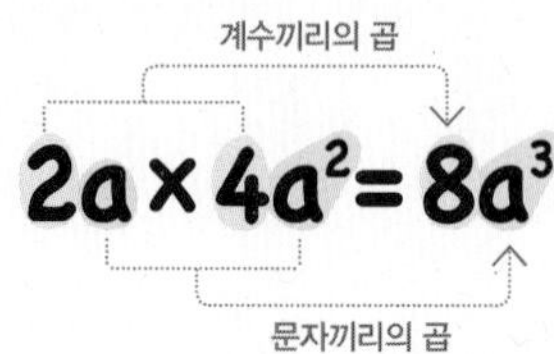

05 단항식의 곱셈

1학년 때 (단항식)×(수)를 계산하는 방법을 배웠어. 이제 지수법칙을 이용하여 (단항식)×(단항식)을 계산해보자!

방법은 간단해! 계수는 계수끼리, 문자는 문자끼리 곱하고 같은 문자끼리의 곱셈은 지수법칙을 이용하는 거야!

06 단항식의 나눗셈

(단항식) ÷ (단항식)은 역수를 이용하면

(단항식) × $\frac{1}{(\text{단항식})}$ 로 고칠 수 있어! 이제 곱셈으로 바뀌었으니깐 계수는 계수끼리, 문자는 문자끼리 곱하고 같은 문자끼리의 곱셈은 지수법칙을 이용하면 돼!

나눗셈을 곱셈으로!

방법1 분수꼴로 고치기

$$3a^2 \div a = \frac{3a^2}{a} = 3a$$

방법2 역수로 바꾸기

$$3a^2 \div \frac{a}{2} = 3a^2 \times \frac{2}{a} = 6a$$

07 단항식의 곱셈과 나눗셈의 혼합 계산

단항식의 곱셈과 나눗셈이 혼합되어 있는 식의 계산은 순서가 있어. 순서를 잘 지켜서 정확하게 계산하자!

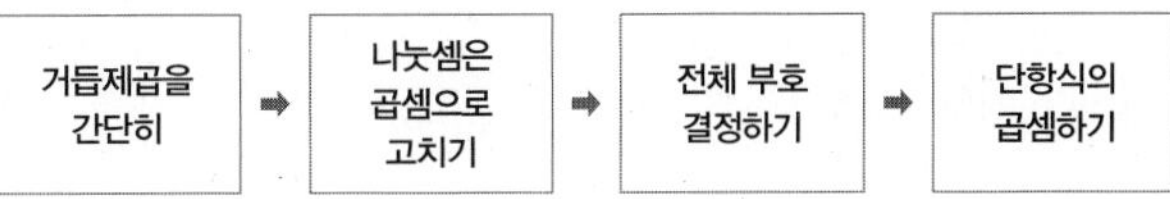

거듭제곱 먼저, 나눗셈을 모두 곱셈으로!

$$3a \times (2a)^2 \div 4a^2$$
$$= 3a \times 4a^2 \div 4a^2$$ (거듭제곱은 간단히!)
$$= 3a \times 4a^2 \times \frac{1}{4a^2}$$ (나눗셈은 곱셈으로!)
$$= \left(3 \times 4 \times \frac{1}{4}\right) \times \left(a \times a^2 \times \frac{1}{a^2}\right)$$ (계수끼리 문자끼리)
$$= 3a$$

08 □ 안에 알맞은 식

□ 안에 알맞은 식을 찾으려면 좌변에 □만 남겨두고 모두 우변으로 옮기면 돼. 즉 □를 구하는 방정식으로 생각하고 등식의 성질을 이용해 봐!

□를 구하는 방정식으로 생각해!

① A×□=B → □=B÷A

② A÷□=B → □=A÷B

③ A×□÷B=C → □=C÷A×B

④ A÷□×B=C → □=A×B÷C

× ➡ ÷, ÷ ➡ ×으로! 좌변에 □만 남겨!

09 도형에 활용

단항식으로 길이가 주어진 경우의 도형의 넓이와 부피를 구하는 연습을 하게 될 거야. 1학년 때 배운 도형의 넓이와 부피도 다시 생각해보면서 식을 간단히 나타내 보자!

도형과 단항식의 만남!

① 넓이

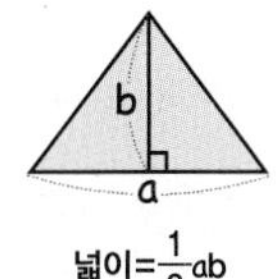

넓이 $=\frac{1}{2}ab$

넓이 $=ab$

② 부피

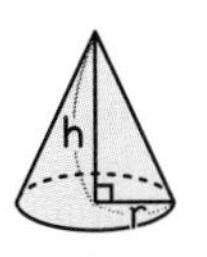

부피 $=abc$

부피 $=\frac{1}{3}\pi r^2 h$

01 밑이 같은 거듭제곱의 곱셈은 지수끼리 더해!

지수법칙-지수의 합

$2^5 \times 2^1 = 2\times2\times2\times2\times2\times2$

$2^3 \times 2^3 = 2\times2\times2\times2\times2\times2$

$= 2^6$ (5+1, 3+3)

$a^m \times a^n = a^{m+n}$

$a\neq0$이고, l, m, n이 자연수일 때,

① $a^m\times a^n=a^{m+n}$

② $a^l\times a^m\times a^n=a^{l+m+n}$

참고

① 밑이 같은 경우: $a^m\times a^n=a^{m+n}$ → 지수끼리 더한다.

② 밑이 다른 경우: $a^m\times b^n=a^mb^n$ → 곱셈 기호만 생략한다.

주의

① 거듭제곱의 덧셈에서는 성립하지 않는다. → $a^m+a^n\neq a^{m+n}$

② 밑이 다를 때는 성립하지 않는다. → $a^m\times b^n\neq a^{m+n}$

③ 지수끼리의 곱으로 착각하지 않는다. → $a^m\times a^n\neq a^{mn}$

원리확인 다음 □ 안에 알맞은 수를 써넣으시오.

❶ $2^3\times2^2=(2\times2\times2)\times(2\times2)$

□개 □개

$=2\times2\times2\times2\times2$

□개

$=2^{\square}$

❷ $3\times3^4=3\times(3\times3\times3\times3)$ ← 3은 3^1으로 생각해!

□개 □개

$=3\times3\times3\times3\times3$

□개

$=3^{\square}$

지수끼리 더해!

❸ $a^5\times a^4=a^{\square+\square}=a^{\square}$

1st – 지수의 합 이해하기

• 다음 □ 안에 알맞은 수를 써넣으시오.

1 $x^2\times x^4=(x\times x)\times(x\times x\times x\times x)$

$=x^{\square+\square}=x^{\square}$

2 $2^6\times2^5=2^{\square+\square}=2^{\square}$

3 $a^3\times a^6=a^{\square+\square}=a^{\square}$

4 $5^3\times5^7\times5^2=5^{3+\square}\times5^2$

$=5^{3+\square+2}=5^{\square}$

5 $b\times b^3\times b^5=b^{1+\square}\times b^5$ ← 지수가 쓰여 있지 않으면 1이 생략된 거야!

$=b^{1+\square+\square}=b^{\square}$

6 $a^2\times a^4\times b\times b^3=a^{2+\square}\times b^{\square+3}$

$=a^{\square}b^{\square}$

밑이 같은 문자끼리만 지수법칙을 적용하고, 문자의 곱셈에서 곱셈 기호는 생략해!

7 $a^5\times b^2\times a^3\times b^6=a^5\times a^{\square}\times b^{\square}\times b^6$

$=a^{5+\square}\times b^{\square+6}$

$=a^{\square}b^{\square}$

8 $x^3\times x^2\times y^2\times y^7\times y=x^{3+\square}\times y^{2+\square+1}$

$=x^{\square}y^{\square}$

내가 발견한 개념 곱셈의 성질을 적용해!

수의 곱셈에서는 교환법칙과 결합법칙이 성립하므로

• $a^m\times a^n=a^n\times a^{\square}$

• $(a^l\times a^m)\times a^n=a^l\times(a^{\square}\times a^n)$

2nd 지수의 합을 이용하여 식 간단히 하기

• 다음 식을 간단히 하시오.

9 $3^3 \times 3^7 = 3^{3+7} = 3^{\square}$

10 $a \times a^8$

11 $y^4 \times y^{11}$

12 $7^4 \times 7^2 \times 7^5$

13 $a^2 \times a^3 \times a^4$

14 $x^3 \times x^6 \times x$

15 $x^2 \times x^{10} \times x^9$

16 $2^3 \times 2^5 \times 2^8 \times 2$

17 $2 \times 2^{11} \times 5^8 \times 5^6$

18 $x^2 \times x^5 \times y^2 \times y^4$

19 $a \times b^{10} \times a^9 \times b^5$

20 $2^2 \times 2^5 \times 3^5 \times 3^2 \times 3^3$

21 $b^3 \times a^7 \times b \times a \times a^5$

22 $x^8 \times y^2 \times x^2 \times y^3 \times x$

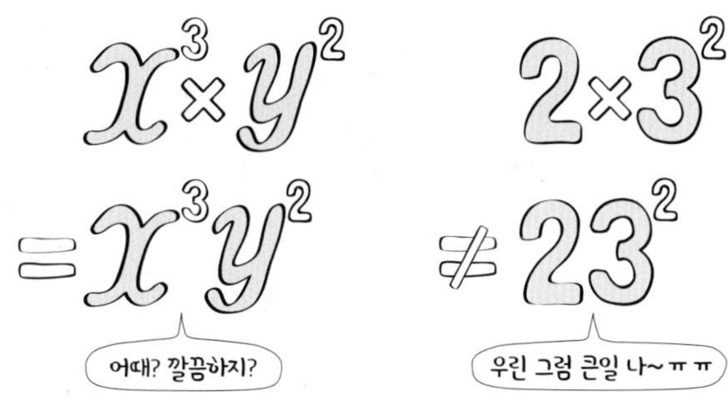

23 $2^2 \times 2^3 + 3^2 \times 3^4$
덧셈 기호에 주의해!

24 $a^5 \times a^2 + b^6 \times b^7$

● 다음 □ 안에 알맞은 수를 써넣으시오.

25 $2^3\times2^{\square}=2^5$

$\rightarrow 2^{3+\square}=2^5$

지수끼리 비교해 봐!

26 $x^6\times x^{\square}=x^{14}$

27 $a^{\square}\times a^2=a^5$

28 $2^3\times2^{\square}=128$

$128=2^7$임을 이용해!

29 $y^5\times y^{\square}\times y=y^9$

30 $a^4\times a^{\square}\times b^7\times b^5=a^{10}b^{\square}$

● 다음 계산 결과의 옳은 답을 구하시오.

31 $x^4\times y^7=x^{11}$

옳은 답: ______

32 $a^4\times a^2=a^8$

옳은 답: ______

33 $b^2+b^3=b^5$

옳은 답: ______

34 $y\times y^6=y^6$

옳은 답: ______

35 $3^3\times3^5=3^{15}$

옳은 답: ______

내가 발견한 개념   계산이 틀린 이유를 짝지어봐!

$a^2\times a^3\neq a^{2\times3}$ •

$a^2+a^3\neq a^{2+3}$ •

$a^2\times b^3\neq a^{2+3}$ •

• 밑이 같은 거듭제곱의 곱셈은 지수끼리 더한다.

• 거듭제곱의 덧셈에서는 지수법칙(지수의 합)이 성립하지 않는다.

• 밑이 다를 경우 지수법칙(지수의 합)이 성립하지 않는다.

개념모음문제

36 $3^3\times81=3^x$일 때, 자연수 x의 값은?

① 5 ② 6 ③ 7
④ 8 ⑤ 9

3rd 같은 거듭제곱의 합 간단히 하기

● 다음 □ 안에 알맞은 수나 식을 써넣으시오.

37 $2^3+2^3=2\times2^3=2^{\square}$

2^3이 2개

38 $3^2+3^2+3^2=\square\times3^2=3^{\square}$

3^2이 □개

39 $a^2+a^2=\square\times a^2=\square$

a^2이 □개

40 $b^3+b^3+b^3=\square\times b^{\square}=\square$

41 $2^5+2^5+2^5+2^5=\square\times2^5=2^{\square}$

42 $x^6+x^6+x^6+x^6$
$=\square\times x^{\square}=\square$

43 $5^7+5^7+5^7+5^7+5^7$
$=\square\times5^7=5^{\square}$

44 $2^2+2^2+3^6+3^6+3^6=\square\times2^2+3\times3^{\square}$
$=2^{\square}+3^{\square}$

내가 발견한 개념 　　　　곱셈의 원리를 기억해!

• 같은 수의 덧셈은 곱셈으로 바꾸어 계산한다.

$2+2+2=\square\times2$

$3+3+3+3+3=\square\times3$

$5+5+5+5+5+5=\square\times5$

이므로

$a^n+a^n+a^n+\cdots+a^n=\square\times a^n=a^{\square}$

a^n이 a개

개념모음문제

45 $3^8+3^8+3^8=3^a$, $4^4+4^4+4^4+4^4=4^b$일 때, 자연수 a, b에 대하여 $a+b$의 값은?

① 11 ② 12 ③ 13
④ 14 ⑤ 15

02 밑이 같은 거듭제곱의 거듭제곱은 지수끼리 곱해!

지수법칙-지수의 곱

$$(2^2)^3 = 2^2 \times 2^2 \times 2^2$$
$$= 2\times2\times2\times2\times2\times2$$
$$= 2^6 \quad (2\times3)$$

$$(a^m)^n = a^{m\times n}$$

$a\neq0$이고, l, m, n이 자연수일 때,

① $(a^m)^n=a^{mn}$

② $\{(a^l)^m\}^n=a^{lmn}$

주의

① 지수끼리의 합으로 착각하지 않는다. ➡ $(a^m)^n\neq a^{m+n}$

② 지수의 거듭제곱으로 계산하지 않는다. ➡ $(a^m)^n\neq a^{m^n}$

원리확인 다음 □ 안에 알맞은 수를 써넣으시오.

❶ $(2^3)^4=\underbrace{2^3\times2^3\times2^3\times2^3}_{\square\text{개}}$

$=2^{\overbrace{3+3+3+3}^{\square\text{개}}}$

$=2^{3\times\square}=2^{\square}$

❷ $(x^5)^3=\underbrace{x^5\times x^5\times x^5}_{\square\text{개}}$

$=x^{\overbrace{5+5+5}^{\square\text{개}}}$

$=x^{5\times\square}=x^{\square}$

❸ 지수끼리 곱해!

$(3^2)^7=3^{\square\times\square}=3^{\square}$

1st – 지수의 곱 이해하기

● 다음 □ 안에 알맞은 수를 써넣으시오.

1 $(3^2)^3=3^2\times3^2\times3^2=3^{2\times\square}=3^{\square}$

2 $(a^6)^2=a^6\times a^6=a^{6\times\square}=a^{\square}$

3 $(5^3)^3=5^{3\times\square}=5^{\square}$

4 $(a^5)^6=a^{5\times\square}=a^{\square}$

5 $(x^8)^3=x^{\square\times3}=x^{\square}$

6 $(y^7)^5=y^{7\times\square}=y^{\square}$

내가 발견한 개념 $(a^m)^n$은 왜 지수끼리 곱할까?

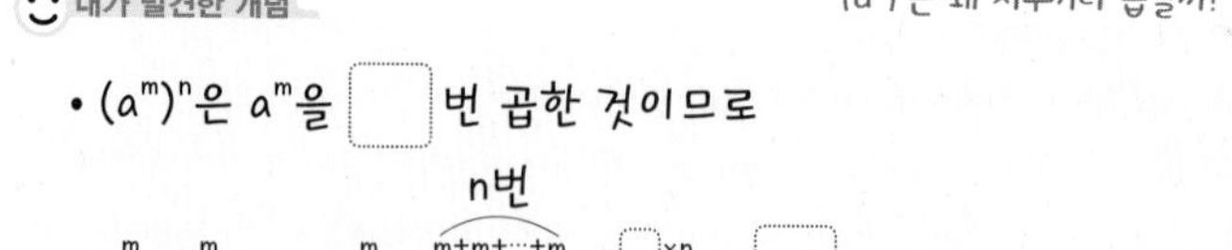

• $(a^m)^n$은 a^m을 □번 곱한 것이므로

$\underbrace{a^m\times a^m\times\cdots\times a^m}_{n\text{번}}=a^{\overbrace{m+m+\cdots+m}^{n\text{번}}}=a^{\square\times n}=a^{\square}$

7 $a^2\times(a^4)^3=a^2\times a^{\square}=a^{2+\square}=a^{\square}$

8 $(7^2)^5\times(7^4)^7=7^{\square}\times7^{\square}=7^{\square+\square}=7^{\square}$

2nd 지수의 곱을 이용하여 식 간단히 하기

● 다음 식을 간단히 하시오.

9 $(2^5)^6=2^{5\times6}=2^{\square}$

10 $(5^4)^9$

11 $(a^{10})^2$

12 $(b^3)^8$

13 $(x^2)^4$

14 $(y^8)^6$

15 $(10^4)^4$

16 $(a^{12})^3$

17 $(a^3)^2\times a^6=a^{\square}\times a^{\square}=a^{\square}$

지수를 언제 더하고 언제 곱할까?
(i) 괄호 계산이 먼저이므로 지수의 곱 이용!
➡ $(a^3)^2=a^{3\times2}=a^6$
(ii) 괄호를 없애고 지수의 합 이용!
➡ $(a^3)^2\times a^6=a^6\times a^6=a^{6+6}$

18 $x\times(x^4)^5$

19 $(3^2)^5\times(3^6)^2$

20 $(x^5)^6\times(x^5)^3$

21 $(y^2)^2\times(y^4)^2$

22 $(a^2)^5\times(b^3)^2\times a^3$

교환법칙이 성립하므로 밑이 같은 수끼리 자리를 바꾸고 지수법칙을 적용해!

23 $(x^2)^3\times(y^4)^6\times(x^8)^5$

24 $a^2\times b^2\times(a^5)^3\times(b^7)^3$

● 다음 □ 안에 알맞은 수를 써넣으시오.

25 $(5^2)^{\square}=5^{10}$

$\rightarrow 5^{2\times\square}=5^{10}$

밑이 같으므로 지수끼리 비교해 봐!

26 $(x^{\square})^2=x^8$

27 $(a^3)^{\square}=a^{18}$

28 $(6^{\square})^3=6^{12}$

29 $(2^2)^{\square}\times 2^8=2^{14}$

30 $(a^{\square})^4\times a^5=a^{21}$

31 $(x^3)^3\times(x^2)^{\square}=x^{17}$

32 $(5^2)^6\times(5^{\square})^2=5^{26}$

● 다음 계산 결과의 옳은 답을 구하시오.

33 $(x^4)^3=x^7$

~~옳은~~ 답: ....

34 $(x^3)^2\times x=x^6$

~~옳은~~ 답: ....

35 $(x^3)^4\times(y^3)^3=x^{21}$

~~옳은~~ 답: ....

1기가(G) × 1테라(T)는?

1,000,000,000 × 1,000,000,000,000 = ?

까아아아아아아악???

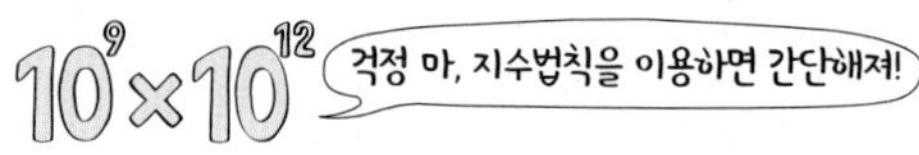

개념모음문제

36 $(x^2)^a\times(y^b)^7\times x^5\times y^{10}=x^{17}\times y^{24}$을 만족시키는 자연수 a, b에 대하여 $a+b$의 값은?

① 4 ② 5 ③ 6
④ 7 ⑤ 8

3rd 거듭제곱을 문자를 사용하여 나타내기

• $2^2=A$일 때, 다음을 A를 사용하여 나타내려고 한다. □ 안에 알맞은 수를 써넣으시오.

37 $16=2^{\square}=(2^2)^{\square}=A^{\square}$

38 $64=2^{\square}=(2^2)^{\square}=A^{\square}$

39 $256=2^{\square}=(2^2)^{\square}=A^{\square}$

40 $4^5=(2^{\square})^5=A^{\square}$

41 $16^4=(2^{\square})^4=2^{\square}=(2^2)^{\square}=A^{\square}$

42 $32^4=(2^{\square})^4=2^{\square}=(2^2)^{\square}=A^{\square}$

43 $8^3=(2^{\square})^3=2^{\square}=2\times(2^2)^{\square}=2A^{\square}$

44 $128^5=(2^{\square})^5=2^{\square}$
$=2\times(2^2)^{\square}=\square\times A^{\square}$

• $3^3=A$일 때, 다음을 A를 사용하여 나타내려고 한다. □ 안에 알맞은 수나 식을 써넣으시오.

45 $9^6=(3^{\square})^6=3^{\square}=(3^3)^{\square}=A^{\square}$

46 $81^9=(3^{\square})^9=3^{\square}=(3^3)^{\square}=A^{\square}$

47 $81=3^{\square}=\square\times 3^3=\square$

48 $243=3^{\square}=3^{\square}\times 3^3=\square$

내가 발견한 개념 특정한 값을 문자를 사용하여 나타내 보자.

$a^n=A$일 때,
- a^{mn}을 A를 사용하여 나타내면
  $a^{mn}=(a^n)^{\square}=A^{\square}$
- a^{m+n}을 A를 사용하여 나타내면
  $a^{m+n}=a^{\square}a^n=a^{\square}A$

개념모음문제
49 $2^5=A$일 때, 128^3을 A를 사용하여 나타내면?

① $4A$　② $8A$　③ $8A^3$
④ A^4　⑤ $2A^4$

03 밑이 같은 거듭제곱의 나눗셈은 지수끼리 빼!

지수법칙-지수의 차

$$2^3 \div 2^2 = \frac{2\times2\times2}{2\times2} = 2^{3-2}$$

$$2^3 \div 2^3 = \frac{2\times2\times2}{2\times2\times2} = 1$$

$$2^2 \div 2^3 = \frac{2\times2}{2\times2\times2} = \frac{1}{2^{3-2}}$$

$$a^m \div a^n = \begin{cases} m>n\text{이면 } a^{m-n} \\ m=n\text{이면 } 1 \\ m<n\text{이면 } \dfrac{1}{a^{n-m}} \end{cases}$$

참고 $a\neq0$이고 l, m, n이 자연수일 때,
$a^l \div a^m \div a^n = a^{l-m-n}$ (단, $l>m+n$)

주의 ① 지수끼리의 나눗셈으로 착각하지 않는다. → $a^m \div a^n \neq a^{m \div n}$
② $m=n$일 때, $a^m \div a^n$이 0이라 착각하지 않는다.

원리확인 다음 □ 안에 알맞은 수를 써넣으시오.

❶ $2^5 \div 2^3 = \dfrac{2\times2\times2\times2\times2}{2\times2\times2} = 2\times2 = 2^{\square}$ (분자: □개, 분모: □개, 남은 것: □개)

❷ $2^3 \div 2^3 = \dfrac{2\times2\times2}{2\times2\times2} = \square$ (분자: □개, 분모: □개)

❸ $2^3 \div 2^5 = \dfrac{2^3}{2^5} = \dfrac{2\times2\times2}{2\times2\times2\times2\times2} = \dfrac{1}{2\times2} = \dfrac{1}{2^{\square}}$ (분자: □개, 분모: □개, 남은 것: □개)

1st — 지수의 차 이해하기

● 다음 □ 안에 알맞은 수를 써넣으시오.

1 $2^4 \div 2^2 = 2^{\square-2} = 2^{\square}$

2 $x^9 \div x^4 = x^{\square-4} = x^{\square}$

3 $a^{10} \div a = a^{10-\square} = a^{\square}$

4 $b^5 \div b^5 = \square$

5 $y^8 \div y^8 = \square$

6 $4^3 \div 4^{15} = \dfrac{1}{4^{15-\square}} = \dfrac{1}{4^{\square}}$

7 $x \div x^7 = \dfrac{1}{x^{7-\square}} = \dfrac{1}{x^{\square}}$

8 $a^6 \div a^{10} = \dfrac{1}{a^{\square-\square}} = \dfrac{1}{a^{\square}}$

2nd — 지수의 차를 이용하여 식 간단히 하기

● 다음 식을 간단히 하시오.

9 $5^7 \div 5^3 = 5^{7-3} = 5^{\square}$

10 $x^3 \div x$

11 $a^{10} \div a^5$

12 $a^4 \div a^4$

13 $x^3 \div x^5$

14 $a^2 \div a^8$

15 $y^4 \div y^8$

16 $b^{11} \div b^{11}$

내가 발견한 개념

지수가 큰 순서에 따라 달라져!

$a \neq 0$이고, m, n이 자연수일 때,
밑이 같은 지수의 나눗셈 $a^m \div a^n$에서

- $m > n$이면 $a^m \div a^n = a^{\square-\square}$
- $m = n$이면 $a^m \div a^n = \square$
- $m < n$이면 $a^m \div a^n = \dfrac{1}{a^{\square-\square}}$

17 $x^9 \div x^6 \div x^2$

앞에서부터 차례대로 계산해!

18 $a^8 \div a^2 \div a^6$

19 $y^7 \div y^2 \div y^3$

20 $5^8 \div 5 \div 5^7$

21 $b^4 \div (b^6 \div b^4)$

22 $a^4 \div a^2 \div a^8$

내가 발견한 개념 a÷b÷c VS a÷(b÷c)

• 곱셈에서는 결합법칙이 성립하지만 나눗셈에서는 결합법칙이 성립하지 않는다. 즉

$a \div b \div c = \square \div c = \square \times \frac{1}{c} = \square$

$a \div (b \div c) = a \div \frac{b}{c} = a \times \square = \frac{ac}{\square}$

따라서 $a \div b \div c \neq a \div (b \div c)$

23 $(x^5)^3 \div x^4$

24 $a^{12} \div (a^6)^2$

25 $(b^4)^6 \div (b^2)^{12}$

지수끼리 언제 빼고 언제 곱할까?
① 괄호 계산이 먼저이므로 지수의 곱 이용!
➡ $(b^4)^6 = b^{24}$, $(b^2)^{12} = b^{24}$
② 괄호를 없애고 지수의 차 이용!
➡ $(b^4)^6 \div (b^2)^{12} = b^{24} \div b^{24} = b^{24-24} = 1$

26 $(y^2)^3 \div (y^7)^4$

27 $(x^7)^3 \div x^9 \div (x^3)^4$

28 $(a^3)^5 \div (a^4)^2 \div (a^5)^5$

개념모음문제

29 다음 중 $x^9 \div x^5 \div x^2$의 계산 결과와 같은 것은?

① $x^9 \div (x^5 \div x^2)$ ② $x^9 \div (x^5 \times x^2)$
③ $x^9 \times (x^5 \div x^2)$ ④ $x^5 \times x^2 \div x^9$
⑤ $x^5 \times (x^2 \div x^9)$

• 다음 □ 안에 알맞은 수를 써넣으시오.

30 $3^{\square} \div 3^3 = 3^2$

→ $3^{\square - 3} = 3^2$

밑이 같으므로 지수끼리 비교해 봐!

31 $x^5 \div x^{\square} = \frac{1}{x^7}$

→ $\frac{1}{x^{\square - 5}} = \frac{1}{x^7}$

32 $x^3 \div x^{\square} = 1$

33 $2^8 \div 2^{\square} = 2^4$

34 $a^{11} \div a^{\square} = a^6$

35 $b^3 \div b^{\square} = \frac{1}{b^2}$

36 $x^{\square} \div x^9 = \frac{1}{x}$

37 $(x^{\square})^3 \div x^7 = x^5$

● **다음 계산 결과의 옳은 답을 구하시오.**

38 $a^6 \div a^2 = a^{6 \div 2} = a^3$

옳은 답: ....

39 $a^6 \div a^4 = \frac{a^6}{a^4} = \frac{6}{4} = \frac{3}{2}$

옳은 답: ....

40 $a^6 \div a^6 = 0$

옳은 답: ....

41 $a^6 \div b^6 = a \div b = \frac{a}{b}$

옳은 답: ....

내가 발견한 개념 계산이 틀린 이유를 짝지어봐!

• $x^6 \div x^3 \neq x^{6 \div 3}$ •	• 같은 식으로 나누면 1이다.
$x^3 \div x^3 \neq 0$ •	• 밑이 같은 거듭제곱의 나눗셈은 지수의 차이다.
$x^5 \div x^6 \neq x^{6-5}$ •	• 나누는 수의 지수가 더 크면 분모로 내려서 지수의 차를 이용한다.

개념모음문제

42 $27^x \div 9^3 = 3^{12}$일 때, 자연수 x의 값은?

① 3 ② 4 ③ 5
④ 6 ⑤ 7

04 전체의 거듭제곱은 각각 분배해!

지수법칙-지수의 분배

$(2\times3)^2=2\times3\times2\times3=2^2\times3^2$

$\left(\frac{2}{3}\right)^2=\frac{2}{3}\times\frac{2}{3}=\frac{2^2}{3^2}$

$(ab)^m=a^mb^m$

$\left(\frac{a}{b}\right)^m=\frac{a^m}{b^m}\ (b\neq0)$

n이 자연수일 때,

① $(ab)^n=a^nb^n$

② $\left(\frac{a}{b}\right)^n=\frac{a^n}{b^n}\ (b\neq0)$

주의

① 부호를 포함하여 거듭제곱한다.

→ $(-2a^3)^2$ < $(-2)^2a^{3\times2}$ (○), $-2^2a^{3\times2}$ (×)

② 수와 지수를 곱하지 않도록 한다.

→ $(2xy)^3$ < $2^3x^3y^3$ (○), $2\times3x^3y^3$ (×)

원리확인 다음 □ 안에 알맞은 수를 써넣으시오.

❶ $(xy)^4=xy\times xy\times xy\times xy$ (□개)

$=x\times y\times x\times y\times x\times y\times x\times y$

$=x\times x\times x\times x\times y\times y\times y\times y$ (□개, □개)

$=x^{\square}y^{\square}$

❷ $\left(\frac{y}{x}\right)^3=\frac{y}{x}\times\frac{y}{x}\times\frac{y}{x}$ (□개)

$=\frac{y\times y\times y}{x\times x\times x}=\frac{y^{\square}}{x^{\square}}$ (□개, □개)

1st — 지수의 분배 이해하기

● 다음 □ 안에 알맞은 수를 써넣으시오.

1 $(a^2b)^2=a^2b\times a^2b$
$=a^2\times b\times a^2\times b$
$=a^2\times a^2\times b\times b$
$=a^{\square}b^{\square}$

2 $(2a)^3=2^3a^3=8a^{\square}$

3 $(a^3b^5)^4=a^{3\times\square}b^{5\times\square}=a^{\square}b^{\square}$

4 $\left(\frac{a^3}{b}\right)^2=\frac{a^3}{b}\times\frac{a^3}{b}=\frac{a^3\times a^3}{b\times b}=\frac{a^{\square}}{b^{\square}}$

5 $\left(\frac{y^3}{x^2}\right)^5=\frac{y^{3\times\square}}{x^{2\times\square}}=\frac{y^{\square}}{x^{\square}}$

6 $\left(-\frac{a^2}{b}\right)^3=\frac{(-1)^{\square}a^{2\times\square}}{b^{\square}}=-\frac{a^{\square}}{b^{\square}}$

2nd 지수의 분배를 이용하여 식 간단히 하기

● 다음 식을 간단히 하시오.

7 $(3x)^2=3^{\square}\times x^{\square}=9x^{\square}$

8 $(ab)^5$

9 $(xy^7)^3$

10 $(2xy)^4$

11 $(3a^4b)^2$

12 $(4x^3)^3$

13 $(-x^3)^5$

14 $(-5x^3)^2$

15 $(ab^5)^7$

16 $(x^8y)^3$

17 $(a^3b^2)^3$

18 $(x^3y^4)^3$

19 $(x^6y^2)^8$

20 $(5xy^2)^3$

21 $(-2x^3y^2)^4$

22 $(-a^4b^3)^5$

내가 발견한 개념 부호를 결정하는 것은?

$(-a)^n$은 $(-1)^{\square}a^{\square}$이므로 n의 값에 따라 $(-a)^n$의 부호가 달라진다.

- n이 짝수이면 $(-1)^n=\square$이므로 $(-a)^n=\square$
- n이 홀수이면 $(-1)^n=\square$이므로 $(-a)^n=\square$

23 $\left(\frac{y}{x}\right)^7=\frac{y^{\square}}{x^{\square}}$

24 $\left(\frac{b}{a^2}\right)^5$

25 $\left(\frac{y^4}{x}\right)^3$

26 $\left(\frac{a^3}{2}\right)^4$

27 $\left(\frac{x^3}{3}\right)^2$

28 $\left(\frac{5}{y^3}\right)^2$

29 $\left(\frac{b^8}{a^5}\right)^6$

30 $\left(\frac{y^2}{x^3}\right)^2$

31 $\left(\frac{x^5}{y^3}\right)^4$

32 $\left(-\frac{2}{a}\right)^4$

33 $\left(-\frac{xy}{3}\right)^3$

34 $\left(\frac{2x^3}{y}\right)^3$

35 $\left(\frac{5a}{b^6}\right)^2$

36 $\left(\frac{x^3}{2y^4}\right)^5$

37 $\left(-\frac{a^2}{b}\right)^7$

38 $\left(-\frac{3b^4}{5a^3}\right)^3$

개념모음문제

39 $(-3x^ay^2)^b=81x^{16}y^c$일 때, 상수 a, b, c에 대하여 $a+b+c$의 값은?

① 12 ② 14 ③ 16
④ 18 ⑤ 20

● 다음 □ 안에 알맞은 수를 써넣으시오.

40 $\left(\dfrac{2^{\square}}{3^2}\right)^3=\dfrac{2^9}{3^6}$

41 $(x^3y^{\square})^6=x^{18}y^{30}$

42 $\left(\dfrac{a^{\square}}{b}\right)^7=\dfrac{a^{28}}{b^7}$

43 $\left(\dfrac{y^2}{x^{\square}}\right)^8=\dfrac{y^{16}}{x^{48}}$

44 $(x^{\square}y^3)^5=x^{20}y^{\square}$

$\rightarrow x^{\square\times5}y^{3\times5}=x^{20}y^{\square}$

45 $(-2x^5)^{\square}=\square x^{15}$

46 $\left(\dfrac{a}{5}\right)^{\square}=\dfrac{a^3}{\square}$

47 $\left(\dfrac{\square x^4}{y^3}\right)^3=\dfrac{-8x^{12}}{y^{\square}}$

● 다음 계산 결과의 옳은 답을 구하시오.

48 $(3a)^3=3a^3$

옳은 답: ____________

49 $(4x)^3=12x^3$

옳은 답: ____________

50 $\left(\dfrac{b}{3}\right)^2=\dfrac{b^2}{3}$

옳은 답: ____________

51 $\left(-\dfrac{y^3}{3}\right)^3=\dfrac{y^9}{27}$

옳은 답: ____________

개념모음문제

52 $\left(\dfrac{y^3}{2x^a}\right)^5=\dfrac{y^b}{cx^{20}}$일 때, 자연수 a, b, c에 대하여 $3a+2b-c$의 값은?

① 9 ② 10 ③ 11
④ 12 ⑤ 13

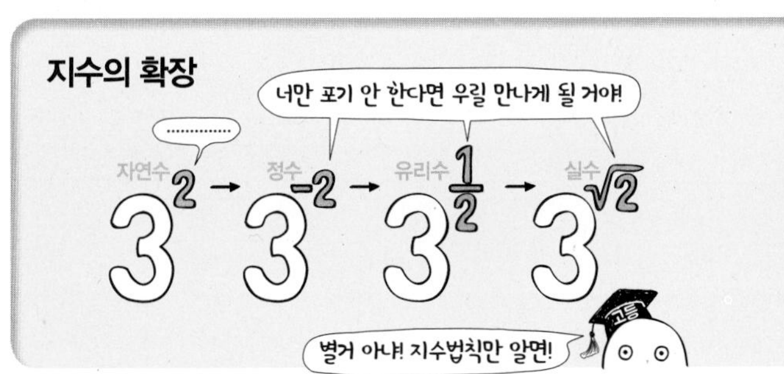

05 **계수는 계수끼리, 문자는 문자끼리!**

단항식의 곱셈

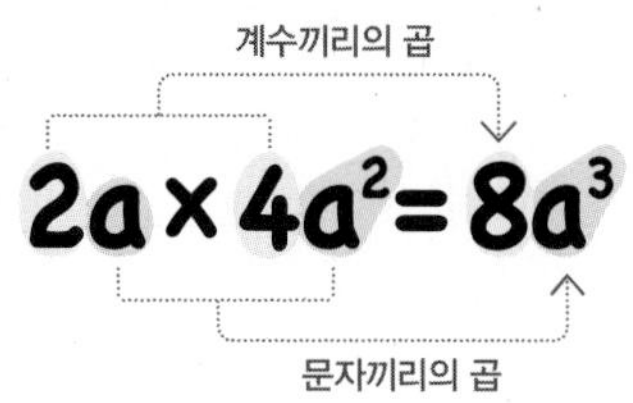

• **단항식의 곱셈**

① 계수는 계수끼리, 문자는 문자끼리 곱한다.

② 같은 문자끼리의 곱셈은 지수법칙을 이용하여 간단히 한다.

참고

단항식의 곱셈 순서

$(-2a)^3\times(-3a)^2$

$=(-8a^3)\times 9a^2$) ① 거듭제곱을 간단히 한다.

$=-8\times 9\times a^3\times a^2$) ② 부호를 결정한다.

$=-72a^5$) ③ 계수는 계수끼리, 문자는 문자끼리 곱한다.

원리확인 다음 □ 안에 알맞은 식을 써넣으시오.

❶ $2x\times 5y=2\times x\times 5\times y$

$=2\times 5\times\square\times y$

$=\square$

❷ $3a^3\times 7a^5=3\times a^3\times 7\times a^5$

$=3\times 7\times a^3\times\square$

$=\square$

❸ $75x^3y^4\times\left(-\frac{1}{5}xy^2\right)$

$=75\times x^3\times y^4\times\left(-\frac{1}{5}\right)\times x\times y^2$

$=75\times\left(-\frac{1}{5}\right)\times x^3\times x\times\square\times y^2$

$=\square$

1st — 단항식의 곱셈 간단히 하기

● **다음 식을 간단히 하시오.**

1 $7a\times 3b$

2 $(-8x)\times 4y$

계수에 음수가 있는 식의 계산은 전체 부호를 먼저 결정한 다음 곱셈을 하면 편리해!

3 $(-3a^2)\times(-3b)$

4 $2a\times(-4ab)$

5 $12ab\times\left(-\frac{1}{6}c\right)$

6 $5x^2\times 6xy^2$

7 $(-6a)\times\frac{1}{18}ab^2$

8 $9x^2\times 5xy$

9 $16x^2y^3\times\left(-\frac{1}{4}xy^2\right)$

10 $\left(-\frac{1}{2}xy\right)^2 \times 20x^3$

$=\left(-\frac{1}{2}\right)^2 \times x^2 \times y^2 \times 20 \times x^3$ 거듭제곱은 간단히

$=$ ☐ 계수는 계수끼리 문자는 문자끼리

11 $\frac{1}{3}x \times (-6x)^2$

12 $7ab \times (-2a)^3$

13 $2ab^2 \times (-3ab)^3$

14 $b^3 \times (5ab)^2$

15 $(-3a)^3 \times 2ab^5$

16 $\left(-\frac{1}{2}x^3\right)^2 \times 12x$

17 $11x^5y^2 \times (-xy^2)^2$

18 $(-x^5y^2)^3 \times 2x^2y$

19 $(2a^4b^7)^3 \times 4a^3b^4$

20 $\left(-\frac{1}{125}x^2y\right) \times (-5xy)^3$

21 $\left(-\frac{2}{3}xy\right)^3 \times (-27y^5)$

22 $\left(-\frac{5}{8}ab\right)^2 \times \left(-\frac{2}{5}a^3b\right)$

23 $7(ab^2)^3\times\left(\frac{a}{b}\right)^2$

24 $2(x^5y^6)^3\times5(x^2y^7)^2$

25 $(-3a^2)^3\times(-2b)^2$

26 $(-ab)^5\times(5a^2b)^2$

27 $(2xy^2)^3\times(-x^2y)^3$

28 $\left(-\frac{2}{3}ab\right)^3\times(-3a)^2$

29 $(-2ab)^5\times\left(-\frac{a}{b^2}\right)^2$

30 $(-6xy)^2\times\left(-\frac{y}{4x}\right)^2$

31 $(6ab^2)^2\times\left(-\frac{1}{2ab}\right)^3$

32 $(3x^2y)^2\times\left(-\frac{1}{3}x^3y^2\right)^3$

33 $(4x^2y)^2\times\left(-\frac{1}{2}xy^3\right)^3$

34 $\left(-\frac{1}{4}x^3y^4\right)^3\times(8x^5y)^2$

2nd 복잡한 단항식의 곱셈 간단히 하기

● 다음 식을 간단히 하시오.

35 $5x^2 \times y \times 2x^3$

36 $3x^2 \times \frac{1}{9}xy^2 \times (-6y)$

37 $\frac{2}{3}a^2b \times (-4ab^2) \times \frac{9}{8}b$

38 $(-2ab) \times \left(-\frac{3a}{b^2}\right) \times \left(-\frac{b^5}{a}\right)$

39 $2ab \times 3a^2b \times (-ab)^2$

40 $(-xy^4)^3 \times 5xy \times (2x^3)^2$

41 $18x^3y \times (-x^2y^5)^3 \times \frac{1}{x^3y^2}$

42 $\frac{15}{2}ab^4 \times (-4ab^2)^2 \times \frac{1}{30}a^3$

43 $(-8xy)^2 \times \left(-\frac{x}{y^2}\right)^4 \times \left(\frac{y^2}{x}\right)^5$

44 $(-3ab)^3 \times \left(-\frac{a}{b^4}\right)^2 \times \left(\frac{b^3}{a}\right)^3$

45 $\left(-\frac{y}{x}\right)^5 \times \left(\frac{x^2}{6y^2}\right)^2 \times \left(-\frac{2}{xy^2}\right)^3$

개념모음문제

46 다음 식을 만족시키는 자연수 a, b에 대하여 $a+b$의 값은?

$(ax)^3 \times x^2 \times \left(-\frac{1}{2}x\right)^4 = 4x^9$

$(8x^3y^2)^b \times \left(\frac{x^2}{4y}\right)^3 = x^{12}y$

① 4 ② 5 ③ 6
④ 7 ⑤ 8

06

나눗셈을 곱셈으로!

단항식의 나눗셈

방법1 분수 꼴로 고치기

$$3a^2 \div a = \frac{3a^2}{a} = 3a$$

방법2 역수로 바꾸기

$$3a^2 \div \frac{a}{2} = 3a^2 \times \frac{2}{a} = 6a$$

• 단항식의 나눗셈

방법1 나눗셈을 분수로 고친 다음 계산한다.

→ $A \div B = \frac{A}{B}$

방법2 나누는 식의 역수를 곱하여 계산한다.

→ $A \div B = A \times \frac{1}{B}$

참고 나누는 식의 계수가 분수이거나 나눗셈이 2개 이상인 경우에는 방법2를 이용하는 것이 편리하다.

원리확인 다음 □ 안에 알맞은 수나 식을 써넣으시오.

❶ $12ab \div 4a = \frac{12ab}{4a}$ ← 분수 꼴로 바꾸기

$= \frac{12}{4} \times \frac{ab}{a}$

$= \square$

❷ $(-8a^7) \div 4a^4 = \frac{-8a^7}{\square}$

$= \frac{-8}{\square} \times \frac{a^7}{\square}$

$= \square$

❸ $72x^2 \div \frac{8}{5}x^5 = 72x^2 \div \frac{8x^5}{5}$

$= 72x^2 \times \frac{5}{8x^5}$ ← 나누는 식의 역수 곱하기

$= 72 \times \square \times x^2 \times \frac{1}{\square}$

$= \square$

❹ $48a^2b^2 \div \frac{12}{5}a^{10}b = 48a^2b^2 \div \frac{12a^{10}b}{5}$

$= 48a^2b^2 \times \frac{5}{\square}$

$= 48 \times \square \times a^2b^2 \times \frac{1}{\square}$

$= \square$

❺ $(-4x^2y^3) \div \frac{2}{3}x^2y = (-4x^2y^3) \div \frac{2x^2y}{3}$

$= (-4x^2y^3) \times \frac{3}{\square}$

$= \square \times \frac{3}{2} \times x^2y^3 \times \frac{1}{\square}$

$= \square$

1st 단항식의 나눗셈 간단히 하기

● 다음 식을 간단히 하시오.

1 $21xy \div 7x$

2 $9a^2 \div (-27a)$

3 $(-16a^9) \div (-8a^5)$

4 $(-10xyz) \div 5xy$

5 $56x^3y^5 \div 4xy^3$

6 $40a^4b^4 \div (-8ab^8)$

7 $x^3 \div \frac{x}{3}$

8 $a^3b^8 \div \frac{b^4}{5}$

9 $7x^5 \div \left(-\frac{7}{2}x\right)$

10 $\frac{1}{3}x^2 \div \frac{8}{9}x$

11 $\left(-\frac{3}{8}a^3\right) \div \frac{8}{3}a^6$

12 $\frac{2}{9}a^4b^2 \div \frac{4}{15}ab$

13 $(-5x^{10}y^3) \div \left(-\frac{25}{4}x^8y\right)$

14 $x^{11}y^7 \div (3x^2y^3)^2$

$= x^{11}y^7 \div \square x^{\square} y^{\square}$

$= \dfrac{x^{11}y^7}{\square}$

$= \square$

15 $8a^9b^9 \div (-2ab^2)^2$

16 $(4x^2y^3)^2 \div 12y^6$

17 $(-2a^3b^4)^3 \div (ab^2)^4$

18 $-8(x^3y^5)^5 \div (-xy^3)^4$

19 $(-a^2b)^3 \div (-4ab^2)^2$

20 $5a^9b^2 \div \left(-\dfrac{1}{2}a\right)^2$

21 $\dfrac{1}{12}a^6 \div \left(\dfrac{5}{4}a^3b\right)^2$

22 $(-18x^3) \div \left(\dfrac{6x}{5y^2}\right)^2$

23 $\left(-\dfrac{2}{9}a^3b\right)^2 \div \dfrac{8}{9}a^7b^2$

24 $(-5xy)^3 \div \left(\dfrac{y}{x^3}\right)^3$

25 $(6a^2b)^2 \div \left(-\dfrac{3}{2}b^2\right)^2$

2nd 복잡한 단항식의 나눗셈 간단히 하기

● 다음 식을 간단히 하시오.

26 $125x^5y^{17}\div x^3y^3\div 5y^2$

$=125x^5y^{17}\times\frac{1}{\square}\times\frac{1}{\square}$

$=125\times\frac{1}{\square}\times x^5y^{17}\times\frac{1}{\square}\times\frac{1}{y^2}$

$=\square$

나눗셈은 결합법칙이 성립하지 않으므로 앞에서부터 차례로 계산해야 해!

27 $27a^8b^3\div(-3a^4)\div b$

28 $16a^5\div a\div 4a^2$

29 $49x^2y\div 7x\div\left(-\frac{1}{5xy}\right)$

30 $(-64x^{11}y^{15})\div(-x^3y^8)\div\frac{8}{5}x^4y$

31 $256x^2y^{10}\div\frac{8}{7}x\div 4xy^5$

32 $32x^{13}\div(-x^5)\div(-2x^3)^2$

33 $(-2x^3y^7)^3\div\frac{7}{6}y\div\frac{8}{7}x^4y^5$

34 $(-a)^8\div(2a^5b)^3\div 4ab^8$

35 $(3x^2y^3)^2\div 12y^3\div\frac{1}{16}x$

36 $4x^{10}y^{10}\div\frac{y^2}{5x^3}\div\left(-\frac{x^5}{2y}\right)^3$

개념모음문제

37 다음 중 옳지 않은 것을 모두 고르면? (정답 2개)

① $18x^5y^2\div x^3=18x^2y^2$

② $\frac{7}{5}y\div\frac{14}{5}y^3=\frac{1}{2y^2}$

③ $24x^4y^5\div\left(-\frac{8}{3}x^3y\right)=-9x^7y^4$

④ $(-a^2b)^3\div 3ab=-\frac{a^5b^2}{3}$

⑤ $8x^{11}y^4\div(2x)^2\div(-y)^4=2x^9y$

07 거듭제곱 먼저, 나눗셈을 모두 곱셈으로!

단항식의 곱셈과 나눗셈의 혼합 계산

$3a\times(2a)^2\div4a^2$

$=3a\times4a^2\div4a^2$ (거듭제곱은 간단히!)

$=3a\times4a^2\times\dfrac{1}{4a^2}$ (나눗셈은 곱셈으로!)

$=\left(3\times4\times\dfrac{1}{4}\right)\times\left(a\times a^2\times\dfrac{1}{a^2}\right)$ (계수끼리 문자끼리)

$=3a$

• 단항식의 곱셈과 나눗셈의 혼합 계산 순서
(i) 괄호가 있는 거듭제곱은 지수법칙을 이용하여 간단히 한다.
(ii) 나눗셈은 나누는 식의 역수의 곱셈으로 바꾼다.
(iii) 부호를 결정한 후 계수는 계수끼리, 문자는 문자끼리 계산한다.

원리확인 다음 □ 안에 알맞은 수나 식을 써넣으시오.

❶ $3x^8\times4x\div6x^2$

$=3x^8\times4x\times\dfrac{1}{\square}$

$=3\times4\times\dfrac{1}{\square}\times x^8\times x\times\dfrac{1}{\square}$

$=\square$

❷ $y^3\div\left(-\dfrac{8}{3}x^6\right)\times(2x^5y)^3$

$=y^3\div\left(-\dfrac{8}{3}x^6\right)\times\square$

$=y^3\times\left(\square\right)\times\square$

$=\left(\square\right)\times8\times y^3\times\square\times\square$

$=\square$

1st — 단항식의 곱셈과 나눗셈의 혼합 계산하기

● 다음 식을 간단히 하시오.

1 $5x^4\times4x\div x^2$

2 $-9x\times5x^3y\div10y$

3 $4a^2b\times(-3b^2)\div(-6ab)$

4 $81a^4b^3\div3a^5b\times2ab$

5 $8x\div(-3y)\times\dfrac{1}{4}xy$

6 $-\dfrac{16}{3}xy^5\div2y\times\dfrac{1}{4}x^3$

7 $\dfrac{1}{5}x^2\div\left(-\dfrac{1}{2}x^6\right)\times10x$

8 $(x^6)^4 \times (y^3)^8 \div 13x^4y^4$

9 $64a^6 \div (-2a)^3 \times 2a$

10 $(-9x^4)^2 \times 6x^5y^3 \div (-3x^2y)^3$

11 $(-7a^2b^8)^2 \times \left(\frac{a}{b^3}\right)^5 \div 49a^8b$

12 $25xy \div (-3xy)^2 \times \frac{3}{5}x^3y$

13 $12x^2y^2 \div 36x^3y^2 \times (-3y)^2$

14 $(ab^3)^3 \times \frac{a^5b^4}{10} \div \left(\frac{1}{15}a^4b\right)$

15 $\left(-\frac{1}{2}x\right)^2 \times 18y \div \left(-\frac{9}{8}xy^3\right)$

16 $(2xy)^4 \div (-x^5y^2)^2 \times \frac{1}{2}xy^{11}$

17 $(-6ab)^2 \times a^5 \div \left(-\frac{1}{2}a^3b^2\right)^2$

내가 발견한 개념 곱셈과 나눗셈의 혼합 계산은 왼쪽부터 차례로 계산해!

- $a \div b \times c$의 계산에서

① 나눗셈을 먼저 계산하면 $(a \div b) \times c =$ ☐ $\times c =$ ☐

② 곱셈을 먼저 계산하면 $a \div (b \times c) = a \div$ ☐ $=$ ☐

①, ②에서 $(a \div b) \times c$ ◯ $a \div (b \times c)$

이때 $a \div b \times c$의 바른 계산은 ①, ② 중 ☐ 이다.

18 개념모음문제 $(-6xy) \div 24x^{12}y^3 \times (2x^2y^4)^3 = \frac{by^c}{x^a}$일 때, 상수 a, b, c에 대하여 $a+b+c$의 값은?

① 9 ② 10 ③ 11 ④ 12 ⑤ 13

08

□를 구하는 방정식으로 생각해!

■ 안에 알맞은 식

① A×□=B → □=B÷A

② A÷□=B → □=A÷B

③ A×□÷B=C → □=C÷A×B

④ A÷□×B=C → □=A×B÷C

×→÷, ÷→×으로!
좌변에 □만 남겨!

다음과 같은 등식에서 단항식 □를 구할 때는 좌변에 단항식 □만 남도록 주어진 식을 변형한다.

① $A\div\square=B \rightarrow A\times\frac{1}{\square}=B \rightarrow \frac{1}{\square}=\frac{B}{A} \rightarrow \square=\frac{A}{B}$

② $A\div\square=B \rightarrow A\times\frac{1}{\square}=B \rightarrow A=B\times\square \rightarrow \square=\frac{A}{B}$

③ $A\div\square\times B=C \rightarrow A\times\frac{1}{\square}\times B=C \rightarrow A\times B=C\times\square$

$\rightarrow A\times B\times\frac{1}{C}=\square \rightarrow \square=A\times B\div C$

원리확인 다음 과정에 따라 □ 안의 알맞은 식을 구하시오.

❶ $\square\times 3x^3=-21x^6$

→ □에 곱해진 식으로 양변을 나눈다.

$\square=(-21x^6)\div 3x^3$

$=$ ______

❷ $6x^3y^4\times\square=24x^8y^8$

→ □에 곱해진 식으로 양변을 나눈다.

$\square=24x^8y^8\div 6x^3y^4$

$=$ ______

❸ $20x^3y^6\div\square=4xy$

→ 나눗셈은 역수의 곱셈으로 바꾼다.

$20x^3y^6\times\frac{1}{\square}=4xy$

→ 양변에 □를 곱한다.

$20x^3y^6=4xy\times\square$

→ □에 곱해진 식으로 양변을 나눈다.

$\square=20x^3y^6\div 4xy$

$=$ ______

❹ $12x^9\times\square\div x^2y^4=36xy$

→ 나눗셈은 역수의 곱셈으로 바꾼다.

$12x^9\times\square\times\frac{1}{x^2y^4}=36xy$

→ □에 곱해진 식을 간단히 정리한다.

$\square\times\frac{12x^7}{y^4}=36xy$

→ □에 곱해진 식으로 양변을 나눈다.

$\square=36xy\div\frac{12x^7}{y^4}$

$=36xy\times\frac{y^4}{12x^7}$

$=$ ______

❺ $6x^3y\div\square\times(-4x^2y^5)=-8xy^4$

→ 나눗셈은 역수의 곱셈으로 바꾼다.

$6x^3y\times\frac{1}{\square}\times(-4x^2y^5)=-8xy^4$

→ $\frac{1}{\square}$에 곱해진 식을 간단히 정리한다.

$\frac{1}{\square}\times(-24x^5y^6)=-8xy^4$

→ 양변에 □를 곱한다.

$-24x^5y^6=-8xy^4\times\square$

→ □에 곱해진 식으로 양변을 나눈다.

$\square=-24x^5y^6\div(-8xy^4)$

$=$ ______

1st □ 안에 알맞은 식 구하기

● 다음 □ 안에 알맞은 식을 구하시오.

1 $(-48x^5)\times\square=-12x^8$

2 $\square\times 12xy^3=-6xy$

3 $35x^3y^4\times\square=\dfrac{7x^2}{5y}$

4 $60a^{10}\div\square=\dfrac{5}{2}a^4b^3$

5 $\square\div(-14a^2b)=\dfrac{1}{2}ab^4$

6 $(2a^5b^2)^3\div\square=4a^9b^8$

7 $25x^3\times\square\div 8xy=100xy^2$

8 $3a^3b\times\square\div(-6ab)^2=\dfrac{a}{6b^2}$

9 $84x^7y^3\div\square\times(-2xy)=12x^5y^{11}$

10 $(2x^3y)^2\div\square\times 7x^2y^8=14x^{15}y^5$

11 $(x^7)^3\div\square\div x^{10}=5x^6y^3$

개념모음문제

12 다음 □ 안에 알맞은 두 식 ㉠, ㉡에 대하여 ㉠×㉡을 계산하면?

$96xy^2\div 6x^2y\times$ ㉠ $=-4x^2y^2$

$(-2x^3)^3\times(-xy^2)^2\div$ ㉡ $=-x^7y^3$

① $-2x^9y$ ② $-2x^7y^2$ ③ $-x^6y^3$
④ $2x^7y^2$ ⑤ $2x^9y$

09

도형과 단항식의 만남!

도형에 활용

도형의 넓이와 부피를 단항식으로 표현할 수 있어.

① 넓이

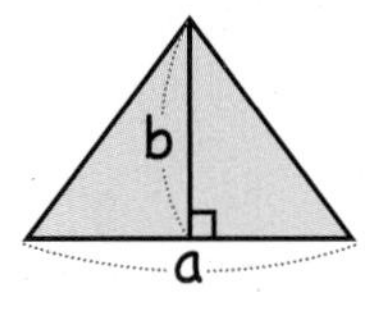

(넓이)$=\frac{1}{2}ab$

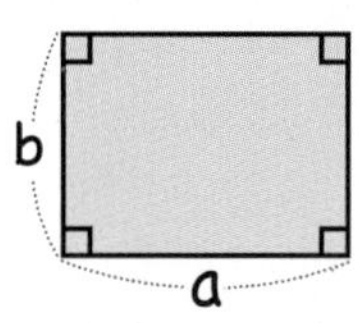

(넓이)$=ab$

② 부피

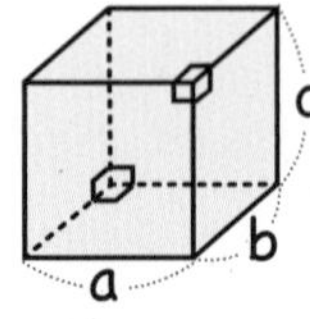

(부피)$=abc$

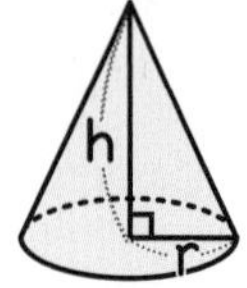

(부피)$=\frac{1}{3}\pi r^2 h$

도형의 넓이 또는 부피를 구하는 공식에 주어진 단항식을 대입하여 계산한다.

① (삼각형의 넓이)$=\frac{1}{2}\times$(밑변의 길이)$\times$(높이)

② (직사각형의 넓이)$=$(가로의 길이)$\times$(세로의 길이)

③ (기둥의 부피)$=$(밑넓이)$\times$(높이)

④ (뿔의 부피)$=\frac{1}{3}\times$(밑넓이)$\times$(높이)

1st 단항식을 도형에 활용하기

● 다음 그림과 같은 평면도형의 넓이를 구하시오.

1

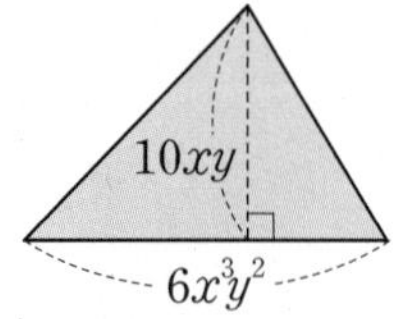

2

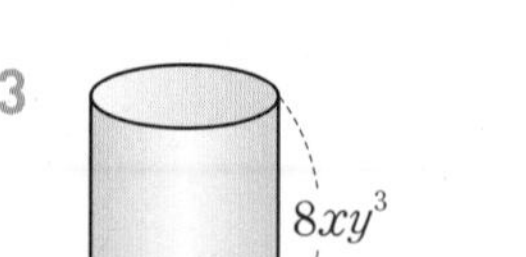

● 다음 그림과 같은 입체도형의 부피를 구하시오.

3

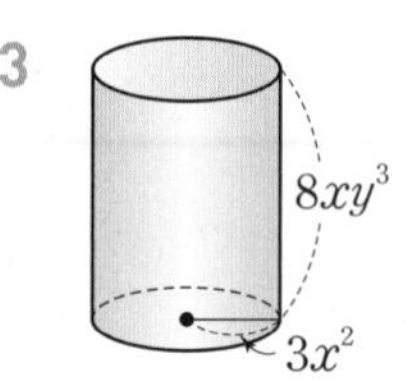

4

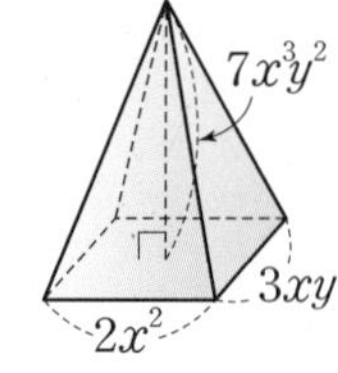

개념모음문제

5 오른쪽 그림과 같이 밑면의 가로, 세로의 길이가 각각 $12ab^2$, $3a^3b$인 직육면체 모양의 그릇에 물을 가득 넣은 다음, 물의 부피를 측정하였더니 $180a^5b^4$이었다. 이 그릇의 높이는? (단, 그릇의 두께는 생각하지 않는다.)

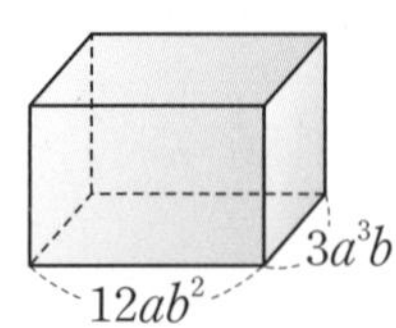

① $5a$ ② $5ab$ ③ $5a^2$

④ $10ab$ ⑤ $10a^2b$

TEST 3. 단항식의 계산

1 다음 중 □ 안에 알맞은 수가 가장 큰 것은?

① $a^{\square}\times a^3=a^8$
② $a^3\times b^5\times a\times b^2=a^{\square}b^7$
③ $x\times x\times x\times y\times y=x^{\square}y^2$
④ $x\times x^{\square}\times x^3\times x^5=x^{13}$
⑤ $x^3\times y^2\times x^{\square}\times y=x^5y^3$

2 다음을 모두 만족시키는 자연수 a, b, c에 대하여 $a+b+c$의 값을 구하시오.

> (가) $2^2+2^2+2^2+2^2=2^a$
> (나) $2^2\times 2^2\times 2^2\times 2^2=2^b$
> (다) $\{(2^2)^2\}^2=2^c$

3 다음 중 식을 간단히 한 결과가 나머지 넷과 다른 하나는?

① $(a^5)^3\div a^{12}$
② $a\times a^{10}\div a^8$
③ $a^{10}\div a^8\div a$
④ $(a^3)^8\div (a^6)^2\div a^9$
⑤ $(a^2)^4\div (a^5)^3\times a^{10}$

4 $(-3x^5y^a)^2\times(-x^3y^3)^b=cx^{13}y^{13}$일 때, 상수 a, b, c에 대하여 $a+b+c$의 값은?

① -4　② -3　③ -2
④ 12　⑤ 14

5 $(-28x^2y)\div 7xy^2\times(-2xy)^2$을 간단히 하면?

① $-16x^3$　② $-16x^3y$　③ $8x^2y$
④ $16x^3$　⑤ $16x^3y$

6 오른쪽 그림과 같이 밑면의 반지름의 길이가 $2a^2b$이고 부피가 $20\pi a^6b^8$인 원뿔의 높이를 구하시오.

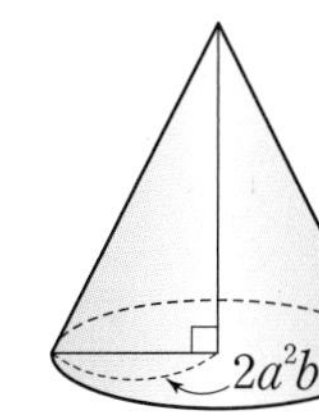

4

괄호를 풀어라!
다항식의 계산

항의 부호에 주의!

□ − (○ + △) = □ − ○ − △

분배법칙을 이용!

□ × (○ + △) = □ × ○ + □ × △

같은 종류끼리 모아서 간단히! 더 간단히!

$$(2x+y)-(x-y)$$
$$=2x+y-x+y$$
$$=2x-x+y+y$$
$$=x+2y$$

괄호 앞에 있는 부호에 주의해!

괄호 풀기

동류항끼리 모으기

01~03 다항식의 덧셈과 뺄셈

다항식끼리의 덧셈과 뺄셈을 해보자! 이때 공통적인 순서가 있어.

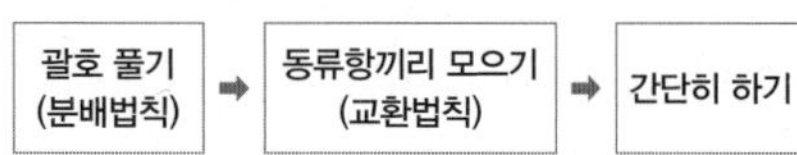

계수가 분수 꼴인 경우는 통분을 이용하고, 괄호를 풀 때는 분배법칙, 동류항끼리 모을 때는 교환법칙을 이용하면 돼!

괄호는 순서대로!

$$x-\{y-(2x-2y)\}$$
$$=x-(y-2x+2y)$$
$$=x-y+2x-2y$$
$$=x+2x-y-2y$$
$$=3x-3y$$

괄호 풀기

동류항끼리 모으기

( ) → { } → [ ] 순서로 풀기!

04 여러 가지 괄호가 있는 식

괄호가 있는 식이 길고 복잡해 보여도 순서만 잘 지키면 쉬워!

(소괄호) ➡ {중괄호} ➡ [대괄호]

이때 다항식의 뺄셈에서 괄호를 풀 때는 빼는 식의 모든 항의 부호가 바뀌는 것에 꼭 주의해!

분배법칙으로 식을 간단히!

$$3x(x+1)=3x\times x+3x\times 1$$
$$=3x^2+3x$$

전개

05 단항식과 다항식의 곱셈

분배법칙을 이용하여 단항식을 다항식의 각 항에 곱하면 돼! 부호 변화에 주의하고, 전개식에서 동류항이 있으면 동류항끼리 모아서 간단히 하자!

06 다항식과 단항식의 나눗셈

단항식의 나눗셈에서와 같이 나누는 단항식을 역수를 이용하여 곱셈으로 고친 후 계산해! 이때 나누는 단항식의 계수가 분수인 경우 역수의 계산에 주의해야 해! 예들 들면 $\frac{3}{2}x$의 역수를 $\frac{2}{3}x$로 잘못 생각할 수 있어. $\frac{3}{2}x=\frac{3x}{2}$이므로 역수는 $\frac{2}{3x}$야!

분배법칙으로 식을 간단히!

① 분수 꼴로 고치기

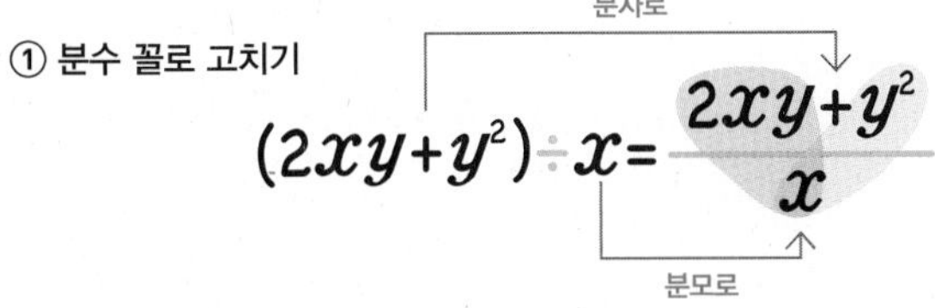

② 역수로 바꾸기

곱셈으로

$$(2xy+xy^2)\div\frac{x}{2}=(2xy+xy^2)\times\frac{2}{x}$$

역수로

07 사칙연산이 혼합된 식

순서대로 계산하면 쉽게 해결할 수 있어!

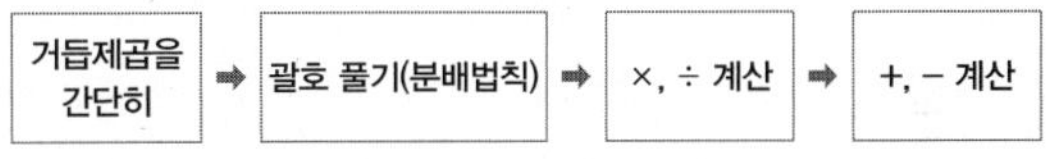

×, ÷ 먼저! +, −는 나중에!

$2(2x^3-6x^2)\div(2x)^2-3x$

$=2(2x^3-6x^2)\div4x^2-3x$

$=(4x^3-12x^2)\div4x^2-3x$

$=\frac{4x^3-12x^2}{4x^2}-3x$

$=x-3-3x$

$=-2x-3$

거듭제곱 ⬇ 괄호 정리(분배법칙) ⬇ ×, ÷ 계산 ⬇ +, − 계산

08 □ 안에 알맞은 식

이항만 알면 매우 쉬워! 좌변에 □만 남겨두고 모두 우변으로 이항하면 돼!

□를 구하는 방정식으로 생각해!

① □+A=B → □=B−A ② □−A=B → □=B+A

③ □÷A=B → □=B×A ④ □×A=B → □=B÷A

+ ➡ −, − ➡ +, × ➡ ÷, ÷ ➡ ×으로! 좌변에 □만 남겨!

09 도형에 활용

다항식으로 길이가 주어진 경우의 도형의 넓이와 부피를 구하는 연습을 하게 될 거야. 다항식의 계산을 도형의 넓이와 부피로 연습해 보자!

도형과 다항식의 만남!

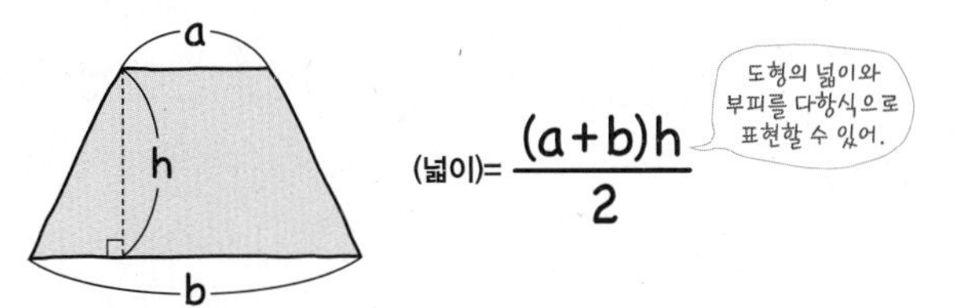

01 같은 종류끼리 모아서 간단히! 더 간단히!

다항식의 덧셈과 뺄셈

괄호 앞에 있는 부호에 주의해!

$(2x+y)-(x-y)$ ← 괄호 풀기

$=2x+y-x+y$ ← 동류항끼리 모으기

$=2x-x+y+y$

$=x+2y$

- **다항식의 덧셈**: 괄호를 풀고 동류항끼리 모아서 간단히 정리한다.
- **다항식의 뺄셈**: 빼는 식의 각 항의 부호를 바꾸어 더한다.

원리확인 다음 □ 안에 알맞은 수나 식을 써넣으시오.

❶ $(3x+7y)+(4x-5y)$ ← 괄호를 풀고

$=3x+7y+4x-5y$ ← 동류항끼리 모은 후

$=3x+\square+7y-5y$ ← 간단히 해!

$=\square x+\square y$

❷ $(11a+5b)-(3a+4b)$ ← 빼는 식의 부호를 바꾸어 괄호를 풀고

$=11a+5b-3a-\square$ ← 동류항끼리 모은 후

$=11a-\square+5b-\square$ ← 간단히 해!

$=\square$

❸ $2(x+4y)+3(-2x-y)$ ← 분배법칙을 이용하고

$=2x+\square-6x-\square$ ← 동류항끼리 모은 후

$=2x-\square+8y-\square$ ← 간단히 해!

$=\square$

1st 다항식의 덧셈과 뺄셈하기

● 다음을 계산하시오.

1 $\begin{array}{r} 11x+2y \\ +\,)\ \ 2x-9y \\ \hline \end{array}$

2 $\begin{array}{r} 5x-2y \\ +\,)\ -4x+3y \\ \hline \end{array}$

3 $\begin{array}{r} 6a+8b \\ +\,)\ -5a-13b \\ \hline \end{array}$

4 $\begin{array}{r} -7a+3b \\ +\,)\ \ 14a-b \\ \hline \end{array}$

5 $\begin{array}{r} 8a-2b \\ -\,)\ 6a+5b \\ \hline \end{array}$

6 $\begin{array}{r} 15x-6y \\ -\,)\ -2x+5y \\ \hline \end{array}$

7 $\begin{array}{r} 18x+5y \\ -\,)\ \ 7x-2y \\ \hline \end{array}$

8 $\begin{array}{r} -12a-3b \\ -\,)\ \ a-5b \\ \hline \end{array}$

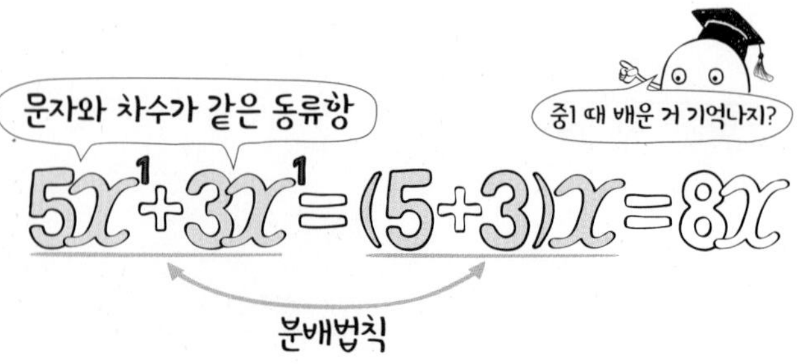

9 $(3a-2b)+(a+5b)$

10 $(6x-y)+(3x-2y)$

11 $(8x+11y)+(-15x+4y)$

12 $(2x+7y)-(3x+3y)$

13 $(9a-3b)-(5a-2b)$

14 $(-7x-13y)-(2x-y)$

15 $(10x-5y+3)+(2x+2y-1)$

16 $(a-b-5)-(3a+5b-2)$

17 $4(-x+2y)+(5x+3y)$

18 $(-6x+14y)-2(-x+5y)$

19 $(8a-3b+11)+3(-2a+6b-3)$

20 $-5(x-3y+5)-(3x+8y-17)$

내가 발견한 개념 ○ 안에 알맞은 부호를 넣어봐!

- A+(B+C)=A+B ○ C
- A+(B−C)=A+B ○ C
- A−(B+C)=A−B ○ C
- A−(B−C)=A−B ○ C

개념모음문제

21 $(-12x+4y-7)-(8x-2y+3)$을 간단히 하였을 때, x의 계수와 상수항의 합은?

① -30 ② -10 ③ 0
④ 10 ⑤ 30

02 분모를 통분해서 간단히! 더 간단히!

계수가 분수 꼴인 다항식의 덧셈과 뺄셈

$$\frac{x-y}{3}-\frac{2x+y}{2}=\frac{2(x-y)-3(2x+y)}{6}$$

분모가 다르면 최소공배수로 통분

$$=\frac{2x-2y-6x-3y}{6}$$

$$=\frac{-4x-5y}{6}$$

하트 모양으로 분리가 가능해!

$$=-\frac{2}{3}x-\frac{5}{6}y$$

계수가 분수 꼴인 다항식의 덧셈과 뺄셈은 다음과 같이 계산한다.

(i) 분모의 최소공배수로 통분한다.

(ii) 분자의 괄호를 푼다.

(iii) 동류항끼리 계산한다.

원리확인 다음 □ 안에 알맞은 수나 식을 써넣으시오.

❶ $\left(\frac{1}{2}x-\frac{1}{3}y\right)+\left(\frac{1}{3}x+\frac{1}{6}y\right)$

$=\frac{1}{2}x-\frac{1}{3}y+\frac{1}{3}x+\frac{1}{6}y$ (괄호를 풀고)

$=\frac{1}{2}x+\square-\frac{1}{3}y+\square$ (동류항끼리 모은 후)

$=\square$ (동류항끼리 분모를 통분하여 계산해!)

❷ $\frac{2a-b}{5}+\frac{a+2b}{3}$

$=\frac{3(2a-b)+\square(a+2b)}{15}$ (분모의 최소공배수로 통분하고)

$=\frac{6a-3b+\square a+\square b}{15}$ (분자의 괄호를 푼 후)

$=\frac{\square a+\square b}{15}$ (동류항끼리 계산해!)

$=\square a+\square b$

1st — 계수가 분수 꼴인 다항식의 덧셈과 뺄셈하기

• 다음을 계산하시오.

1 $\left(\frac{2}{5}x-\frac{4}{7}y\right)+\left(\frac{3}{5}x+\frac{2}{7}y\right)$

$=\frac{2}{5}x-\frac{4}{7}y+\frac{3}{5}x+\frac{2}{7}y$

$=\frac{2}{5}x+\square-\frac{4}{7}y+\square$

$=\square-\square$

2 $\left(\frac{2}{3}x+\frac{1}{6}y\right)+\left(-\frac{1}{5}x+\frac{5}{3}y\right)$

3 $\left(\frac{4}{11}x-\frac{3}{4}y\right)-\left(\frac{8}{11}x-\frac{5}{12}y\right)$

4 $\left(\frac{1}{6}a+\frac{4}{9}b\right)-\left(\frac{2}{7}a+\frac{4}{15}b\right)$

5 $\frac{a}{5}+\frac{a-4b}{15}$

$=\frac{\square+a-\square}{15}=\frac{\square-4b}{15}$

$=\square-\square$

6 $\dfrac{5x-y}{6}+\dfrac{-6x+7y}{18}$

7 $\dfrac{3x+y}{4}+\dfrac{x+2y}{3}$

8 $\dfrac{a-4b}{6}-\dfrac{3a-2b}{7}$

9 $\dfrac{a+5b}{3}-\dfrac{a-5b}{2}$

10 $\dfrac{1}{2}(3x-y)+\dfrac{1}{4}(x+2y)$

11 $\dfrac{1}{3}(2x+y)-\dfrac{1}{9}(-x+3y)$

12 $\dfrac{11x-5y}{8}+\dfrac{2(-x+y)}{3}$

13 $\dfrac{-5x+2y}{4}-\dfrac{3(2x-5y)}{6}$

14 $\dfrac{3a-2b+1}{5}-\dfrac{2a+5b-3}{4}$

개념모음문제

15 $\dfrac{3x-2y}{5}+\dfrac{-7x+5y}{10}=Ax+By$일 때, $A+B$의 값은? (단, A, B는 상수)

① $-\dfrac{1}{5}$　② -10　③ 0
④ $\dfrac{1}{5}$　⑤ 10

03 같은 종류끼리 모아서 간단히! 더 간단히!

이차식의 덧셈과 뺄셈

괄호 앞에 있는 부호에 주의해!

$(2x^2+x+1)-(x^2-x-2)$

$=2x^2+x+1-x^2+x+2$ ← 괄호 풀기

$=2x^2-x^2+x+x+1+2$ ← 동류항끼리 모으기

$=x^2+2x+3$

- **이차식**: 다항식의 각 항의 차수 중에서 가장 큰 항의 차수가 2인 다항식
- **이차식의 덧셈과 뺄셈**: 괄호를 풀고 동류항끼리 모아서 간단히 한다.

1st — 이차식인지 아닌지 판별하기

● 다음 중 이차식인 것은 ○를, 이차식이 아닌 것은 ×를 ( ) 안에 써넣으시오.

1 $5a+11$ ( )

2 x^2+8x-1 ( )

3 $8-7a^2$ ( )

4 $\frac{1}{3}x-2y+3$ ( )

5 $-x^2-x+1$ ( )

6 $7y-5x+1$ ( )

7 $\frac{1}{x^2}+5x-2$ ( )

$\frac{1}{x^2}$은 다항식이 아니야!

8 $-x^3+6x^2$ ( )

9 $13+5x-x^2$ ( )

가장 큰 차수가 2이므로 이차식

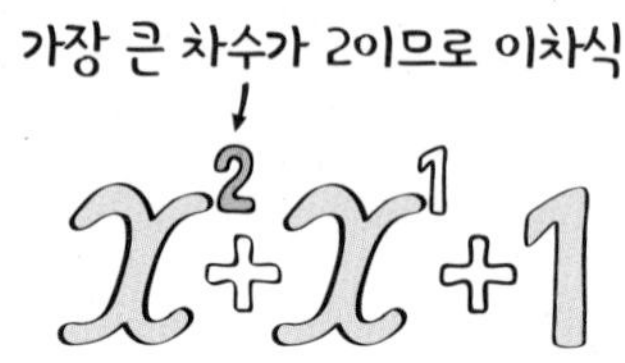

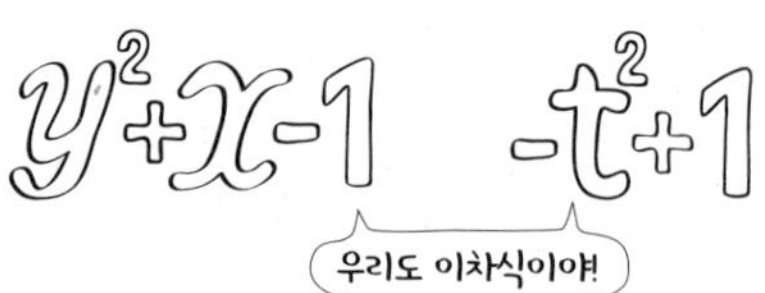

개념모음문제

10 다음 **보기**에서 이차식인 것만을 있는 대로 고른 것은?

보기

ㄱ. $3b^2-b+5$　　ㄴ. $\frac{1}{x^2}-4x+1$

ㄷ. $5a^2-a^3+1$　　ㄹ. x^2+x+1

ㅁ. $\frac{1}{3}y^2-\frac{1}{2}y+\frac{1}{5}$　　ㅂ. $6-x^2$

① ㄴ, ㄹ　② ㄱ, ㄹ, ㅁ　③ ㄴ, ㄹ, ㅂ　④ ㄱ, ㄷ, ㅁ, ㅂ　⑤ ㄱ, ㄹ, ㅁ, ㅂ

2nd 이차식의 덧셈과 뺄셈하기

● 다음을 계산하시오.

11
$$\begin{array}{rr} & 2x^2- \ \ x+\ \ 5 \\ +) & 5x^2+6x-11 \\ \hline \end{array}$$

12
$$\begin{array}{rr} & 4x^2+\ \ x+11 \\ +) & -2x^2+2x+\ \ 1 \\ \hline \end{array}$$

13
$$\begin{array}{rr} & -3x^2+\ \ 6x+\ \ 1 \\ +) & -8x^2-13x-15 \\ \hline \end{array}$$

14
$$\begin{array}{rr} & 7x^2-2x+\ \ 3 \\ +) & -x^2-\ \ x+11 \\ \hline \end{array}$$

15
$$\begin{array}{rr} & -10x^2+7x-13 \\ +) & x^2-2x+\ \ 9 \\ \hline \end{array}$$

16
$$\begin{array}{rr} & 3x^2-6x+15 \\ -) & x^2+2x+\ \ 1 \\ \hline \end{array}$$

17
$$\begin{array}{rr} & 5x^2+7x+3 \\ -) & -3x^2+2x+1 \\ \hline \end{array}$$

18
$$\begin{array}{rr} & -4x^2+5x+2 \\ -) & 2x^2-6x-7 \\ \hline \end{array}$$

19
$$\begin{array}{rr} & -x^2+9x+8 \\ -) & -6x^2+5x-3 \\ \hline \end{array}$$

20
$$\begin{array}{rr} & 4x^2-6x+23 \\ -) & 13x^2+2x-\ \ 9 \\ \hline \end{array}$$

21 $(3x^2-5x+1)+(6x^2+x-7)$

$=3x^2-5x+1+6x^2+\square-7$ (괄호를 풀고)

$=3x^2+6x^2-5x+\square+1-7$ (동류항끼리 모은 후)

$=\square$ (간단히 해!)

22 $(8a^2+a+9)+(4a^2-6a+3)$

23 $(2x^2-10x+5)+(-5x^2+7x-2)$

24 $(7x^2+x-1)-(2x^2-3x-8)$

$=7x^2+x-1-2x^2+\square+8$ (빼는 식의 부호를 바꾸어 괄호를 풀고)

$=7x^2-2x^2+x+\square-1+8$ (동류항끼리 모은 후)

$=\square$ (간단히 해!)

25 $(11a^2-13a+20)-(a^2+5a+7)$

26 $(9x^2-6x-5)-(-x^2+5)$

27 $(8x^2-4x+9)+3(-2x^2+7x+1)$

28 $6(x^2+2x-1)+5(-2x^2+x+1)$

29 $4(3x^2-x-2)+3(7x^2+3x+1)$

30 $(x^2+2x+14)-4(3x^2-x+4)$

31 $2(6x^2+2x-5)-3(-3x^2-3x+1)$

32 $8(2x^2-x+5)-9(-x^2+x-3)$

33 $\left(\frac{1}{3}x^2-\frac{2}{5}x+\frac{1}{4}\right)+\left(\frac{1}{6}x^2-\frac{1}{5}x+\frac{3}{2}\right)$

34 $\left(\frac{1}{7}x^2-\frac{5}{8}x+\frac{1}{2}\right)+\left(-\frac{1}{2}x^2+\frac{3}{4}x-1\right)$

35 $\left(-\frac{1}{5}a^2+\frac{2}{9}a+\frac{3}{4}\right)+\left(\frac{3}{10}a^2-\frac{5}{12}a+\frac{1}{6}\right)$

36 $\left(\frac{1}{6}x^2+\frac{2}{7}x+\frac{2}{3}\right)-\left(\frac{7}{12}x^2-\frac{3}{7}x+\frac{1}{6}\right)$

37 $\left(-\frac{1}{8}x^2+x-\frac{1}{2}\right)-\left(\frac{3}{4}x^2-2x+1\right)$

38 $\left(6a^2+\frac{1}{3}a-1\right)-\left(-2a^2+\frac{3}{4}a+2\right)$

39 $\frac{x^2-2x+4}{5}+\frac{3x^2-x+1}{2}$

40 $\frac{-2x^2+x-1}{3}+\frac{5x^2-x+7}{12}$

41 $\frac{x^2+x-2}{9}-\frac{2x^2-2x+1}{6}$

42 $\frac{-x^2+5x+3}{6}-\frac{4x^2+3x-1}{10}$

개념모음문제

43 $(3x^2+11x-15)-(-13x^2-x+8)$을 간단히 한 식에서 x^2의 계수와 상수항의 합은?

① -7　② -5　③ -3
④ -1　⑤ 1

04

괄호는 순서대로!

여러 가지 괄호가 있는 식

$x-\{y-(2x-2y)\}$
$=x-(y-2x+2y)$ — 괄호 풀기
$=x-y+2x-2y$
$=x+2x-y-2y$ — 동류항끼리 모으기
$=3x-3y$

( ) → { } → [ ] 순서로 풀기!

• 여러 가지 괄호가 있는 식의 계산
소괄호 ( ) → 중괄호 { } → 대괄호 [ ]의 순서로 괄호를 풀면서 동류항끼리 정리한다.

원리확인 다음 □ 안에 알맞은 수를 써넣으시오.

❶ $a-\{2b-(2a+6b)+7a\}$
$=a-(2b-2a-6b+7a)$ — 소괄호를 풀고
$=a-(\square a-\square b)$ — 동류항끼리 계산한 후
$=a-\square a+\square b$ — 중괄호를 풀어
$=\square a+\square b$ — 동류항끼리 계산해!

❷ $7x+[3y-\{x-(6x-8y)\}]$
$=7x+\{3y-(x-6x+8y)\}$ — 소괄호를 풀고
$=7x+\{3y-(\square x+8y)\}$ — 동류항끼리 계산한 후
$=7x+(3y+\square x-8y)$ — 중괄호를 풀어
$=7x+(\square x-5y)$ — 동류항끼리 계산하고
$=7x+\square x-5y$ — 대괄호를 푼 뒤
$=\square x-\square y$ — 동류항끼리 계산해!

1st — 여러 가지 괄호가 있는 식 계산하기

• 다음을 계산하시오.

1 $18x-\{12y-(7x-3y)\}$

2 $-8a+6b-\{-9a-(a-3b)\}$

3 $(3a-7b)+\{6a-(5b+5a)\}$

4 $8x-[10y-9x-\{5x-(x+4y)\}]$

5 $-2a-[6a-\{13b-(6+9b)+12\}]$

6 $12x-3y-[x-\{4x-4y-(x+y)\}]$

7 $11x^2-\{5x^2+9x-(6x-1)\}$

8 $3a^2+1-\{5a-(2a^2+a-3)\}$

9 $-10a^2-\{5a-(2a^2+13a+2)\}+2$

10 $2x+[10-x^2-\{3x^2-(x^2+5x-8)\}]$

$2x+3y-[5x-\{6y+2(x-3)+8x\}]+10y$

"복잡하다고 포기하지 말고 순서를 정해!"

● **다음 등식을 만족시키는 상수 a, b, c의 값을 구하시오.**

11 $-2y-\{x-(2x+3y)-5y\}=ax+by$

$a=$ ______ , $b=$ ______

12 $3x^2-\{(x+11)-(2x^2+3)\}+6x$
$=ax^2+bx-c$

$a=$ ______ , $b=$ ______ , $c=$ ______

13 $2x+y-[9y-\{3x-(x-y)\}+3y]$
$=ax+by$

$a=$ ______ , $b=$ ______

14 $11x+2-[-3y+2-\{y-(2x+3y-1)\}]$
$=ax+by+c$

$a=$ ______ , $b=$ ______ , $c=$ ______

개념모음문제

15 다음 식을 전개하면 $ax+by+c$가 될 때, $a+b+c$의 값은? (단, a, b, c는 상수)

$17x-[8y-\{x-(3x+5y)+5\}]$

① 6 ② 7 ③ 8
④ 9 ⑤ 10

05

분배법칙으로 식을 간단히!

단항식과 다항식의 곱셈

$3x(x+1)=3x\times x+3x\times 1$

전개

$=3x^2+3x$

- **단항식과 다항식의 곱셈**: 분배법칙을 이용하여 단항식을 다항식의 각 항에 곱한다.
- **전개**: 단항식과 다항식을 분배법칙을 이용하여 하나의 다항식으로 나타내는 것

원리확인 다음 □ 안에 알맞은 식을 써넣으시오.

❶ $2a(3a+b)$

$=2a\times$ □ $+2a\times$ □

분배법칙을 이용하여 전개해!

$=$ □

❷ $(5x-3y)\times(-2x)$

$=5x\times($ □ $)-3y\times($ □ $)$

$=$ □

❸ $\frac{2}{7}a(14a-35b)$

$=\frac{2}{7}a\times$ □ $-\frac{2}{7}a\times$ □

$=$ □

1st — 단항식과 다항식의 곱셈하기

● 다음 식을 전개하시오.

1 $x(5x+1)$

2 $-2y(7-y)$

3 $a(-3b+4)$

4 $\frac{1}{3}x(81x-27y)$

5 $(2x+3)\times 8x$

6 $(3x+7y)\times(-2x)$

7 $(20a-8b)\times\frac{3}{4}a$

8 $(2p-5q)\times(-2q)$

9 $3a(-a+2b+5)$

10 $10x(x+3-y)$

11 $(6x-18y+30)\times\left(-\frac{1}{6}y\right)$

12 $a(a^2+2a+3)$

13 $2xy(-3x+2y-5)$

14 $\frac{3}{2}xy\left(\frac{4}{3}x-\frac{5}{4}y\right)$

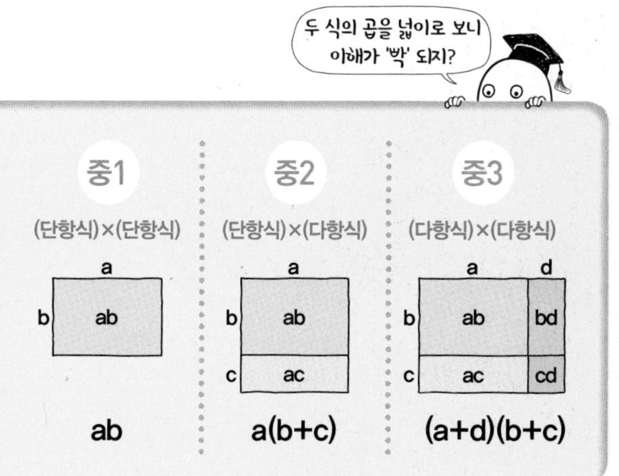

● **다음을 계산하시오.**

15 $a(5a-2)+3a(a+1)$

16 $2x(x-y)+6x(x-2y)$

17 $6a(2a+b)-3a(5a-b)$

18 $x(x-7y)-5x(2x-y)$

19 $\frac{3}{5}x(15x-20y)+\frac{1}{4}x(16x-20y)$

20 $\frac{2}{3}a(9a-6b)-\frac{3}{8}a(40a-16b)$

개념모음문제

21 $4x(3x-2)-3x(x+2)$를 간단히 한 식에서 x^2의 계수를 a, x의 계수를 b라 할 때, $a+b$의 값은?

① -7 ② -5 ③ -3
④ 3 ⑤ 5

06

분배법칙으로 식을 간단히!

다항식과 단항식의 나눗셈

① 분수 꼴로 고치기

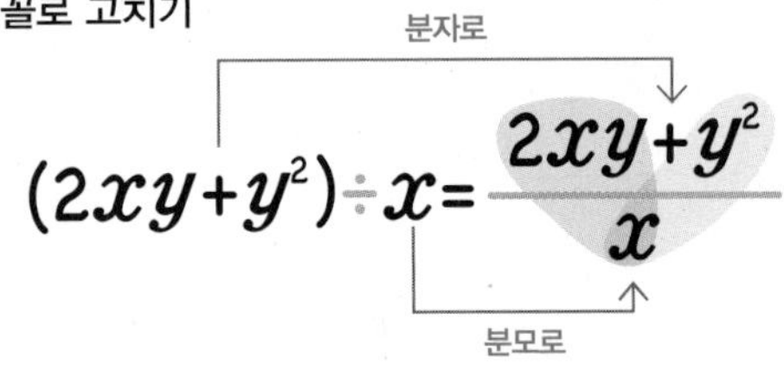

② 역수로 바꾸기

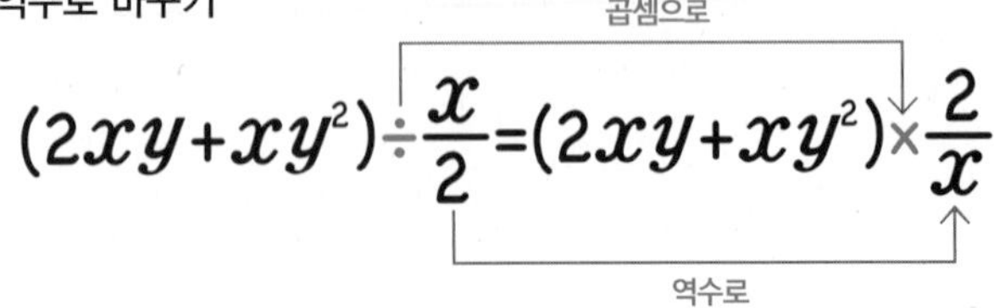

- 다항식과 단항식의 나눗셈

방법1 분수 꼴로 나타내어 다항식의 모든 항을 분모의 단항식으로 나눈다.

→ $(A+B)\div C=\frac{A+B}{C}=\frac{A}{C}+\frac{B}{C}$

방법2 다항식에 나누는 식의 역수를 곱하여 전개한다.

→ $(A+B)\div C=(A+B)\times\frac{1}{C}$

$=A\times\frac{1}{C}+B\times\frac{1}{C}=\frac{A}{C}+\frac{B}{C}$

원리확인 다음 □ 안에 알맞은 식을 써넣으시오.

❶ $(8a^2+32ab)\div 4a=\frac{8a^2+32ab}{\square}$

$=\frac{8a^2}{\square}+\frac{32ab}{\square}$

$=\square$

❷ $(12x^2-4xy)\div\frac{4}{3}x$

$=(12x^2-4xy)\times\square$

$=12x^2\times\square-4xy\times\square$

$=\square$

나눗셈을 역수의 곱셈으로 바꾸고

분배법칙을 이용해서 전개한 후

간단히 해!

1st — 다항식과 단항식의 나눗셈하기

- 다음 식을 전개하시오.

1 $(9x^2-6xy)\div 3x$

2 $(4a^2+6ab)\div 2a$

3 $(-10x^2+8x)\div x$

4 $(7x^2-35x)\div(-7x)$

5 $(2a^2+4ab^2)\div 2a$

6 $(6x^2y-3xy)\div 3xy$

7 $(20a^3-15a^2-10a)\div 5a$

8 $(12xy-3x^2y-9xy^2)\div 3xy$

9 $(9x^2-12xy)\div\frac{3}{2}x$

10 $(-12x^2+x)\div\frac{1}{3}x$

11 $(45xy-20y^2)\div\frac{5}{3}y$

12 $(27y^2-12xy)\div\left(-\frac{3}{4}y\right)$

13 $\left(\frac{1}{4}x-\frac{3}{8}xy\right)\div\frac{3}{2x}$

14 $\left(\frac{4}{3}a-\frac{5}{4}b\right)\div\left(-\frac{3}{2}ab\right)$

15 $(15a^3b+10a^2b-5ab)\div\frac{5a}{b}$

16 $(9a^3-6a^2b-3ab^2)\div\left(-\frac{3}{2}a\right)$

● 다음을 계산하시오.

17 $(4x-48y)\div4-(16x^2-10xy)\div2x$

18 $(3x^2+7xy)\div x+(-15x^2+50xy)\div(-5x)$

19 $(x^3y+3x^2y-xy^2)\div3xy-\frac{x^3y+xy^2}{6}\div\frac{1}{2}xy$

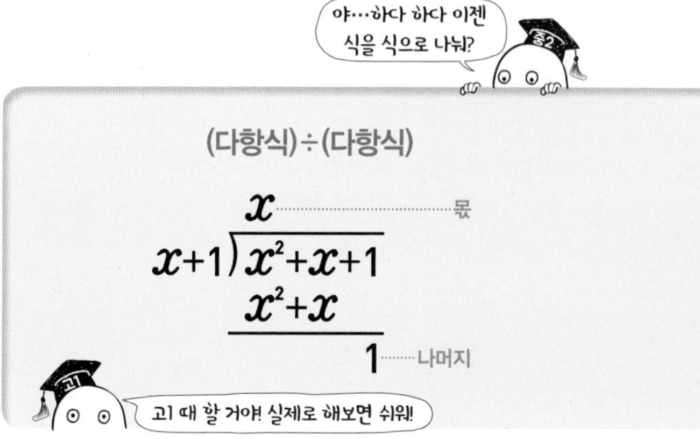

개념모음문제

20 다음 중 옳지 않은 것은?

① $(8x^2y-x^3)\div4x=2xy-\frac{1}{4}x^2$

② $(-25a^2b+10ab^2)\div5a=-5ab+2b^2$

③ $(9x^2-15xy)\div3x+(x-7)\div\left(-\frac{1}{y}\right)$
$=3x-xy+2y$

④ $(6x^2y-4xy^2)\div2xy-(12x^2-9xy)\div3x$
$=-x-5y$

⑤ $\frac{18xy^2-27x^2y}{-3xy}-\frac{28x-12}{4}=2x-6y+3$

07 사칙연산이 혼합된 식

×, ÷ 먼저! +, −는 나중에!

$2(2x^3-6x^2)\div(2x)^2-3x$ — 거듭제곱

$=2(2x^3-6x^2)\div4x^2-3x$ — 괄호 정리(분배법칙)

$=(4x^3-12x^2)\div4x^2-3x$ — ×, ÷ 계산

$=\dfrac{4x^3-12x^2}{4x^2}-3x$ — +, − 계산

$=x-3-3x$

$=-2x-3$

• 덧셈, 뺄셈, 곱셈, 나눗셈이 혼합된 식의 계산

(i) 지수법칙을 이용하여 거듭제곱을 계산한다.

(ii) 분배법칙을 이용하여 곱셈, 나눗셈을 한다.

(iii) 동류항끼리 덧셈, 뺄셈을 한다.

이때 괄호가 있으면

소괄호 ( ) → 중괄호 { } → 대괄호 [ ]

순으로 푼다.

원리확인 다음은 사칙연산이 혼합된 식을 계산하는 과정이다. □ 안에 알맞은 식을 써넣으시오.

❶ $-5a(a-2)+(12ab+21b^2)\div\dfrac{3}{4}b$

$=-5a^2+\square+(12ab+21b^2)\times\square$

$=-5a^2+\square+12ab\times\square+21b^2\times\square$

$=-5a^2+\square+16a+\square$

$=\square$

❷ $(6a^2+12a)\div(-6a)-7a(2a+3)$

$=\dfrac{6a^2+12a}{\square}-\square-21a$

$=\dfrac{6a^2}{\square}+\dfrac{12a}{\square}-\square-21a$

$=\square-2-\square-21a$

$=\square$

❸ $(20x^3y^2-16x^2y^3)\div(-2xy)^2+3x(x-1)$

$=(20x^3y^2-16x^2y^3)\div\square+3x(x-1)$

$=\dfrac{20x^3y^2-16x^2y^3}{\square}+3x^2-\square$

$=\dfrac{20x^3y^2}{\square}-\dfrac{16x^2y^3}{\square}+3x^2-\square$

$=5x-\square+3x^2-\square$

$=\square$

❹ $\dfrac{12x^3+20x^2y^2}{4x}-\dfrac{21xy^3-35x^2y^2}{7y}$

$=(\square+5xy^2)-(3xy^2-\square)$

$=\square+5xy^2-\square+5x^2y$

$=\square$

1st 사칙연산이 혼합된 식 계산하기

● 다음을 계산하시오.

1 $a^2+(5a^3-8a^2b)\div a$

2 $(-3x)^2+(4xy-2x^3)\div 2x+6y$

3 $(2x^2y+6xy^2)\div(2xy)^2\times 12xy$

4 $a(3a-2)+(9a^2-36a)\div 3a$

5 $2a(3a-5)+(10a^3+6a^2)\div 2a$

6 $3x(2x+1)-(5x^3y+2x^2y)\div xy$

7 $(3x-4y-2)\times(-3x)+(9xy^3-15xy^2)\div 3y^2$

8 $(3xy-2y^2)\div\frac{1}{2}y+4x(x+1)$

9 $2x(5x-4y+3)-(x^2-10x^2y)\div\frac{x}{3}$

10 $(8x^3y^2-32x^2y^2)\div(-2xy)^2+x(3x-2)$

11 $(18x^3-243x^2y)\div(3x)^2$
$-(75y^2-10xy)\div(-5y)$

12 $(4x+6y)\times\frac{1}{2}x-(4xy^2+6y)\div(-2y)$

13 $(16ab^2-12b^3)\div 4b+(12a^2b+9ab^2)\div 3a$

14 $(3a^2-2a)\div a-(8a^3-12a^2)\div(-2a)^2$

15 $(-12x^5+8x^4)\div(-2x^3)$
$+(2x^3-6x^2)\times\left(-\frac{x}{2}\right)$

16 $\frac{8y^3z-4y^2z^2}{-2yz}+2z(-y+3z)$

17 $-2x(x-3)-\frac{5x^3-6x^2}{x}$

18 $\frac{5a^2+6ab}{a}-\frac{12ab-15b^2}{3b}$

19 $\frac{6x^2y-4xy^2}{2xy}+\frac{18x^2-6xy}{3x}$

20 $\frac{14a^2b-7ab^2}{7ab}+(12ab-6a^2)\div 3a$

21 $(32x^4y^2-8x^2y^3)\div\left(-\frac{2}{3}xy\right)^2+x(2x-5)$

22 $(2a+3b)\times(-4a)$
$-(27a^4b^2-18a^3b^3)\div\left(\frac{3}{2}ab\right)^2$

23 $-2x(3y-5x)-3y^2(-2x^2+9xy)\div xy$

24 $6\left\{2(x^2-x+3)-\frac{5}{6}x\right\}-5x(7+x)$

25 $(4x^2y^2+x^3y)\div xy+5\{(-2x)^2-xy+1\}$

26 $5x+\{(6x^2-4xy)\div 2x+5y\}-2(3x+y)$

27 $4x(x-y)-(2x^2y^2+x^3y)\div\frac{1}{3}xy$

개념모음문제

28 다음 식을 간단히 하였을 때, x^2의 계수를 a, xy의 계수를 b라 하자. $9a-3b$의 값은?

$$\left(9y-\frac{1}{3}x\right)\times\frac{2}{3}x-\left(\frac{16}{3}x^3y-4x^4\right)\div(2x)^2$$

① -21 ② -7 ③ 7
④ 14 ⑤ 21

08

□를 구하는 방정식으로 생각해!

□ 안에 알맞은 식

① $\square+A=B$ → $\square=B-A$

② $\square-A=B$ → $\square=B+A$

③ $\square\div A=B$ → $\square=B\times A$

④ $\square\times A=B$ → $\square=B\div A$

+ ➡ −, − ➡ +, × ➡ ÷, ÷ ➡ ×으로!
좌변에 □만 남겨!

• □ 안에 알맞은 식 구하기
주어진 식을 정리하여 □에 대한 식으로 나타낸 후 간단히 한다.

원리확인 다음 □ 안에 알맞은 식을 써넣으시오.

❶ $\square+(2a+3b)=a-5b$
→ $\square=a-5b-(2a+3b)$
$=\square$

❷ $\square-(2a+3b)=a-5b$
→ $\square=a-5b+(2a+3b)$
$=\square$

❸ $\square\times 2a=16a^2+8a$
→ $\square=(16a^2+8a)\div 2a$
$=\square$

❹ $\square\div 2a=3a+b$
→ $\square=(3a+b)\times 2a$
$=\square$

1st — □ 안에 알맞은 식 구하기

● 다음 □ 안에 알맞은 식을 구하시오.

1 $\square+(7a-3b)=a+5b$

2 $(-8x+14y)+\square=x+5y-1$

3 $\square-(-5a^2+a+2)=9a^2-4a+11$

4 $(10x^2-3x+1)-\square=-3x^2+5x-3$

5 $\square\times 3x=9x-6xy$

6 $\square \times \left(-\frac{3y}{x}\right)=3x^2y-6xy^2+y^3$

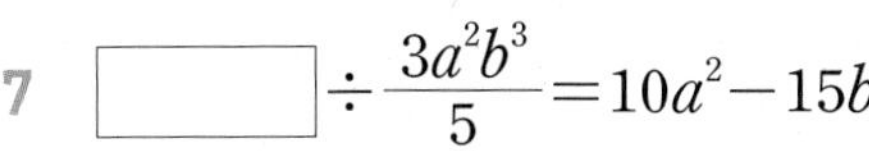

7 $\square \div \frac{3a^2b^3}{5}=10a^2-15b$

8 $(-2x^4y+14y)\div\square=-7x^2y$

내가 발견한 개념

등식을 변형하여 A를 구해 봐!

• 덧셈과 뺄셈

(1) A+B=C ➡ A=

(2) A−B=C ➡ A=

(3) B−A=C ➡ A=

• 곱셈과 나눗셈

(4) A×B=C ➡ A=

(5) A÷B=C ➡ A=

(6) B÷A=C ➡ A=

개념모음문제

9 다음 $\square$ 안에 알맞은 식은?

$(3a^2b^3)^3\div(2ab^2)^2\times\square=54a^6b^6$

① $4a^2b$ ② $4a^2b^2$ ③ $6ab^2$
④ $8ab^2$ ⑤ $8a^2b$

2nd 바르게 계산한 식 구하기

10 어떤 식에 $x+2y-1$을 더해야 할 것을 잘못하여 빼었더니 $6x-5y+3$이 되었다. 다음 빈칸에 알맞은 것을 써넣으시오.

어떤 식을 A라 하면

$A \bigcirc (x+2y-1)=6x-5y+3$

이므로

$A=6x-5y+3 \bigcirc (x+2y-1)$

$=\square$

따라서 바르게 계산한 식은

$(\square) \bigcirc (x+2y-1)$

$=\square$

11 어떤 식에 $-2x$를 곱해야 할 것을 잘못하여 나누었더니 $5x+6y-1$이 되었다. 다음 빈칸에 알맞은 것을 써넣으시오.

어떤 식을 A라 하면

$A \bigcirc (-2x)=5x+6y-1$

이므로

$A=(5x+6y-1) \bigcirc (-2x)$

$=\square$

따라서 바르게 계산한 식은

$(\square) \bigcirc (-2x)$

$=\square$

09

도형과 다항식의 만남!

도형에 활용

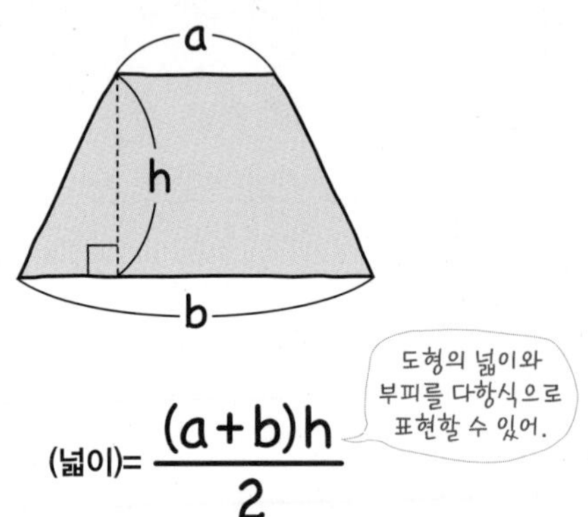

도형의 넓이 또는 부피를 구하는 공식에 주어진 단항식 또는 다항식을 대입하여 식을 간단히 정리한다.

① (삼각형의 넓이)$=\frac{1}{2}\times$(밑변의 길이)$\times$(높이)

② (직사각형의 넓이)$=$(가로의 길이)$\times$(세로의 길이)

③ (사다리꼴의 넓이)

$=\frac{1}{2}\times$ {(윗변의 길이)$+$(아랫변의 길이)} $\times$(높이)

④ (마름모의 넓이)

$=\frac{1}{2}\times$(한 대각선의 길이)$\times$(다른 대각선의 길이)

⑤ (기둥의 부피)$=$(밑넓이)$\times$(높이)

⑥ (뿔의 부피)$=\frac{1}{3}\times$(밑넓이)$\times$(높이)

1st 도형의 넓이 또는 부피 구하기

● 다음 도형의 넓이를 구하시오.

1 윗변의 길이가 $2x+3$, 아랫변의 길이가 $2x^2-6x+5$, 높이가 xy인 사다리꼴

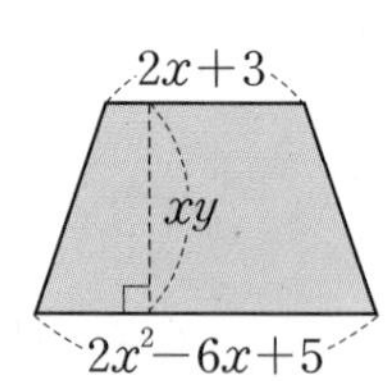

→ (사다리꼴의 넓이)

$=\frac{1}{2}\times\{(2x+3)+($ $\square$ $)\}\times xy$

$=\frac{1}{2}xy\times($ $\square$ $)$

$=$ $\square$

2 밑변의 길이가 $2x$, 높이가 $x-4y+2$인 삼각형

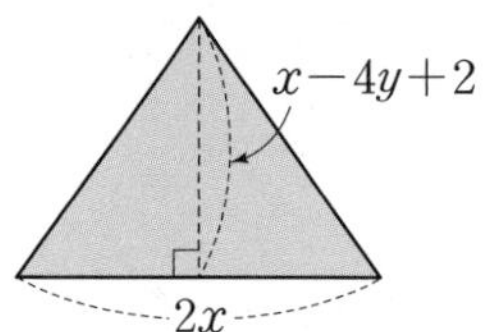

3 가로의 길이가 $7a-b$, 세로의 길이가 $3a^2$인 직사각형

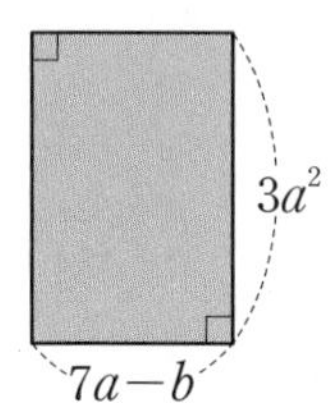

4 두 대각선의 길이가 각각 $6x^2$, $2x-y+1$인 마름모

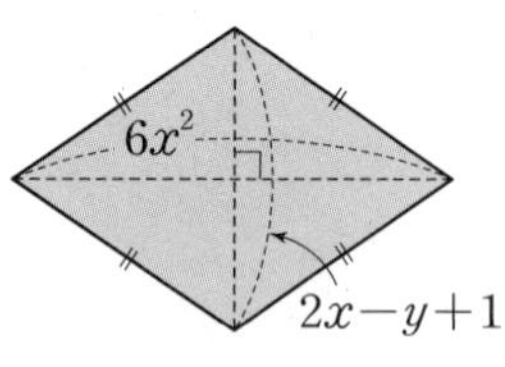

• **다음 입체도형의 부피를 구하시오.**

5

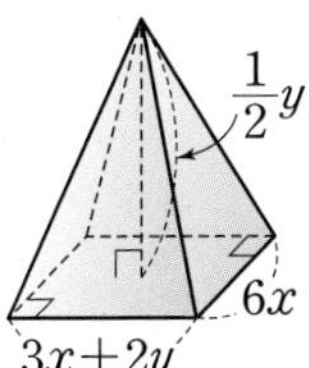

→ (사각뿔의 부피)

$=\frac{1}{3}\times$(밑면의 넓이)$\times$(높이)

$=\frac{1}{3}\times\square\times\frac{1}{2}y$

$=\square$

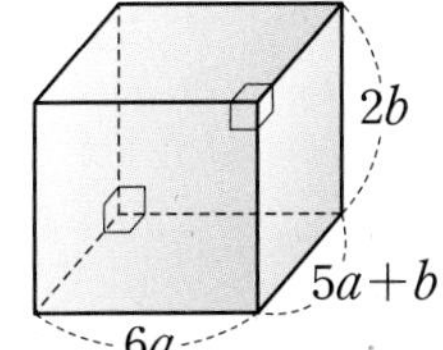

7

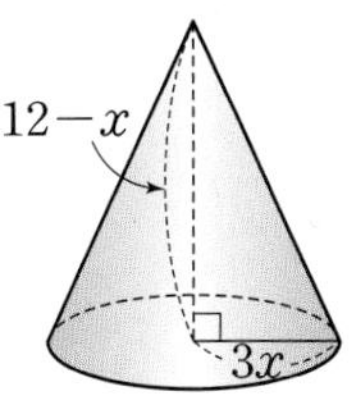

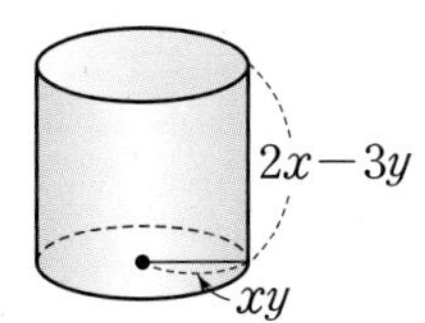

2nd 도형의 길이 또는 높이 구하기

• **주어진 도형에 대하여 다음을 구하시오.**

9 삼각형의 넓이가 $2x^3y^2-5x^2y^3$일 때, 높이

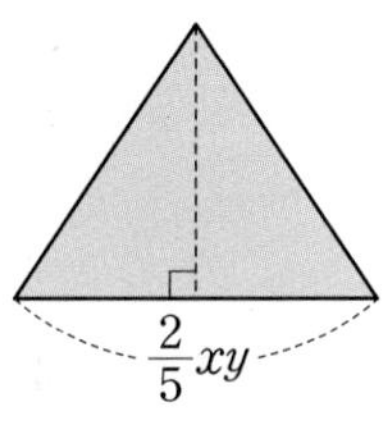

→ $\frac{1}{2}\times\frac{2}{5}xy\times$(높이)$=2x^3y^2-5x^2y^3$에서

$\square\times$(높이)$=2x^3y^2-5x^2y^3$이므로

(높이)$=(2x^3y^2-5x^2y^3)\div\square$

$=(2x^3y^2-5x^2y^3)\times\square$

$=\square$

10 직사각형의 넓이가 $14a^2+21ab+7a$일 때, 세로의 길이

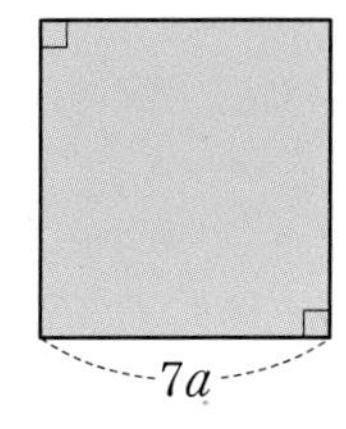

11 사다리꼴의 넓이가 $10x^2y^2+12xy^2$일 때, 아랫변의 길이

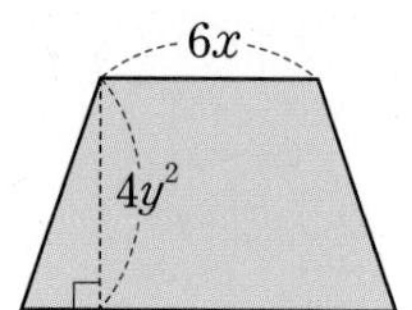

12 마름모의 넓이가 $4x^3-12x^2y+8x^2$일 때, 다른 한 대각선의 길이

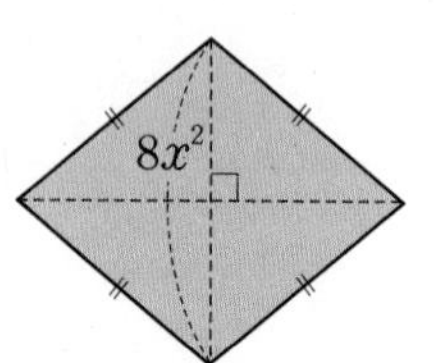

13 직육면체의 부피가 $42a^3b-63ab^2$일 때, 높이

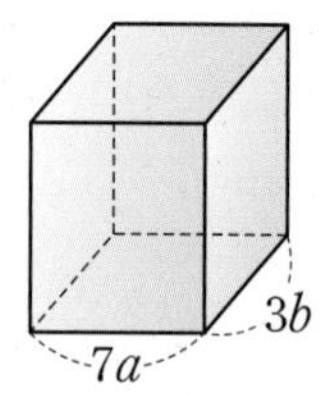

14 원기둥의 부피가 $4\pi x^3+8\pi x^2y$일 때, 높이

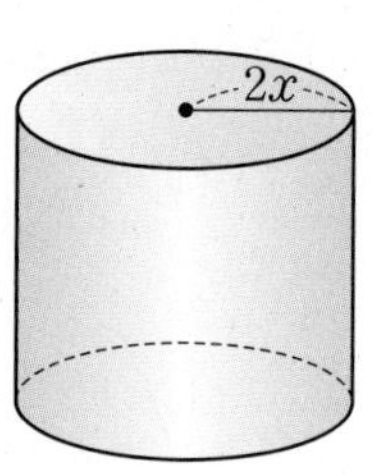

15 원뿔의 부피가 $-24\pi a^3+36\pi a^2b$일 때, 높이

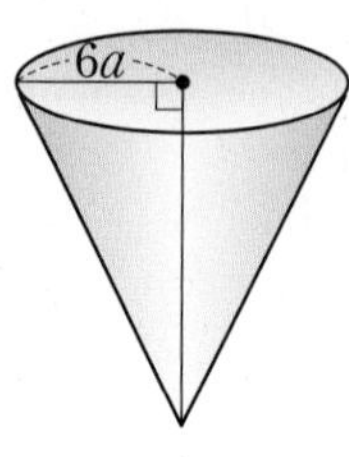

개념모음문제

16 오른쪽 그림과 같은 도형에서 색칠한 부분의 넓이는?

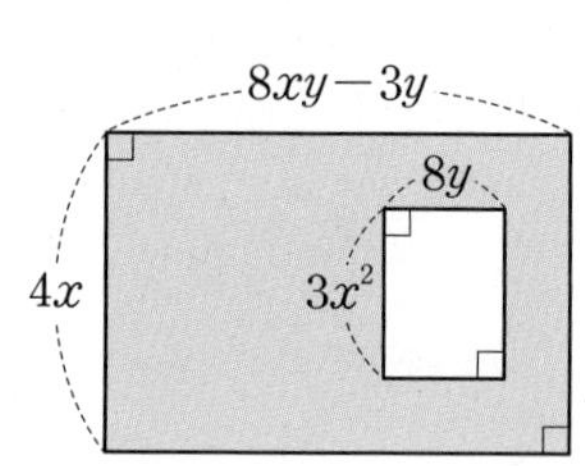

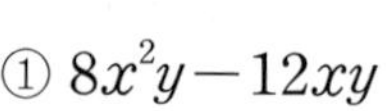
① $8x^2y-12xy$
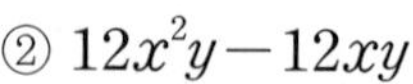
② $12x^2y-12xy$
③ $16x^2y-24xy$
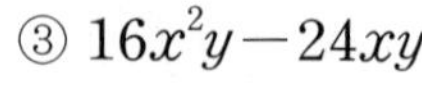
④ $24x^2y-32xy$
⑤ $32x^2y-36xy$

TEST 4. 다항식의 계산

1 다음 중 옳지 않은 것은?

① $(3a+b)+(a-3b)=4a-2b$
② $(x+5y)-(3x-5y)=-2x+10y$
③ $(2a-5b)+(7a+4b)=9a-b$
④ $(x-2y)-(6x-2y)=-5x-4y$
⑤ $(a-3b)+(2a-2b)=3a-5b$

2 $3(4x^2+x-2)-5(3x^2-x-2)$를 간단히 하였을 때, x^2의 계수와 x의 계수의 합을 구하시오.

3 다음 식을 간단히 하시오.

$$17x-6y-\{(8x-3y-10)-(-2y+1)\}$$

4 어떤 식을 $\frac{3}{5}a^2$으로 나누었더니 $-30a+25b$가 되었다. 어떤 식을 구하시오.

5 $-x(7y-3)+(x^2y-20xy)\div\frac{1}{4}x$
$=axy+bx+cy$
일 때, 상수 a, b, c에 대하여 $10a+50b+c$의 값은?

① 20 ② 40 ③ 80
④ 100 ⑤ 120

6 오른쪽 그림과 같이 직사각형 모양의 땅 안에 밭을 만들어 배추를 키우려고 한다. 창고를 제외한 배추밭의 넓이를 구하시오.

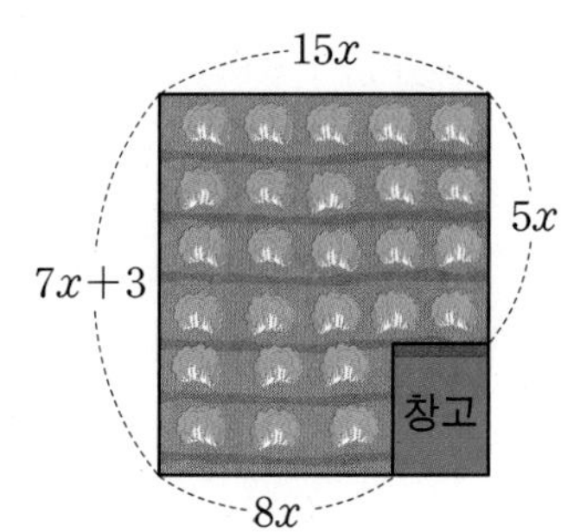

대단원
TEST Ⅱ. 식의 계산

1 $(a^2)^3\times(a^4)^3$을 간단히 하면?

① a^6 ② a^{12} ③ a^{18}
④ a^{24} ⑤ a^{30}

2 $2^4=A$, $3^2=B$라 할 때, 12^8을 A, B를 사용하여 나타내면?

① A^3B^3 ② A^4B^3 ③ A^3B^4
④ A^4B^4 ⑤ A^5B^4

3 $a^{10}\div a^{\square}\div a^2=a^3$일 때, □ 안에 알맞은 수는?

① 1 ② 2 ③ 3
④ 4 ⑤ 5

4 $\left(\dfrac{2x}{y^a}\right)^b=\dfrac{8x^c}{y^6}$일 때, 상수 a, b, c에 대하여 $a+b+c$의 값은?

① 6 ② 8 ③ 10
④ 12 ⑤ 14

5 $(-x^2y)^a\div 2xy^b\times 6x^4y^3=cx^7y^2$일 때, 상수 a, b, c에 대하여 $a+b-c$의 값은?

① 1 ② 2 ③ 3
④ 4 ⑤ 5

6 $(2x^3y^2)^2\div\square\times(-x^2y^3)=x^4y^5$에서 □ 안에 알맞은 식을 구하시오.

7 $(3x-y+5)-(x-4y+2)$를 간단히 하였을 때, y의 계수와 상수항의 곱은?

① 5 ② 6 ③ 7
④ 8 ⑤ 9

8 다음 중 이차식인 것은?

① $2x+1$ ② $x+y+2$
③ $-x^2+3x+x^2+1$ ④ y^2-2y
⑤ $2(x-1)$

9 $-x+2y+3$에 어떤 식을 더해야 할 것을 잘못하여 뺐더니 $2x-y+1$이 되었다. 바르게 계산한 답을 구하시오.

10 다음을 간단히 한 식에서 x^2의 계수를 a, x의 계수를 b, 상수항을 c라 할 때, $a-b+c$의 값은?

$$4\left[\frac{3}{2}x^2+x-\{3x+(2x-1)\}\right]+2x(-x+3)$$

① 18 ② 20 ③ 22
④ 24 ⑤ 26

11 $\frac{A+4ab}{2a}=-2a+b+3$일 때, A에 알맞은 다항식은?

① $-6a^2-2ab+6a$ ② $-4a^2-2ab-6a$
③ $-4a^2-2ab+6a$ ④ $4a^2-2ab-6a$
⑤ $4a^2-4ab+6a$

12 어떤 식에 $3xy$를 곱했더니 $12x^3y-6xy^2$이 되었을 때, 어떤 식을 구하시오.

13 $3^1=3$, $3^2=9$, $3^3=27$, $3^4=81$, $3^5=243$, $3^6=729$, …임을 이용하여 3^{50}의 일의 자리의 숫자를 구하면?

① 1 ② 3 ③ 5
④ 7 ⑤ 9

14 $A=(-2xy^2)^3\times\left(\frac{x^2}{y}\right)^2\div x^3y$,
$B=(2x^2y)^2\div(-xy^2)^2$일 때, AB의 식은?

① $-32x^6y$ ② $-16x^6y^2$
③ $-8x^4y^3$ ④ $16x^6y^2$
⑤ $32x^6y$

15 오른쪽 그림은 부피가 $36\pi x^3+27\pi x^2y$인 원기둥이다. 밑면인 원의 반지름의 길이가 $3x$일 때, 이 원기둥의 높이는?

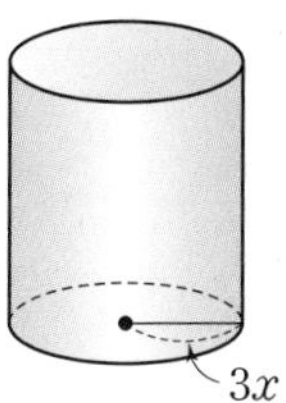

① $-3x+4y$ ② $3x-4y$
③ $3x+4y$ ④ $4x+3y$
⑤ $4x+4y$

대수의 계산!

부등식

5 등식이 아닌,
부등식과 일차부등식

6 생활 속으로!
일차부등식의 활용

5

등식이 아닌,
부등식과 일차부등식

부등호가 있는 식, 부등식!

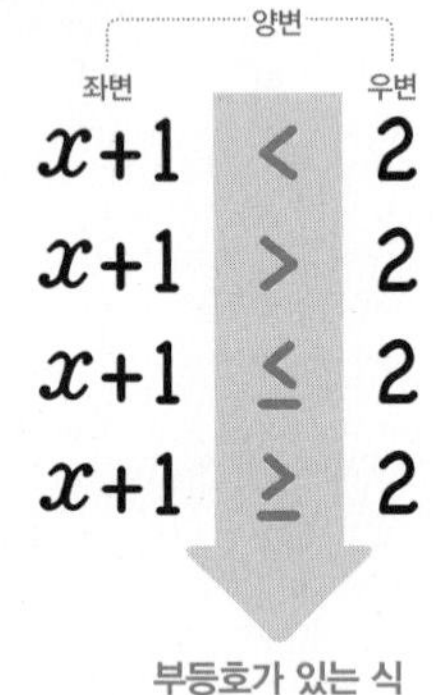

01 부등식

부등호를 사용하여 수 또는 식의 대소 관계를 나타내는 식을 부등식이라 해. 이때 대소 관계를 나타내는 표현은 네 가지뿐이야.

'크다. 작다.' ➡ $>$, $<$
'크거나 같다. 작거나 같다.' ➡ $\geq$, $\leq$

부등식을 참이 되게 하는 미지수의 값!

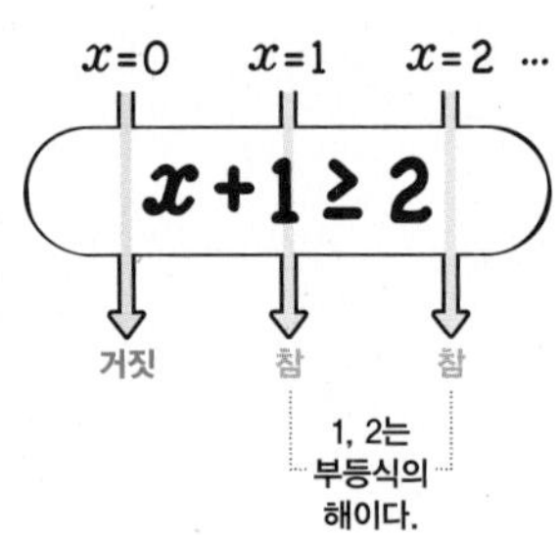

02 부등식의 해

부등식을 참이 되게 하는 미지수의 값을 부등식의 해라 해. 그리고 부등식의 해를 모두 구하는 것을 부등식을 푼다고 하지. 이때 부등식의 해는 x의 조건에 따라 여러 개이거나 또는 무한 개 일 수도 있어.

양변의 대소 관계가 부등호를 결정해!

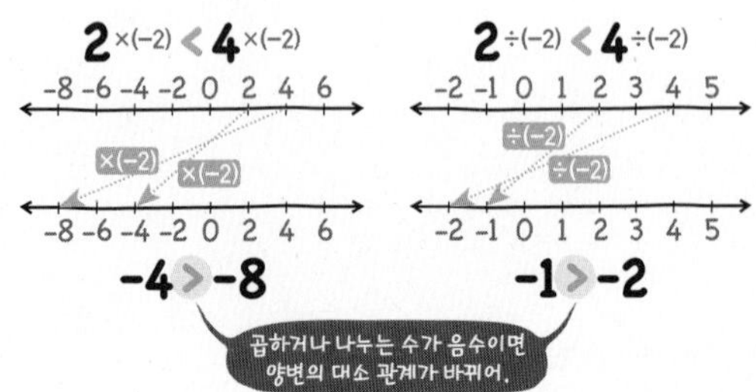

03 부등식의 성질

등식의 성질처럼 부등식의 양변에 같은 수를 더하거나 빼어도, 양변에 같은 양수를 곱하거나 나누어도 부등호의 방향은 바뀌지 않아.

그런데!! 양변에 같은 음수를 곱하거나 나누면 부등호의 방향이 바뀌지. 이 점이 등식의 성질과 다르니 주의해야 해!

부등식의 해는 범위야!

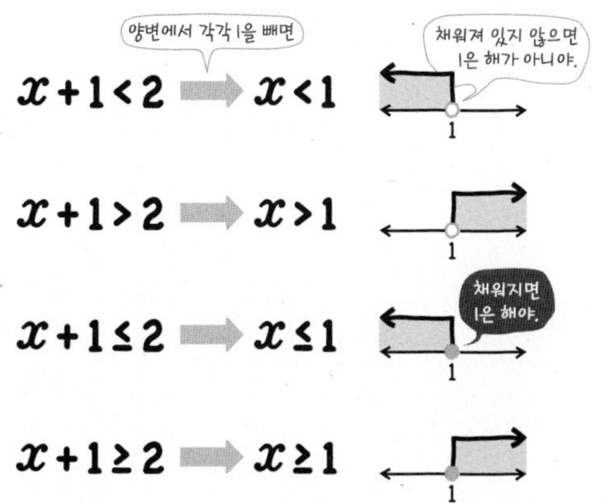

04 부등식의 해와 수직선

부등식의 성질을 이용하여 주어진 부등식을
$x>$(수), $x<$(수), $x\geq$(수), $x\leq$(수)
중 하나의 꼴로 고쳐서 부등식의 해를 구하면 돼!
그리고 수직선 위에 나타낼 수 있지.

(일차식)>0, (일차식)<0, (일차식)≥0, (일차식)≤0!

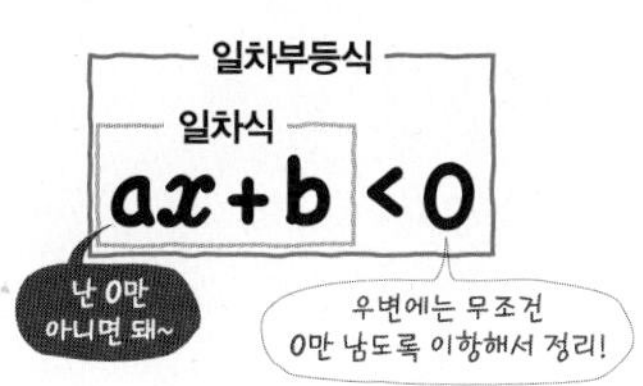

05 일차부등식

부등식의 모든 항을 좌변으로 이항하여 정리한 식이 (일차식)>0, (일차식)<0, (일차식)≥ 0, (일차식)≤ 0 중의 어느 한 가지 꼴로 나타낼 수 있는 부등식을 일차부등식이라 해!

x의 값의 범위를 찾아라!

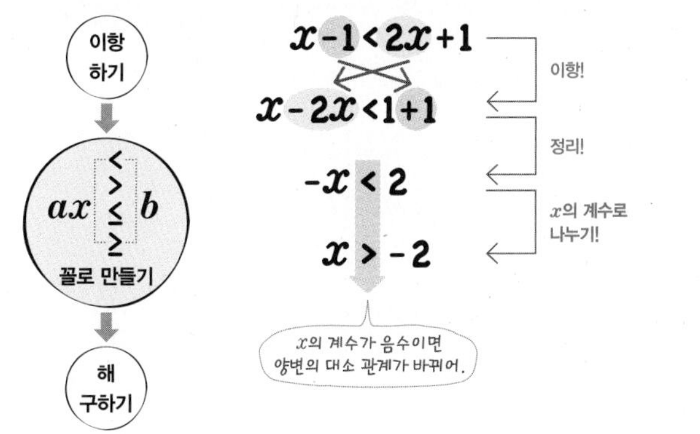

06~09 일차부등식의 풀이

일차부등식을 풀 때는 미지수를 포함한 항을 좌변으로, 상수항을 우변으로 이항한 후 동류항끼리 정리하여 풀면 돼. 이때 괄호가 있으면 분배법칙을 이용하여 괄호를 풀고, 계수가 소수이거나 분수인 일차부등식은 양변에 적당한 수를 곱하여 계수를 모두 정수로 고쳐서 풀면 편리해!

계수의 부호! x의 값의 범위를 찾아라!

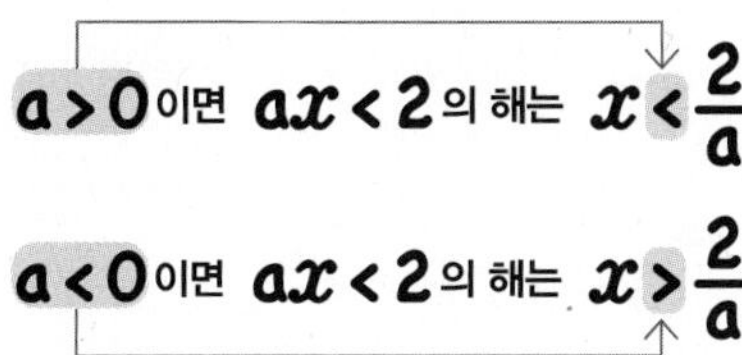

10 계수가 미지수인 일차부등식

부등식의 성질 중 양변에 음수를 곱하거나 나누면 부등호의 방향이 바뀌기 때문에 x의 계수가 미지수인 경우 그 미지수의 부호에 주의해야 해.

01 **부등호가 있는 식, 부등식!**

부등식

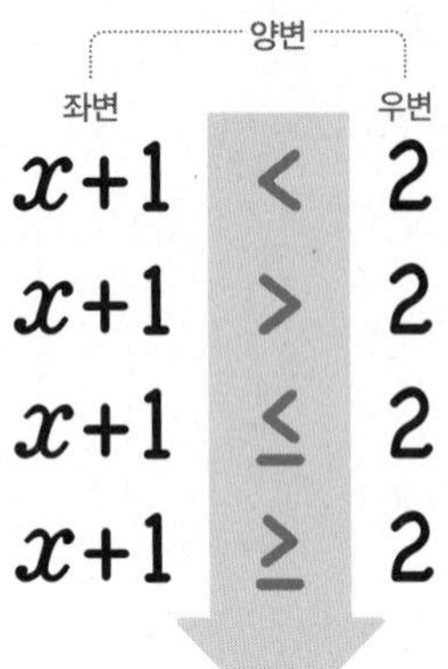

- **부등식**: 부등호($>$, $<$, $\geq$, $\leq$)를 사용하여 수 또는 식의 대소 관계를 나타낸 식

  참고 부등호 $\geq$는 '$>$' 또는 '$=$', 부등호 $\leq$는 '$<$' 또는 '$=$'을 뜻한다.

- **부등식의 표현**

$a>b$	$a<b$
• a는 b보다 크다. • a는 b 초과이다.	• a는 b보다 작다. • a는 b 미만이다.
$a\geq b$	$a\leq b$
• a는 b보다 크거나 같다. • a는 b보다 작지 않다. • a는 b 이상이다.	• a는 b보다 작거나 같다. • a는 b보다 크지 않다. • a는 b 이하이다.

1st 부등식인지 아닌지 판별하기

● 다음 중 부등식인 것은 ○를, 부등식이 아닌 것은 ×를 (　　) 안에 써넣으시오.

1　$x+1=3$　(　　)

2　$5>-2$　(　　)

3　$2x-3\leq 4x$　(　　)

4　$x+5-2x$　(　　)
부등호가 없으면 부등식이 아니야!

5　$3x+y+1<0$　(　　)

6　$a-3=a+2$　(　　)

7　$2>7$　(　　)
2는 7보다 크지 않지만 부등호가 있는 식이야!

2nd 부등식 표현하기

● 다음 문장을 부등식으로 나타낼 때, ○ 안에 알맞은 부등호를 써넣으시오.

8　x는 5보다 크다.
→ x ○ 5

9　x는 2 미만이다.
→ x ○ 2

10　x는 7보다 작거나 같다.
→ x ○ 7

11　x는 9 이상이다.
→ x ○ 9

12　x는 8 초과이다.
→ x ○ 8

방정식	부등식
$x+1=2$	$x+1>2$
양변이 같음을 비교	양변의 대소를 비교

13 10은 x보다 크지 않다.

→ 10 ◯ x

14 a는 4보다 작지 않다.

→ a ◯ 4

15 3은 b보다 크거나 같다.

→ 3 ◯ b

16 x는 $y+1$보다 작다.

→ x ◯ $y+1$

17 $a-1$은 12 이하이다.

→ $a-1$ ◯ 12

18 $x+1$은 $y+4$보다 작지 않다.

→ $x+1$ ◯ $y+4$

19 n은 $m+2$ 초과이다.

→ n ◯ $m+2$

20 $\frac{1}{3}x$는 $2x+1$ 미만이다.

→ $\frac{1}{3}x$ ◯ $2x+1$

● **다음 문장을 부등식으로 나타내시오.**

21 x를 3배하여 2를 빼면 10보다 작다.

22 한 개에 x원인 과자를 2개 사고 100원짜리 쇼핑백에 담으면 전체 금액은 1600원 이상이다.

23 x보다 4만큼 큰 수의 2배는 15 초과이다.

24 전체 학생 100명 중 남학생이 x명일 때, 여학생은 40명보다 크지 않다.

25 자동차가 x km의 거리를 시속 50 km로 가면 2시간 이상 걸린다.

시속 30km ≤ 주행속도 ≤ 시속 100km

26 시속 5 km로 x시간 걸은 거리는 10 km 이상 12 km 이하이다.

27 농도가 x%인 소금물 500 g에 들어 있는 소금의 양은 30 g 보다 작거나 같다.

02 **부등식을 참이 되게 하는 미지수의 값!**

부등식의 해

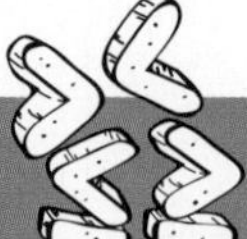

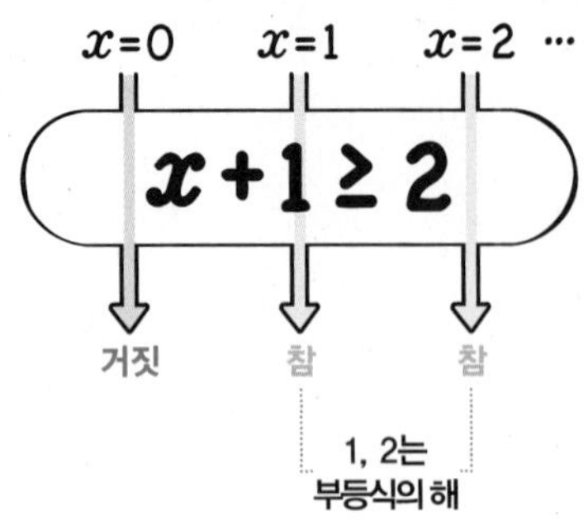

• **부등식의 해**

① **부등식의 해:** 부등식을 참이 되게 하는 미지수의 값

② **부등식을 푼다:** 부등식을 만족시키는 모든 해를 구하는 것

참고 부등식의 참, 거짓: 부등식에서 좌변과 우변의 값의 대소 관계가 옳으면 참, 옳지 않으면 거짓이다.

1st 부등식의 해 구하기

● x의 값이 다음과 같을 때, 표를 완성하고 부등식의 해를 구하시오.

1 $2x+3>1$

x	좌변	부등호	우변	참, 거짓
-2	2×(□)+3=□	<	1	거짓
-1				
0				
1				
2				

해: ....

2 $7-3x\leq 6$

x	좌변	부등호	우변	참, 거짓
-2				
-1				
0				
1				
2				

해: ....

3 $-x+2\geq 2x-1$

x	좌변	부등호	우변	참, 거짓
-2	-(□)+2 =□	>	2×(□)-1 =□	참
-1				
0				
1				
2				

해: ....

방정식의 해

$x+1=2$

$x=1$ 방정식의 해는 오로지 나뿐!

부등식의 해

$x+1>2$

$x=2, 3, 4, 5, \cdots$ 우린 여럿 일 수도 있어

2nd 부등식의 해인지 아닌지 판별하기

● 다음 부등식 중 $x=2$일 때 참인 것은 ○를, 거짓인 것은 ×를 ( ) 안에 써넣으시오.

4 $x+5>7$ ( )

5 $2-3x<1$ ( )

6 $3x+1>2$ ( )

7 $2x-5<x+1$ ( )

8 $5x+3\geq 8x$ ( )

9 $4(x-1)\leq 2x-1$ ( )

10 $3(2+x)\geq 5(x-3)$ ( )

● 다음 중 [ ] 안의 수가 주어진 부등식의 해인 것은 ○를, 해가 아닌 것은 ×를 ( ) 안에 써넣으시오.

11 $4x-1<2$ [0] ( )

12 $5-2x\leq 1$ [2] ( )

13 $x+3\geq 2x+1$ [3] ( )

14 $2(x+5)>-7$ [−2] ( )

15 $\frac{x}{3}-1\leq 5-\frac{x}{2}$ [6] ( )

내가 발견한 개념 — 부등식이 성립하면?

• $x=a$를 부등식에 대입했을 때, 그 부등식이 성립한다.

→ $x=a$는 부등식의 ☐ 이다.

개념모음문제

16 x의 값이 -2, -1, 0, 1, 2일 때, 부등식 $4x-3\geq 1$의 해를 모두 고르면? (정답 2개)

① -2 ② -1 ③ 0
④ 1 ⑤ 2

03 부등식의 성질

양변의 대소 관계가 부등호를 결정해!

① $2+2 < 4+2$ $\quad 2-2 < 4-2$

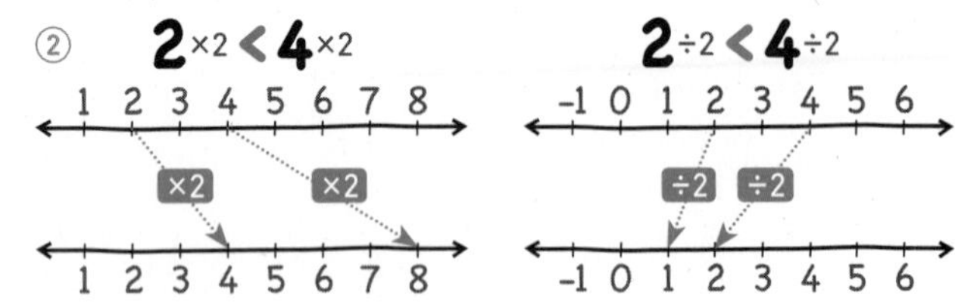

② $2\times2 < 4\times2$ $\quad 2\div2 < 4\div2$

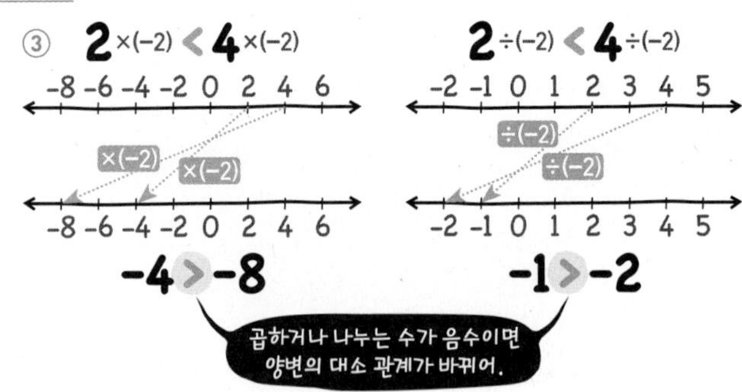

• 부등식의 성질

① 부등식의 양변에 같은 수를 더하거나 양변에서 같은 수를 빼어도 부등호의 방향은 바뀌지 않는다.
→ $a<b$일 때, $a+c<b+c$, $a-c<b-c$

② 부등식의 양변에 같은 양수를 곱하거나 양변을 같은 양수로 나누어도 부등호의 방향은 바뀌지 않는다.
→ $a<b$일 때, $c>0$이면 $ac<bc$, $\frac{a}{c}<\frac{b}{c}$

③ 부등식의 양변에 같은 음수를 곱하거나 양변을 같은 음수로 나누면 부등호의 방향이 바뀐다.
→ $a<b$일 때, $c<0$이면 $ac>bc$, $\frac{a}{c}>\frac{b}{c}$

참고 $c=0$인 경우는 다루지 않고, 위의 ①, ②, ③에서 $<$를 $\leq$로 바꾸어도 부등식의 성질은 성립한다.

1st 부등식의 성질 이해하기

• $a<b$일 때, ○ 안에 알맞은 부등호를 써넣으시오.

1 $a+1$ ○ $b+1$

2 $a+(-1)$ ○ $b+(-1)$

3 $a-3$ ○ $b-3$

4 $5a$ ○ $5b$

5 $\frac{a}{4}$ ○ $\frac{b}{4}$

6 $-7a$ ○ $-7b$

부등식의 양변에 같은 음수를 곱하거나 양변을 같은 음수로 나누면 부등호의 방향이 바뀌어!
2<3 → 2×(−1)>3×(−1)

7 $a\div(-2)$ ○ $b\div(-2)$

8 $-\frac{a}{5}$ ○ $-\frac{b}{5}$

● $a\geq b$일 때, ○ 안에 알맞은 부등호를 써넣으시오.

9 $2a+1$ ○ $2b+1$

$a\geq b$ ➜ $2a$ ○ $2b$ ➜ $2a+1$ ○ $2b+1$

10 $3a-2$ ○ $3b-2$

11 $\frac{a}{5}-3$ ○ $\frac{b}{5}-3$

12 $-a+4$ ○ $-b+4$

$a\geq b$ ➜ $-a$ ○ $-b$ ➜ $-a+4$ ○ $-b+4$

13 $-7a-2$ ○ $-7b-2$

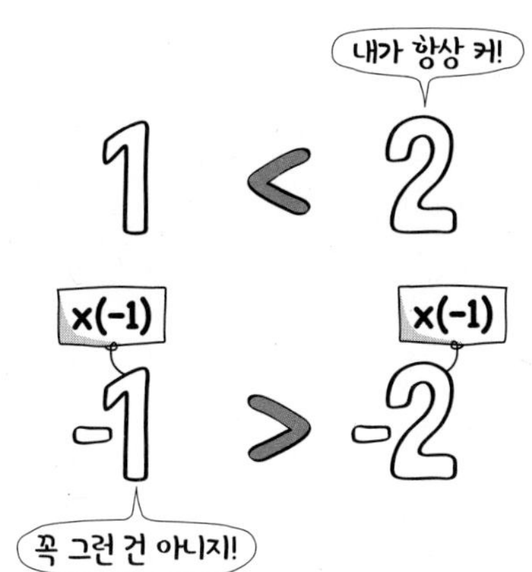

14 $-\frac{a}{3}+1$ ○ $-\frac{b}{3}+1$

15 $1+\frac{2}{3}a$ ○ $1+\frac{2}{3}b$

● 다음 ○ 안에 알맞은 부등호를 써넣으시오.

16 $a+4>b+4$ ➜ a ○ b

17 $\frac{4}{3}a\geq\frac{4}{3}b$ ➜ a ○ b

18 $1-3a<1-3b$ ➜ a ○ b

19 $-\frac{a}{6}-1<-\frac{b}{6}-1$ ➜ a ○ b

내가 발견한 개념 등식의 성질과 부등식의 성질을 비교해 봐!

$a=b$	• $a+c$ ○ $b+c$	• $a-c$ ○ $b-c$
	• ac ○ bc	• $\frac{a}{c}$ ○ $\frac{b}{c}$ $(c\neq0)$
$a<b$	• $a+c$ ○ $b+c$	• $a-c$ ○ $b-c$
	• $c>0$일 때, ac ○ bc, $\frac{a}{c}$ ○ $\frac{b}{c}$	
	• $c<0$일 때, ac ○ bc, $\frac{a}{c}$ ○ $\frac{b}{c}$	

개념모음문제

20 다음 중 ○ 안에 들어갈 부등호의 방향이 나머지 넷과 다른 하나는?

① $a>b$이면 $a-3$ ○ $b-3$

② $a>b$이면 $\frac{a}{5}+2$ ○ $\frac{b}{5}+2$

③ $a<b$이면 $4a-2$ ○ $4b-2$

④ $a<b$이면 $6-a$ ○ $6-b$

⑤ $a<b$이면 $-2a+\frac{1}{3}$ ○ $-2b+\frac{1}{3}$

2nd 식의 값의 범위 구하기

● 다음은 $-1<x<2$일 때, 식의 값의 범위를 구하는 과정이다. □ 안에 알맞은 수를 써넣으시오.

21 $x+5$

→ $-1<x<2$의 각 변에 □를 더하면

$-1+\square<x+\square<2+\square$

따라서 $\square<x+5<\square$

22 $x-3$

→ $-1<x<2$의 각 변에 □을 더하면

$-1+(\square)<x+(\square)<2+(\square)$

따라서 $\square<x-3<\square$

23 $2x$

→ $-1<x<2$의 각 변에 □를 곱하면

$-1\times\square<x\times\square<2\times\square$

따라서 $\square<2x<\square$

24 $-\frac{x}{5}$

→ $-1<x<2$의 각 변을 □로 나누면

$\frac{2}{\square}<\frac{x}{\square}<\frac{-1}{\square}$

따라서 $\square<-\frac{x}{5}<\square$

● $-2\le x<1$일 때, 다음 식의 값의 범위를 구하시오.

25 $x+7$

26 $3x$

27 $4x+1$

28 $-\frac{x}{3}$

29 $1-2x$

개념모음문제

30 $-3<x\le 2$이고 $A=5-x$일 때, A의 값의 범위는?

① $2<A\le 7$　② $2\le A<7$
③ $3<A\le 8$　④ $3\le A<8$
⑤ $4<A\le 9$

3rd x의 값의 범위 구하기

● 다음은 식의 값의 범위가 주어질 때, x의 값의 범위를 구하는 과정이다. □ 안에 알맞은 수를 써넣으시오.

31 $x+4>7$

→ $x+4>7$의 양변에서 4를 빼면

$x+4-\square>7-\square$

따라서 $x>\square$

32 $-6<-3x\le 12$

→ $-6<-3x\le 12$의 각 변을 -3으로 나누면

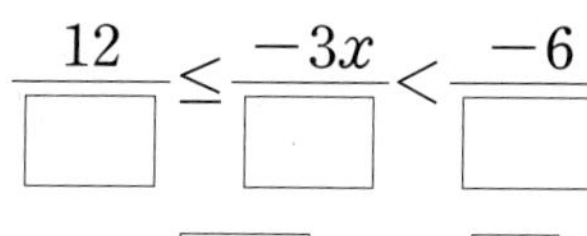

$\frac{12}{\square}\le\frac{-3x}{\square}<\frac{-6}{\square}$

따라서 $\square\le x<\square$

33 $1<2x+5<7$

→ $1<2x+5<7$의 각 변에서 5를 빼면

$1-\square<2x+5-\square<7-\square$

각 변을 2로 나누면

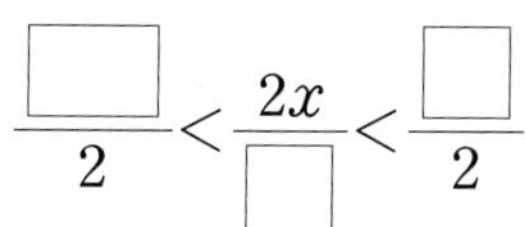

$\frac{\square}{2}<\frac{2x}{\square}<\frac{\square}{2}$

따라서 $\square<x<\square$

34 $-1\le\frac{x}{3}-2<1$

→ $-1\le\frac{x}{3}-2<1$의 각 변에 2를 더하면

$-1+\square\le\frac{x}{3}-2+\square<1+\square$

각 변에 3을 곱하면

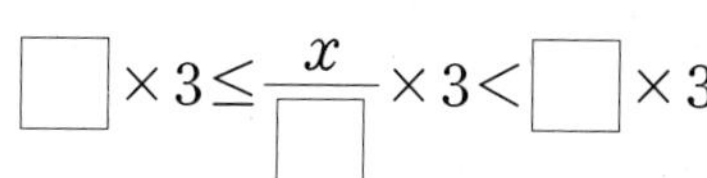

$\square\times3\le\frac{x}{\square}\times3<\square\times3$

따라서 $\square\le x<\square$

● 식의 값의 범위가 다음과 같을 때, x의 값의 범위를 구하시오.

35 $x+2>5$

36 $x-1>-3$

37 $-3<-2x\le 10$

38 $2<3x+5<11$

39 $-3\le\frac{x}{4}-1<3$

개념모음문제

40 $1<7-3x<10$일 때, x의 값의 범위는 $a<x<b$이다. $a+b$의 값은?

① -2 ② -1 ③ 0
④ 1 ⑤ 2

04 부등식의 해와 수직선

부등식의 해는 범위야!

양변에서 각각 1을 빼면

$x+1<2$ ➡ $x<1$

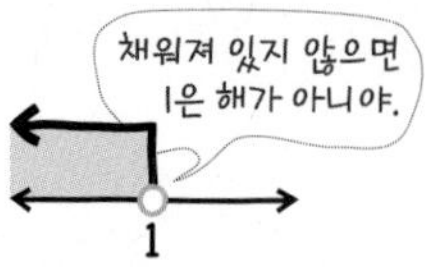

$x+1>2$ ➡ $x>1$

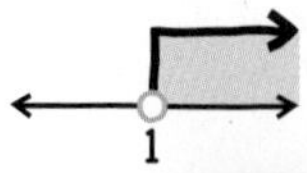

$x+1\le 2$ ➡ $x\le 1$

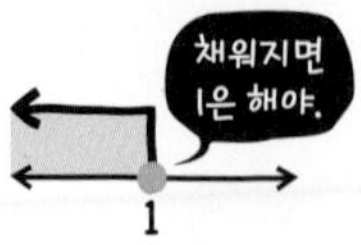

$x+1\ge 2$ ➡ $x\ge 1$

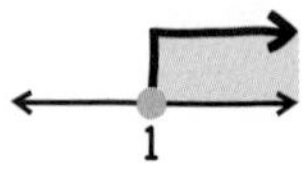

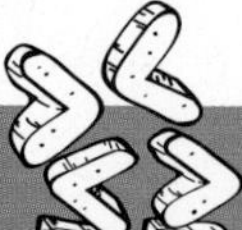

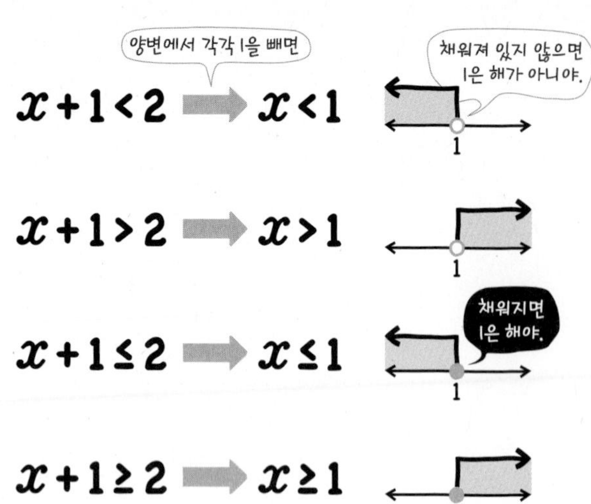

• 부등식의 해와 수직선

① **부등식의 해**: 부등식의 성질을 이용하여 주어진 부등식을

$x>$(수), $x<$(수), $x\ge$(수), $x\le$(수)

중 하나의 꼴로 고쳐서 부등식의 해를 구한다.

② **부등식의 해를 수직선 위에 나타내기**

$x>a$	$x<a$
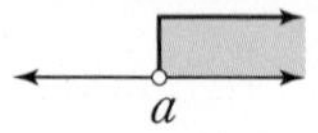	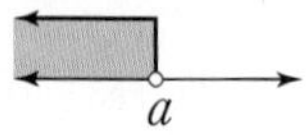
$x\ge a$	$x\le a$
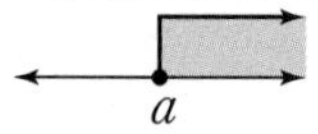	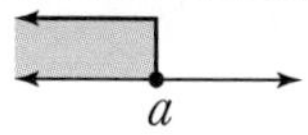

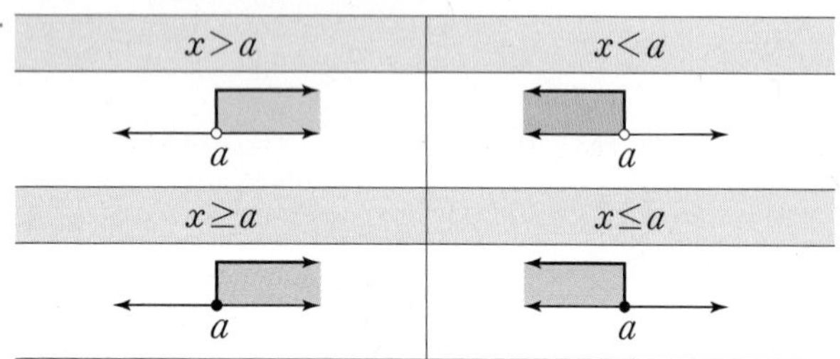

참고 수직선에서 ○는 $x=a$인 점을 포함하지 않고, ●는 $x=a$인 점을 포함한다.

원리확인 다음은 등식의 성질을 이용하여 부등식의 해를 구하는 과정이다. □ 안에 알맞은 수를 써넣고, 그 해를 수직선 위에 나타내시오.

$4x<12$

➡ $4x<12$의 양변을 □로 나누면

$\frac{4x}{\square}<\frac{12}{\square}$이므로

$x<\square$

➡ 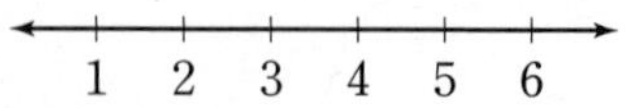

1st 부등식의 성질을 이용하여 부등식의 해 구하기

● 부등식의 성질을 이용하여 다음 부등식의 해를 구하시오.

1 $x-7>3$

➡ $x-7>3$의 양변에 □을 더하면

$x-7+\square>3+\square$

$x>\square$

2 $x+1<5$

3 $3x\ge 12$

4 $\frac{1}{4}x\le 3$

5 $-5x>-15$

6 $-\frac{1}{2}x<4$

내가 발견한 개념 방정식의 해와 부등식의 해를 비교해 봐!

• 상수 a에 대하여

방정식의 해의 표현	x ◯ a
부등식의 해의 표현	$x>a$, x ◯ a, $x<a$, x ◯ a

2nd 부등식의 해를 수직선 위에 나타내기

• 다음 부등식의 해를 수직선 위에 나타내시오.

7 $x<5$

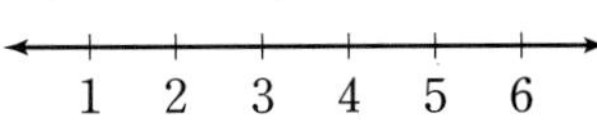

8 $x>-1$

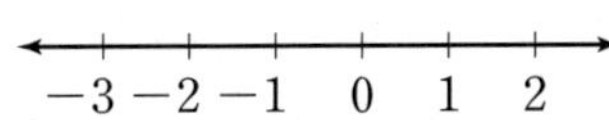

9 $x>-4$

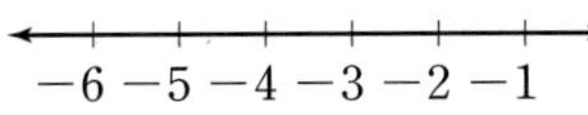

10 $x\le 6$

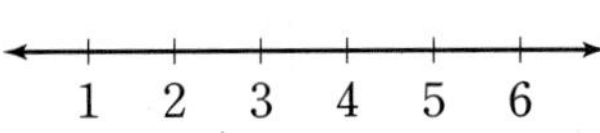

11 $x\ge 7$

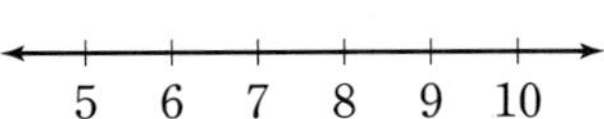

12 $x\le 1$

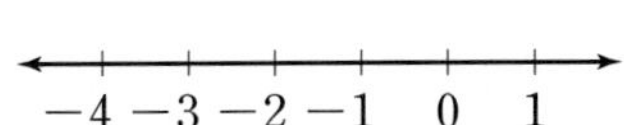

3rd 부등식의 해를 구하고 수직선 위에 나타내기

• 부등식의 성질을 이용하여 다음 부등식의 해를 구하고, 그 해를 수직선 위에 나타내시오.

13 $x+4>1$

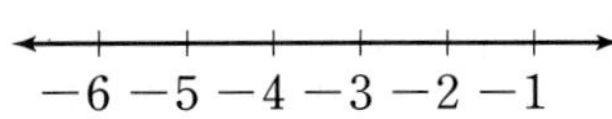

14 $3x\le -9$

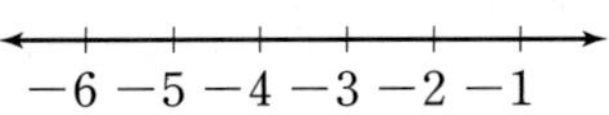

15 $\frac{1}{3}x+1\ge 2$

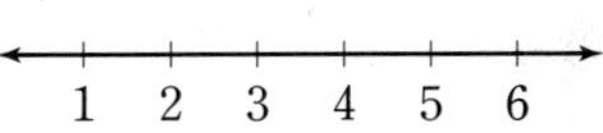

16 $-4x<-8$

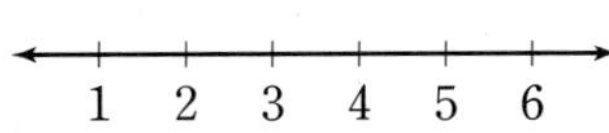

17 $-\frac{1}{8}x\ge 1$

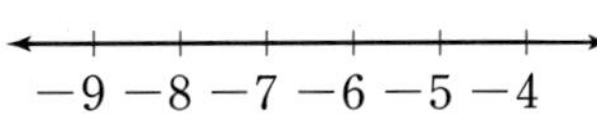

개념모음문제

18 다음 부등식 중 그 해가 오른쪽 그림과 같은 것을 모두 고르면? (정답 2개)

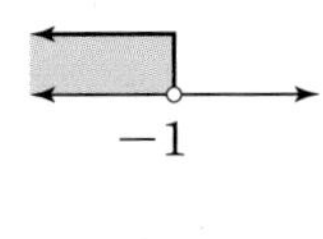

① $x+3<2$ ② $2x\ge 2$ ③ $-3x<3$
④ $-4x>4$ ⑤ $x-1<-3$

05 (일차식)>0, (일차식)<0, (일차식)≥0, (일차식)≤0!

일차부등식

- **이항**: 부등식의 한 변에 있는 항을 부호를 바꾸어 다른 변으로 옮기는 것

  예) $x-1>2 \rightarrow x>2+1$

  참고 이항할 때, 부등호의 방향은 바뀌지 않는다.
- **일차부등식**: 부등식에서 우변에 있는 항을 좌변으로 이항하여 정리하였을 때

  (일차식)>0, (일차식)<0, (일차식)≥ 0, (일차식)≤ 0

  중 어느 하나의 꼴로 나타낼 수 있으면 일차부등식이다.

  참고 a, b는 상수이고 $a \neq 0$일 때,
  $ax+b>0$, $ax+b<0$, $ax+b\geq 0$, $ax+b\leq 0$
  의 꼴이면 x에 대한 일차부등식이다.

1st — 일차부등식인지 아닌지 판별하기

● 다음은 이항을 이용하여 부등식을 정리하는 과정이다. ○ 안에는 알맞은 부호를, □ 안에는 알맞은 수를 써넣고 일차부등식인 것은 ○를, 일차부등식이 아닌 것은 ×를 (　) 안에 써넣으시오.

1 $x+3>5$

→ $x+3$ ○ $5>0$

$x-$ □ >0 (　　)

2 $5+6>10$

→ $5+6$ ○ $10>0$

□ >0 (　　)

3 $2x-1<3$

→ $2x-1$ ○ $3<0$

$2x-$ □ <0 (　　)

4 $1-4x<-3$

→ $1-4x$ ○ $3<0$

$-4x+$ □ <0 (　　)

5 $7x+1=8$

→ $7x+1$ ○ $8=0$

$7x-$ □ $=0$ (　　)

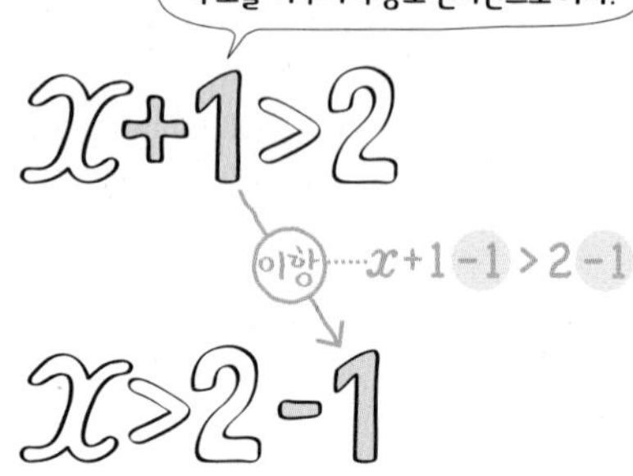

6 $x\leq 8-3x$

→ x ○ 8 ○ $3x\leq 0$

$4x-$ □ ≤ 0 (　　)

7 $4+2x\geq x+4$

→ $4+2x$ ○ x ○ $4\geq 0$

$x\geq$ □ (　　)

• 다음 중 일차부등식인 것은 ○를, 일차부등식이 아닌 것은 ×를 (　) 안에 써넣으시오.

8 $x+4<6$ (　)

9 $7x>10$ (　)

10 $-x+3\geq 2-x$ (　)

11 $2x+3\leq 3x-4$ (　)

12 $x^2+1<x^2-3x$ (　)

13 $x>5x-4$ (　)

14 $\frac{1}{x}\leq 2$ (　)

15 $x+\frac{1}{2}\geq x-\frac{1}{2}$ (　)

16 $x(x+2)<x^2+3x$ (　)

괄호를 풀어서 식을 정리해!

17 $2x^2-3\leq x^2+1$ (　)

내가 발견한 개념

일차부등식이 될 조건을 알아보자!

상수 a에 대하여

- $ax-2<0$ ⇒ $a\neq$ □ 이면 일차부등식이고,
  $a=$ □ 이면 일차부등식이 아니다.
- $(a-1)x-2<0$ ⇒ $a\neq$ □ 이면 일차부등식이고,
  $a=$ □ 이면 일차부등식이 아니다.

개념모음문제

18 다음 **보기**에서 일차부등식인 것의 개수는?

보기

ㄱ. $3x-7=1$　　ㄴ. $x+4x>3$
ㄷ. $x^2-2<5x$　　ㄹ. $8x+1\geq 2$
ㅁ. $x^2+3x+1\leq x^2+3x-5$

① 1　② 2　③ 3
④ 4　⑤ 5

06

x의 값의 범위를 찾아라!

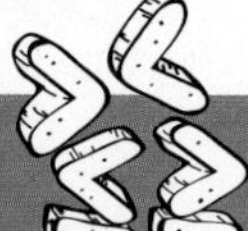

일차부등식의 풀이

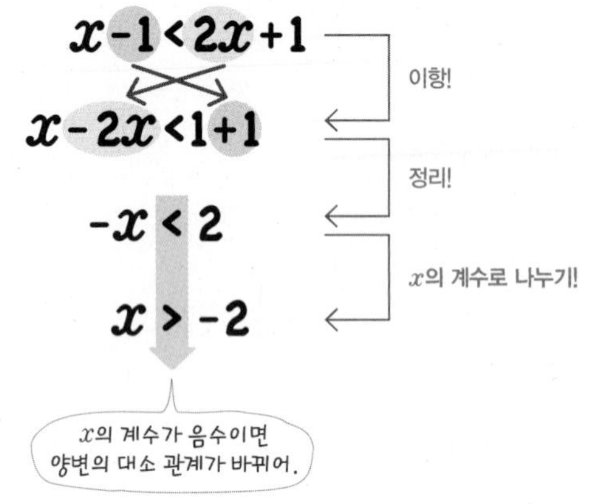

- **일차부등식의 풀이**
  (i) x항은 좌변으로, 상수항은 우변으로 이항한다.
  (ii) 양변을 정리하여 $ax>b$, $ax<b$, $ax\geq b$, $ax\leq b\ (a\neq 0)$의 꼴로 나타낸다.
  (iii) x의 계수 a로 양변을 나누어 $x>$(수), $x<$(수), $x\geq$(수), $x\leq$(수) 중 하나의 꼴로 나타낸다. 이때 x의 계수가 음수이면 부등호 방향이 바뀐다.

원리확인 다음 □ 안에 알맞은 수를 써넣으시오.

$2x-3<-1$

→ -3을 이항하면 $2x<-1+\square$

양변을 정리하면 $2x<\square$

양변을 2로 나누면 $\dfrac{2x}{2}<\dfrac{\square}{2}$

따라서 $x<\square$

1st 일차부등식 풀기

● 다음 일차부등식을 푸시오.

1 $x-2<3$

→ $x<3+\square$

$x<\square$

2 $x+6\geq 5$

3 $-x-1>8$

4 $8x\geq 16$

5 $-3x+12\leq 3$

6 $9x+4>-5$

7 $7x-\dfrac{1}{2}<\dfrac{13}{2}$

8 $-5+4x \geq 3x$

9 $x+9 \leq -2x$

10 $13-2x < 3$

11 $2x+5 < 4x-1$

12 $3x+2 > 5x+6$

내가 발견한 개념 $-x$는 양수일까? 음수일까?

- $x=$(양수)이면 $-x=-$(양수)$=$ ☐
  → $x>0$일 때, $-x$ ◯ 0
- $x=$(음수)이면 $-x=-$(음수)$=$ ☐
  → $x<0$일 때, $-x$ ◯ 0

개념모음문제

13 다음 부등식 중 해가 나머지 넷과 다른 하나는?

① $5x>20$ ② $3x-8>x$
③ $4x<x+12$ ④ $-2x+12<x$
⑤ $5x-8>3x$

2nd — 일차부등식의 해를 구하고 수직선 위에 나타내기

● 다음 일차부등식을 풀고, 그 해를 수직선 위에 나타내시오.

14 $-2x>14$

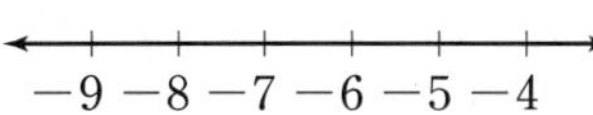

15 $x-5<1$

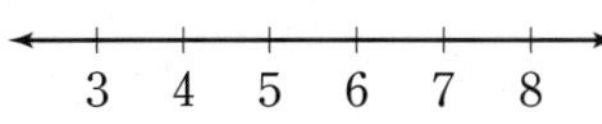

16 $2x+9 \geq 3$

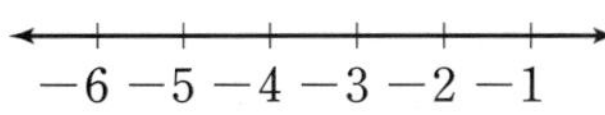

17 $-x-8 \leq 2$

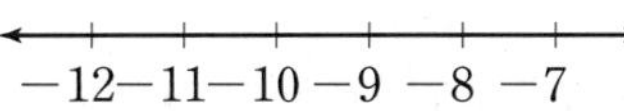

18 $10+3x>8x$

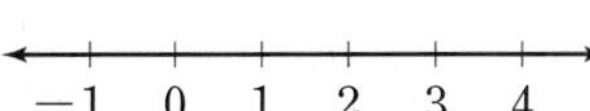

개념모음문제

19 다음 일차부등식 중 그 해가 오른쪽 그림과 같은 것은?

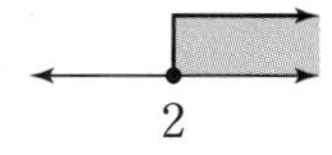

① $3x-5<10$ ② $x+11 \geq 12$
③ $-8+7x>5x$ ④ $9x \leq 7x+4$
⑤ $6-2x \geq 10-4x$

07

분배법칙! x의 값의 범위를 찾아라!

괄호가 있는 일차부등식

$2(x-2)>4x$ — 분배법칙으로 괄호를 정리

$2x-4>4x$ — 이항하여 $ax>b$ 꼴로 정리!

$2x-4x>4$

$-2x>4$ — x의 계수로 나누기!

$x<-2$

x의 계수가 음수이면 양변의 대소 관계가 바뀌어.

• **괄호가 있을 때:** 분배법칙을 이용하여 괄호를 풀고 식을 간단히 정리하여 푼다.

참고 분배법칙 $a(b+c)=ab+ac$

$(a+b)c=ac+bc$

원리확인 다음 □ 안에 알맞은 수를 써넣으시오.

$3(x-1)>6$

→ 좌변의 괄호를 풀면 $3x-\square>6$

□을 이항하면 $3x>\square$

양변을 3으로 나누면 $\frac{3x}{3}>\frac{\square}{3}$

따라서 $x>\square$

1st — 괄호가 있는 일차부등식 풀기

● 다음 일차부등식을 푸시오.

1 $4(x-3)>8$

→ $4x-\square>8$

$4x>8+\square$

$4x>\square$

$x>\square$

2 $2(x-1)\le x$

3 $10<2(x-5)$

4 $3(2+x)<2x$

5 $3(x-4)+2<-4$

6 $x-5\ge 2(x+1)$

7 $5x+2(5-x)\le 1$

8 $2(x+1)>x-1$

9 $x-3>-2(3-x)$

10 $7(x-2)<3x-2$

11 $1-3(2+x)<2x$

12 $3x-4\geq 2(x+4)$

개념모음문제

13 일차부등식 $3(x+1)-6>2(x-1)$을 만족시키는 가장 작은 정수 x의 값은?

① 1 ② 2 ③ 3
④ 4 ⑤ 5

2nd — 일차부등식의 해를 구하고 수직선 위에 나타내기

• 다음 일차부등식을 풀고, 그 해를 수직선 위에 나타내시오.

14 $4<-2(x-3)$

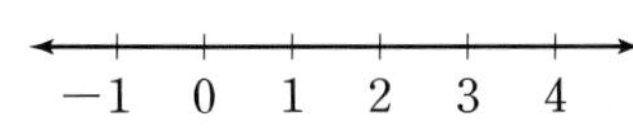

15 $3(x+2)>-3$

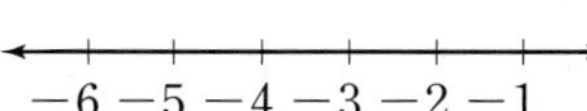

16 $2(4-x)\geq x-7$

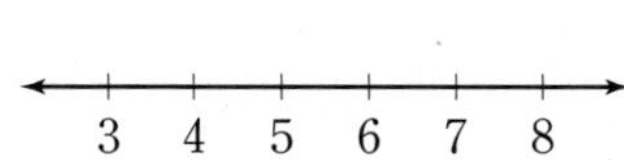

17 $6x>2(x+1)+3x$

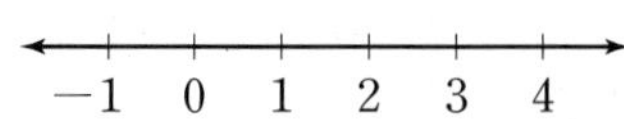

18 $5+3(x-1)\leq x+6$

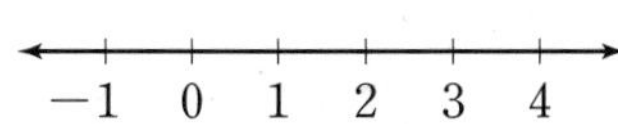

개념모음문제

19 다음 중 일차부등식

$$-3(x-4)+6x<x+4$$

의 해를 수직선 위에 바르게 나타낸 것은?

① 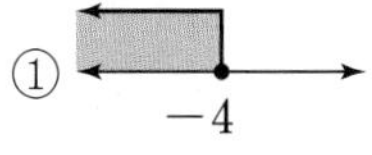

② 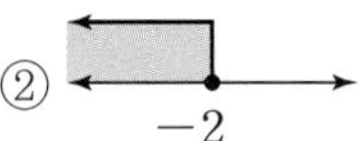

③ 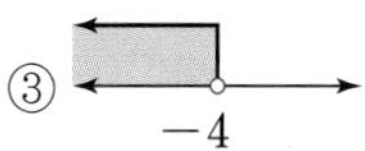

④ 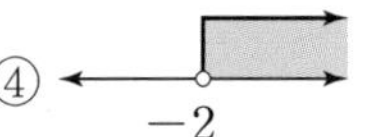

⑤ 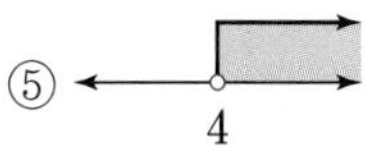

08 계수를 정수로! x의 값의 범위를 찾아라!

계수가 소수인 일차부등식

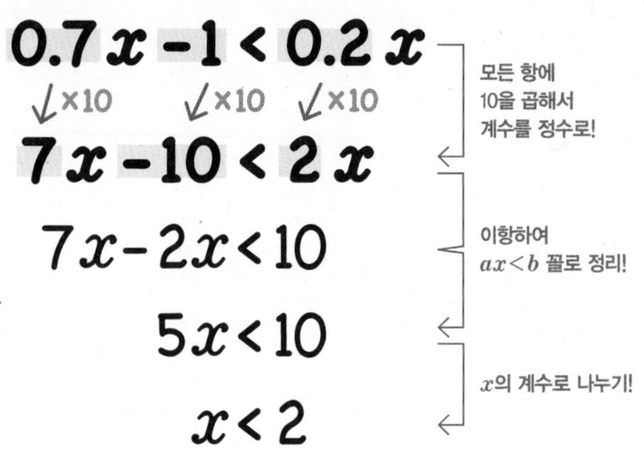

• **계수가 소수일 때:** 양변에 10, 100, 1000, …을 곱하여 계수를 모두 정수로 고쳐서 푼다.

참고 양변에 수를 곱할 때는 계수가 소수인 항 이외의 항에도 반드시 곱한다.

원리확인 다음 □ 안에 알맞은 것을 써넣으시오.

$0.4x-0.6>0.3x-2$

→ 양변에 10을 곱하면

$4x-6>3x-$□

-6, □를 각각 이항하면

$4x-$□ $>-20+$□

따라서 $x>$□

1st — 계수가 소수인 일차부등식 풀기

● 다음 일차부등식을 푸시오.

1 $0.2x+0.6>-0.2$

→ $2x+$□ >-2

$2x>$□

$x>$□

2 $-0.2\le 0.4x-0.6$

3 $0.4x>0.3x-0.1$

4 $0.1x-0.6\le 0.3x$

5 $4+0.2x<0.6$

6 $0.2x-0.4\le 0.1x+0.2$

7 $0.5x+0.2<x-0.1$

8 $0.3x-1\geq 0.5x+0.4$

9 $0.08-0.01x>0.05-0.02x$

10 $0.02x-1\leq 5+0.14x$

11 $0.4x-0.05<x-0.7$

개념모음문제

12 일차부등식 $0.7-0.2x\geq 0.2x+1.5$를 풀면?

① $x\geq -4$ ② $x\leq -4$
③ $x\geq -2$ ④ $x\leq -2$
⑤ $x\geq -1$

2nd — 계수가 소수인 경우와 괄호가 섞여 있는 일차부등식 풀기

● 다음 일차부등식을 푸시오.

13 $0.5(x+3)<5-0.2x$

14 $0.7(x-2)<0.3x-0.2$

15 $1.4x+1\geq 0.2(2x-5)$

16 $0.05(x-1)-0.07<0.02x$

17 $-0.08(x+3)\leq 0.05(6-x)$

개념모음문제

18 일차부등식 $0.3(3x-1)\geq 0.02(5x-5)$를 만족시키는 가장 작은 자연수 x의 값은?

① 1 ② 2 ③ 3
④ 4 ⑤ 5

09 계수를 정수로! x의 값의 범위를 찾아라!

계수가 분수인 일차부등식

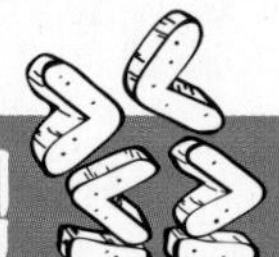

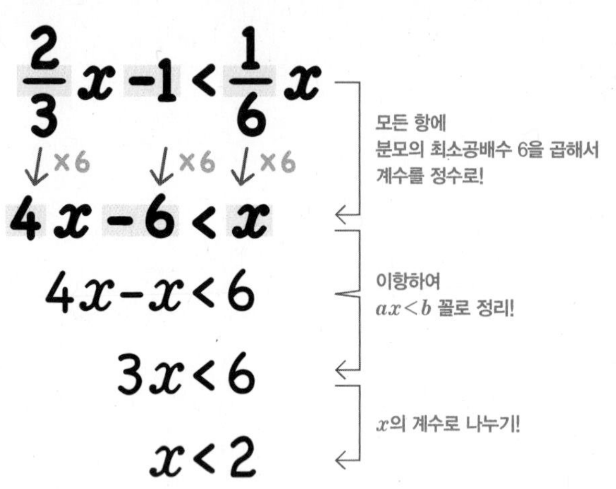

• **계수가 분수일 때:** 양변에 분모의 최소공배수를 곱하여 계수를 모두 정수로 고쳐서 푼다.

참고 양변에 수를 곱할 때는 계수가 분수인 항 이외의 항에도 반드시 곱한다.

원리확인 다음 □ 안에 알맞은 것을 써넣으시오.

$$\frac{1}{2}x-1\leq\frac{x-6}{3}$$

→ 양변에 분모의 최소공배수 6을 곱하면

$3x-\square\leq 2x-\square$

-6, $\square$를 각각 이항하면

$3x-\square\leq -12+\square$

따라서 $x\leq\square$

1st — 계수가 분수인 일차부등식 풀기

• 다음 일차부등식을 푸시오.

1 $\frac{5x+2}{4}>1$

→ $\frac{5x+2}{4}\times\square>1\times\square$

$5x+2>\square$

$5x>\square$

$x>\square$

2 $\frac{x-2}{3}\leq 7$

3 $\frac{x}{2}+\frac{1}{4}\leq\frac{x}{3}$

4 $\frac{x}{3}-1<\frac{x}{6}$

5 $\frac{x-5}{2}\geq x-3$

6 $\frac{2}{5}x-4\geq -2$

7 $\frac{x-4}{2}<\frac{x+2}{3}$

8 $\frac{x}{2}-\frac{x-4}{3}<2$

9 $\frac{x-1}{2}-\frac{x}{3}<\frac{1}{6}$

10 $\frac{5x-2}{3}\leq\frac{2x}{5}+2$

11 $\frac{x+1}{2}-\frac{x-3}{4}\geq 2$

개념모음문제

12 일차부등식 $\frac{5-2x}{3}+4\geq\frac{x}{2}$를 만족시키는 자연수 x의 개수는?

① 1 ② 2 ③ 3
④ 4 ⑤ 5

2nd 계수가 분수인 경우와 소수인 경우가 섞여 있는 일차부등식 풀기

● 다음 일차부등식을 푸시오.

13 $\frac{x}{2}-1\leq 0.2x+2$

계수를 정수로 바꾸는 방법

❶ 소수를 분수로 바꾼 뒤 분모의 최소공배수를 곱한다.

$\frac{x}{2}-1\leq 0.2x+2$

$\rightarrow \left(\frac{x}{2}-1\right)\times 10\leq\left(\frac{1}{5}x+2\right)\times 10$

❷ 소수를 정수로 바꾼 뒤 분모의 최소공배수를 곱한다.

$\frac{x}{2}-1\leq 0.2x+2$

$\rightarrow \left(\frac{x}{2}-1\right)\times 10\leq(0.2x+2)\times 10$

14 $0.5x-3\leq\frac{x}{4}+2$

15 $\frac{x-2}{2}<0.1(x+2)$

16 $0.5x+3\geq 2-\frac{x-2}{2}$

17 $0.2(x-1)-\frac{2x-3}{2}\geq 4$

개념모음문제

18 일차부등식 $0.5(x-2)\leq x-\frac{2x+1}{3}$을 풀면?

① $x\geq-\frac{9}{2}$ ② $x\geq-4$ ③ $x\leq 4$
④ $x\leq\frac{9}{2}$ ⑤ $x\leq 5$

10 계수가 미지수인 일차부등식

계수의 부호! x의 값의 범위를 찾아라!

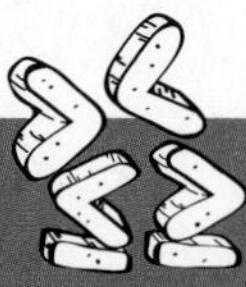

$a>0$이면 $ax<2$의 해는 $x<\frac{2}{a}$

$a<0$이면 $ax<2$의 해는 $x>\frac{2}{a}$

- x의 계수가 미지수인 경우
  일차부등식 $ax<b$에 대하여
  $a>0$이면 $x<\frac{b}{a}$, $a<0$이면 $x>\frac{b}{a}$
- 해가 주어진 일차부등식인 경우
  ① $ax<b$의 해가 $x<k$이면 $a>0$, $\frac{b}{a}=k$
  ② $ax<b$의 해가 $x>k$이면 $a<0$, $\frac{b}{a}=k$
  참고 부등호의 방향이 미지수 x를 기준으로 바뀌었다면 x의 계수가 음수임을 알 수 있다.
- 해가 같은 두 일차부등식이 주어진 경우
  미지수가 없는 부등식의 해를 구하고, 그 해가 나머지 부등식의 해와 같음을 이용한다.

1st 계수가 미지수인 일차부등식 풀기

● $a>0$일 때, 다음 부등식의 해를 구하시오.

1 $ax>2$ → $\frac{ax}{\square}>\frac{2}{\square}$ → $x>\frac{2}{\square}$

2 $ax<a$

3 $ax\geq-2a$

4 $-ax>3a$
$a>0$이면 $-a<0$임을 이용해!

5 $-ax\leq-a$

● $a<0$일 때, 다음 부등식의 해를 구하시오.

6 $ax<1$

7 $ax<5a$

8 $-ax>4a$
$a<0$이면 $-a>0$임을 이용해!

9 $-ax\leq-3a$

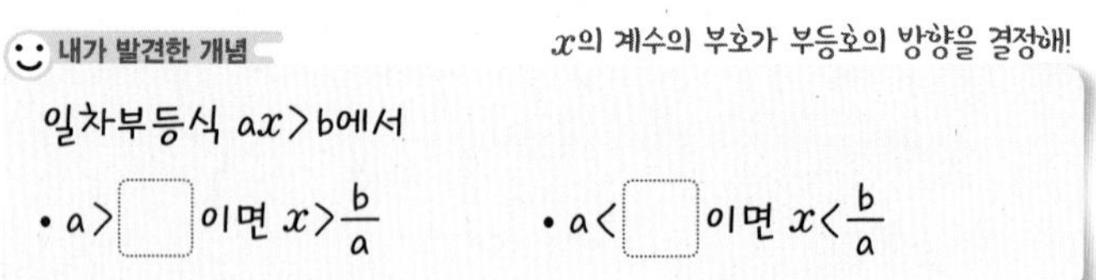

개념모음문제

10 $a<0$일 때, x에 대한 일차부등식 $4-ax>1$의 해는?

① $x>\frac{1}{a}$ ② $x>-\frac{1}{a}$ ③ $x<\frac{3}{a}$
④ $x>\frac{3}{a}$ ⑤ $x>-\frac{3}{a}$

2nd 부등식의 해가 주어진 경우 미지수의 값 구하기

● 다음을 구하시오.

11 일차부등식 $5x-a\leq 2x$의 해가 $x\leq 5$일 때, 상수 a의 값

답: ______

→ $5x-2x\leq$ □

$3x\leq$ □, $x\leq$ □

이때 해가 $x\leq 5$이므로 □ $=5$에서 $a=$ □

12 일차부등식 $2x-4\leq 3a$의 해가 $x\leq 8$일 때, 상수 a의 값

답: ______

13 일차부등식 $5x+a>2x-7$의 해가 $x>-1$일 때, 상수 a의 값

답: ______

14 일차부등식 $3x-8\leq -2x+a$의 해가 $x\leq 3$일 때, 상수 a의 값

답: ______

15 일차부등식 $3x+2\leq 2a+x$의 해가 $x\leq 5$일 때, 상수 a의 값

답: ______

16 일차부등식 $7-4x<a-2x$의 해가 $x>-2$일 때, 상수 a의 값

답: ______

17 일차부등식 $4+3x\geq a-4x$의 해가 $x\geq 2$일 때, 상수 a의 값

답: ______

18 일차부등식 $ax-5<1$의 해가 $x<1$일 때, 상수 a의 값

답: ______

19 일차부등식 $ax-6<4x-12$의 해가 $x>2$일 때, 상수 a의 값

$ax-4x=(a-4)x$임을 이용해!

답: ______

내가 발견한 개념 x의 계수인 미지수의 부호는?

- $ax<1$의 해가 $x<\frac{1}{a}$이면 a ◯ 0
- $ax<1$의 해가 $x>\frac{1}{a}$이면 a ◯ 0

개념모음문제

20 $3(x-1)-4x<k-2$의 해를 수직선 위에 나타내면 오른쪽 그림과 같다. 상수 k의 값은?

-3

① -4 ② -2 ③ 2

④ 4 ⑤ 6

3rd 해가 서로 같은 두 일차부등식에서 미지수의 값 구하기

● 다음 두 일차부등식의 해가 같을 때, 상수 a의 값을 구하시오.

21 $3x-2<7$, $x+2a>4x-2$

답: ______

해가 같은 두 부등식의 해가 각각 $x<a$, $x<b$이면 $a=b$

22 $ax-2>2$, $2x+6>-3x+16$

답: ______

23 $3-x\geq 2x+1$, $3(x-2)\leq 5-a$

답: ______

24 $x<2(x+2)$, $5x-a>3x+1$

답: ______

25 $3x\leq 1-x$, $\frac{x}{3}+\frac{2-x}{6}\leq\frac{a}{2}$

답: ______

26 $3(1-x)<a$, $\frac{2}{5}x-4>-2$

답: ______

27 $0.5x-3<a$, $0.5x+0.2<0.1x-1$

답: ______

28 $2x-3<1$, $ax-4<2x-2$

$ax-2x=(a-2)x$임을 이용해!

답: ______

29 $ax-3\leq 3x+10$, $0.2x+0.6\leq 1.8-0.4x$

답: ______

개념모음문제

30 두 일차부등식

$$4(x-a)\leq 5x-1,\ \frac{x-2}{3}\leq\frac{x+1}{2}$$

의 해가 서로 같을 때, 상수 a의 값은?

① -2 ② -1 ③ 0

④ 1 ⑤ 2

TEST 5. 부등식과 일차부등식

1 다음 문장을 부등식으로 나타낸 것으로 옳지 않은 것은?

① x는 -2보다 크고 3보다 크지 않다.
→ $-2<x<3$

② 10에 x의 2배를 더하면 3보다 작다.
→ $10+2x<3$

③ 한 개에 x원인 과자 5개의 가격은 7000원 이상이다. → $5x\geq 7000$

④ 집에서 5 km 떨어져 있는 학교까지 시속 3 km로 가면 x시간보다 적게 걸린다. → $\frac{5}{3}<x$

⑤ 1000원짜리 우유 한 개와 1500원짜리 빵 x개의 총 가격은 10000원을 넘지 않는다.
→ $1000+1500x\leq 10000$

2 x의 값이 -2, -1, 0, 1, 2일 때, 다음 중 부등식 $4x+5\geq 1$의 해가 아닌 것은?

① -2 ② -1 ③ 0
④ 1 ⑤ 2

3 $-2<x\leq 2$에 대하여 $A=-2x+3$일 때, A의 값의 범위는?

① $-1<A\leq 1$ ② $-1\leq A<1$
③ $-1<A\leq 7$ ④ $-1\leq A<7$
⑤ $-1<A\leq 8$

4 다음 중 일차부등식 $x+5<4x-1$의 해를 수직선 위에 바르게 나타낸 것은?

① 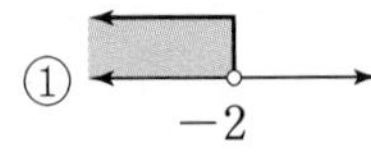

② 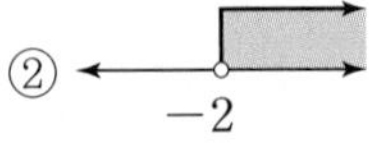

③ 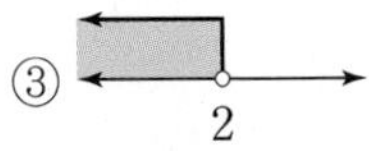

④ 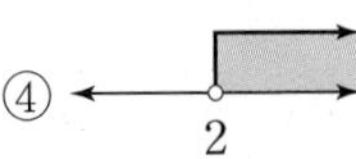

⑤

5 일차부등식 $\frac{2x-1}{3}>x-0.5$를 만족시키는 x의 값 중에서 가장 큰 정수를 구하시오.

6 일차부등식 $2x-1<3x+a$의 해가 $x>-2$일 때, 상수 a의 값을 구하시오.

6

생활 속으로!
일차부등식의 활용

모르는 것을 x로 두고 부등식을 만들어!

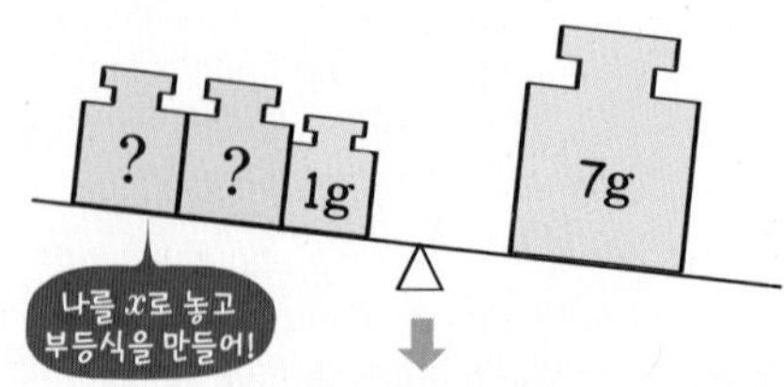

$$2x+1<7$$

01 일차부등식의 활용

일차부등식의 활용 문제는 일차방정식의 활용 문제 풀이 방법과 유사한 방법으로 해결하면 돼! 이때 계산 과정에서 부등호의 방향에 주의해야 해. 그리고 어떤 수, 최대 개수, 사람의 수, 나이 등과 같은 문제를 부등식을 이용하여 풀 때는 구하는 답이 자연수이어야 하므로 구한 부등식의 해 중에서 알맞은 답을 찾도록 해!

'이내', '이상'에 맞게 부등식을 만들어!

① 1 km를 1시간 이내에 갈 때, 속력이 바뀌면

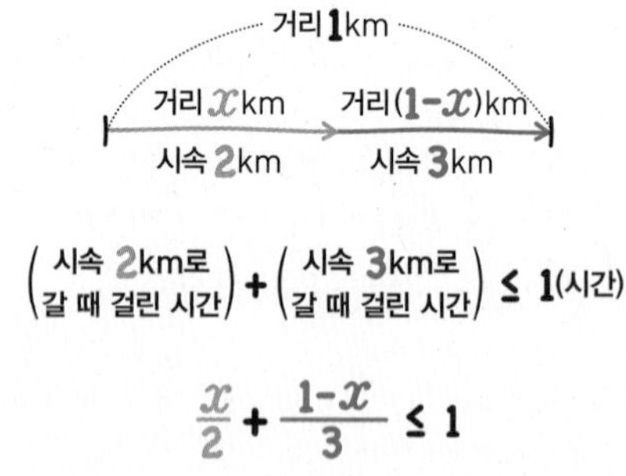

$$\frac{x}{2}+\frac{1-x}{3} \le 1$$

02 거리, 속력, 시간에 대한 일차부등식의 활용

거리, 속력, 시간에 대한 일차부등식의 활용 문제는 다음 세 가지 경우에 대한 문제가 있어.

❶ 편도로 가는데 중간에 속력이 바뀌고 어떤 시간 이내에 도착하는 경우의 거리를 구하는 문제

② x km를 1시간 이내에 왕복하면

(갈 때 걸린 시간) + (올 때 걸린 시간) ≤ 1(시간)

$$\frac{x}{3}+\frac{x}{2}\le 1$$

③ x시간 동안 동시에 반대로 움직여 5 km 이상 떨어지면

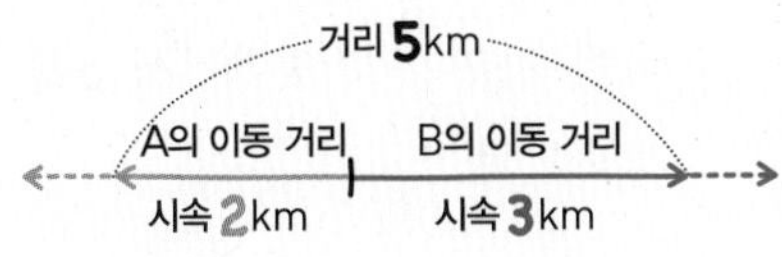

(A의 이동 거리) + (B의 이동 거리) ≥ 5(km)

$$2x+3x\ge 5$$

❷ 어떤 두 지점을 왕복하는 데 갈 때와 돌아올 때의 속력이 바뀌어 어떤 시간 이내에 도착하는 경우의 거리를 구하는 문제

❸ 서로 다른 속력으로 반대로 움직여 두 사람의 거리가 어떤 거리 이상으로 떨어진 경우의 시간을 구하는 문제

어떤 시간 이내에 도착해야 할 때는 속력에 따른 걸린 시간을 이용하여 부등식을 세워봐!
또 어떤 거리 이상으로 떨어진 경우에는 시간에 따른 이동 거리를 이용하여 부등식을 세워봐!

'이상', '이하'에 맞게 부등식을 만들어!

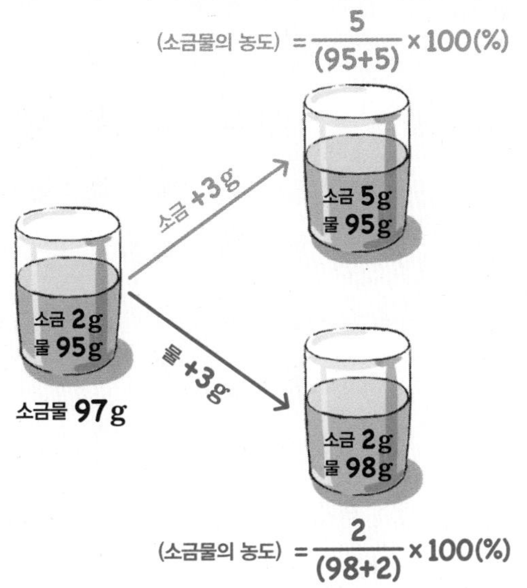

03 농도에 대한 일차부등식의 활용

농도에 대한 일차부등식의 활용 문제는 다음 네 가지 경우에 대한 문제가 있어.

❶ 농도가 서로 다른 두 소금물을 섞어서 어떤 농도 이상(이하)이 되도록 섞을 수 있는 소금물의 양을 구하는 문제

❷ 소금물에 물을 더 넣어서 어떤 농도 이상(이하)이 되도록 하는 물의 양을 구하는 문제

❸ 소금물을 증발시켜 어떤 농도 이상(이하)이 되도록 하는 물의 양을 구하는 문제

❹ 소금물에 소금을 더 넣어 어떤 농도 이상(이하)이 되도록 하는 소금의 양을 구하는 문제

01 모르는 것을 x로 두고 부등식을 만들어!

일차부등식의 활용

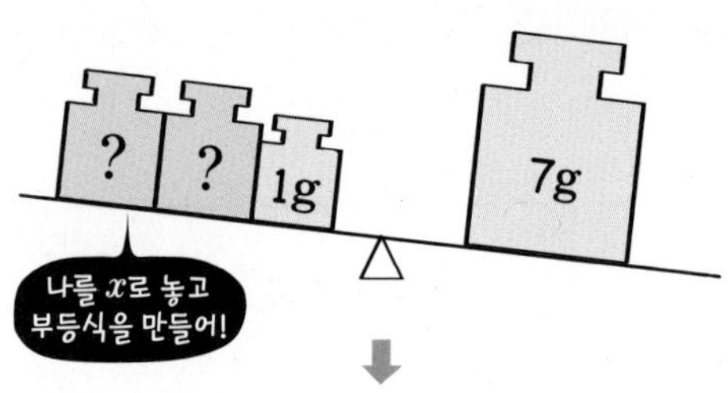

$$2x+1<7$$

• 일차부등식의 활용 문제를 푸는 순서

미지수 정하기	문제의 뜻을 이해하고, 구하려는 것을 미지수 x로 놓는다.
일차부등식 세우기	x를 사용하여 문제의 뜻에 맞게 일차부등식을 세운다.
일차부등식 풀기	일차부등식을 푼다.
확인하기	구한 해가 문제의 뜻에 맞는지 확인한다.

주의 이상, 이하, 초과, 미만의 뜻에 유의하면서 알맞은 부등호를 이용하여 부등식을 세운다.

참고 ① 물건의 개수, 사람 수, 횟수 등은 구한 해 중에서 자연수만을 답으로 택한다.
② 가격, 넓이, 거리 등은 구한 해 중에서 음수를 답으로 할 수 없다.

원리확인 다음은 미지수 x를 사용하여 부등식으로 나타낸 것이다. □ 안에는 알맞은 수를, ○ 안에는 알맞은 부등호를 써넣으시오.

❶ 어떤 자연수 x의 2배에서 3을 뺀 수는 5보다 작거나 같다.

→ □$\times x-$□ ○ 5

❷ 가로의 길이가 10이고 세로의 길이가 x인 직사각형의 넓이가 150 이상이다.

→ □$\times x$ ○ 150

❸ 한 개에 800원인 우유 x개를 사면 5000원 미만이다.

→ □$\times x$ ○ 5000

1st — 어떤 수에 대한 문제 해결하기

1 다음은 어떤 자연수의 4배에서 3을 뺀 수가 45보다 작다고 할 때, 어떤 자연수 중 가장 큰 수를 구하는 과정이다. □ 안에 알맞은 것을 써넣으시오.

(1) 미지수 정하기

어떤 자연수를 □로 놓는다.

(2) 일차부등식 세우기

어떤 자연수의 4배에서 3을 뺀 수가 45보다 작으므로

4×□−□<45

(3) 일차부등식 풀기

일차부등식을 풀면

4×□<□이므로 $x<$□

(4) 문제의 뜻에 맞는 답 구하기

따라서 가장 큰 자연수는 □이다.

2 어떤 자연수의 2배에서 5를 더한 수가 9보다 크다고 할 때, 어떤 자연수 중 가장 작은 수를 구하시오.

3 어떤 정수의 3배에서 5를 뺀 수가 10보다 크다고 할 때, 어떤 정수 중 가장 작은 수를 구하시오.

4 다음은 어떤 자연수의 3배에서 2를 뺀 수가 그 자연수에 4를 더한 수보다 작다고 할 때, 어떤 자연수 중에서 가장 큰 수를 구하는 과정이다. □ 안에 알맞은 것을 써넣으시오.

(1) 미지수 정하기

어떤 자연수를 □로 놓는다.

(2) 일차부등식 세우기

어떤 자연수의 3배에서 2를 뺀 수가 그 자연수에 4를 더한 수보다 작으므로

$3\times\square-\square<\square+4$

(3) 일차부등식 풀기

일차부등식을 풀면

$2\times\square<\square$이므로 $x<\square$

(4) 문제의 뜻에 맞는 답 구하기

따라서 가장 큰 자연수는 □이다.

5 어떤 자연수의 4배에 2를 더한 수는 그 자연수의 5배에서 6을 뺀 수보다 크다고 할 때, 어떤 자연수 중에서 가장 큰 수를 구하시오.

6 어떤 정수의 3배에서 8을 뺀 수는 그 정수의 4배보다 작다고 할 때, 어떤 정수 중에서 가장 작은 수를 구하시오.

7 다음은 어떤 두 정수의 차가 3이고, 이 두 정수의 합이 12보다 크다고 할 때, 두 정수 중에서 작은 정수의 최솟값을 구하는 과정이다. □ 안에 알맞은 것을 써넣으시오.

(1) 미지수 정하기

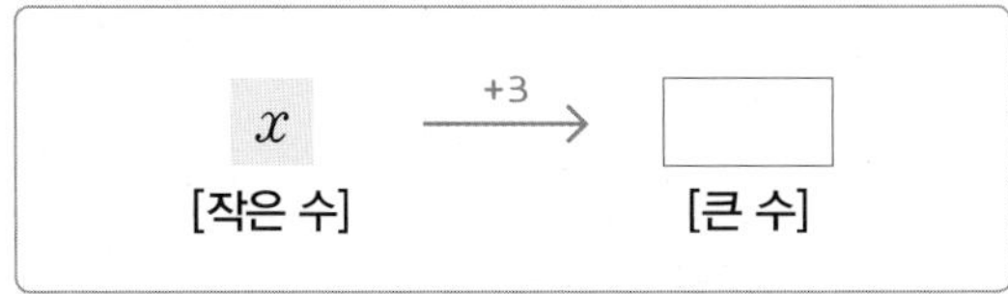

(2) 일차부등식 세우기

두 정수의 합이 12보다 크므로

$x+(\square)>12$

(3) 일차부등식 풀기

일차부등식을 풀면

$2\times\square>\square$이므로 $x>\square$

(4) 문제의 뜻에 맞는 답 구하기

따라서 작은 정수의 최솟값은 □이다.

8 어떤 두 정수의 차가 5이고, 이 두 정수의 합이 25 이하일 때, 두 정수 중에서 큰 정수의 최댓값을 구하시오.

9 어떤 두 자연수의 차가 4이고, 이 두 자연수의 합이 20 이상일 때, 두 자연수 중에서 작은 자연수의 최솟값을 구하시오.

2nd 연속하는 수에 대한 문제 해결하기

10 다음은 연속하는 두 짝수에 대하여 작은 수의 2배에 10을 더한 수가 큰 수의 3배 이하일 때, 두 수의 합의 최솟값을 구하는 과정이다. □ 안에 알맞은 것을 써넣으시오.

(1) 미지수 정하기

x $\xrightarrow{+2}$ □
[작은 수] [큰 수]

(2) 일차부등식 세우기

작은 수의 2배에 10을 더한 수가 큰 수의 3배 이하이므로

$2\times\square+10\leq 3(\square)$

(3) 일차부등식 풀기

일차부등식을 풀면

$-x\leq\square$ 이므로 $x\geq\square$

(4) 문제의 뜻에 맞는 답 구하기

따라서 가장 작은 짝수는 □이므로 두 수의 합의 최솟값은 □이다.

11 연속하는 두 홀수가 있다. 작은 수의 3배에서 5를 뺀 수는 큰 수의 2배보다 크거나 같을 때, 이를 만족시키는 가장 작은 연속하는 두 홀수를 구하시오.

연속하는 두 홀수(짝수) → x, $x+2$

12 연속하는 두 자연수가 있다. 큰 수의 4배에서 1을 뺀 수는 작은 수의 7배에서 6을 뺀 수보다 클 때, 이를 만족시키는 가장 큰 연속하는 두 자연수를 구하시오.

연속하는 두 자연수 → x, $x+1$

13 다음은 연속하는 세 자연수의 합이 54보다 작을 때, 이와 같은 수 중 가장 큰 연속하는 세 자연수를 구하는 과정이다. □ 안에 알맞은 것을 써넣으시오.

(1) 미지수 정하기

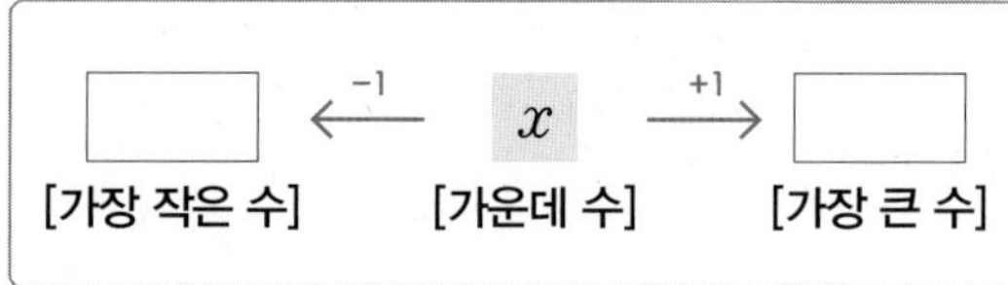

(2) 일차부등식 세우기

세 자연수의 합이 54보다 작으므로

$(\square)+\square+(\square)<54$

(3) 일차부등식 풀기

일차부등식을 풀면

$3\times\square<\square$ 이므로 $x<\square$

(4) 문제의 뜻에 맞는 답 구하기

따라서 구하는 세 자연수는

□, □, □이다.

14 연속하는 세 짝수의 합이 38 이하일 때, 이와 같은 수 중 가장 큰 연속하는 세 짝수를 구하시오.

연속하는 세 홀수(짝수) → $x-2$, x, $x+2$

15 연속하는 세 홀수의 합이 40보다 클 때, 이와 같은 수 중 가장 작은 연속하는 세 홀수를 구하시오.

3rd 도형에 대한 문제 해결하기

16 다음은 삼각형의 세 변의 길이가 $(x-2)$ cm, $(x+2)$ cm, $(x+5)$ cm일 때, x의 값의 범위를 구하는 과정이다. □ 안에 알맞은 것을 써넣으시오. (단, $x>2$)

(1) 일차부등식 세우기
삼각형의 세 변의 길이 사이에는 다음 관계가 성립하므로

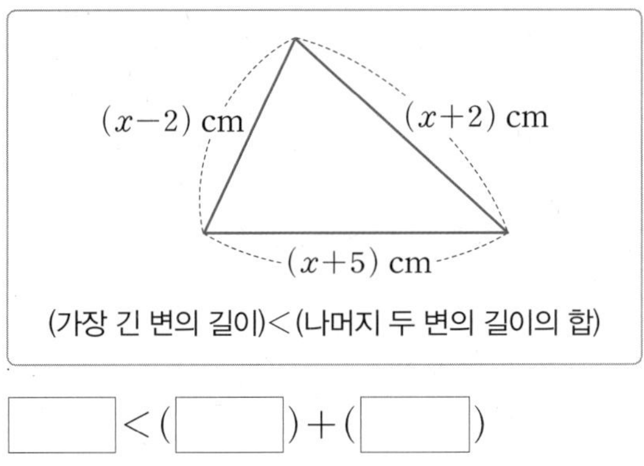

□ < (□) + (□)

(2) 일차부등식 풀기
$-x<$ □ 이므로 $x>$ □

17 삼각형의 세 변의 길이가 x cm, $(x+2)$ cm, $(x+9)$ cm일 때, x의 값의 범위를 구하시오. (단, $x>0$)

18 삼각형의 세 변의 길이가 $(x-3)$ cm, $(x+1)$ cm, $(x+4)$ cm일 때, x의 값의 범위를 구하시오. (단, $x>3$)

19 다음은 가로의 길이가 15 cm인 직사각형의 둘레의 길이가 70 cm 이상일 때, 세로의 길이는 몇 cm 이상인지 구하는 과정이다. □ 안에 알맞은 것을 써넣으시오.

(1) 미지수 정하기

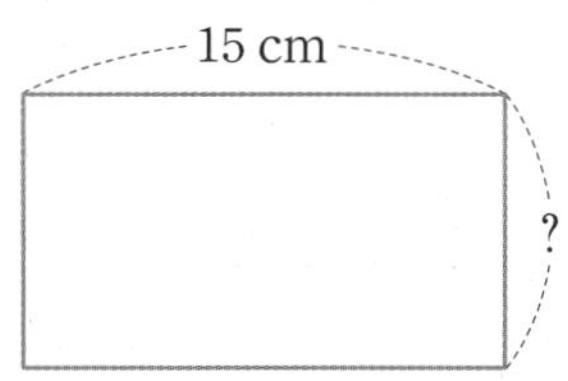

세로의 길이를 □ cm로 놓는다.

(2) 일차부등식 세우기
직사각형의 둘레의 길이가 70 cm 이상이므로
2(□) ≥ □

(3) 일차부등식 풀기
2 × □ ≥ □ 이므로 $x \geq$ □

(4) 문제의 뜻에 맞는 답 구하기
따라서 세로의 길이는 □ cm 이상이다.

20 밑변의 길이가 10 cm인 삼각형의 넓이가 50 cm^2 이상일 때, 높이는 몇 cm 이상이 되어야 하는지 구하시오.

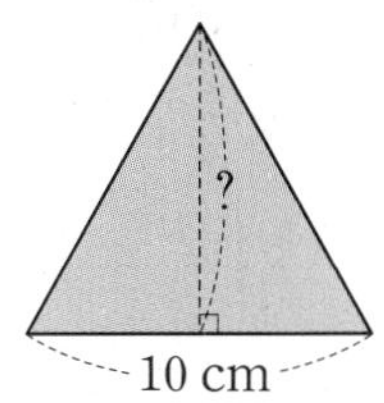

21 아랫변의 길이가 7 cm이고 높이가 5 cm인 사다리꼴의 넓이가 35 cm^2 이상일 때, 윗변의 길이는 몇 cm 이상이 되어야 하는지 구하시오.

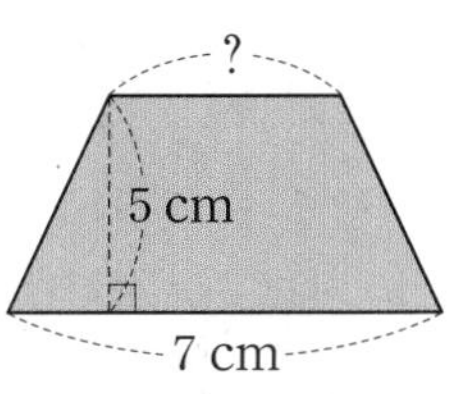

4th 최대 개수에 대한 문제 해결하기

22 한 송이에 1400원인 꽃을 사서 꽃다발을 만들려고 한다. 다음은 포장비가 2000원일 때, 총 금액이 16000원 이하가 되게 하려면 꽃은 최대 몇 송이까지 살 수 있는지 구하는 과정이다. □ 안에 알맞은 것을 써넣으시오.

(1) 미지수 정하기

꽃을 □송이 산다고 하자.

(2) 일차부등식 세우기

총 금액이 16000원 이하가 되게 하려면

$1400\times\square+2000\leq\square$

한 개에 a원인 물건 x개에 b원이 추가되면 $(ax+b)$원이다.

(3) 일차부등식 풀기

$1400\times\square\leq\square$이므로

$x\leq\square$

(4) 문제의 뜻에 맞는 답 구하기

따라서 꽃은 최대 □송이까지 살 수 있다.

23 한 개에 500원인 귤을 2000원짜리 상자에 담아서 사려고 한다. 총 금액이 14500원 미만이 되게 하려면 귤은 최대 몇 개까지 담을 수 있는지 구하시오.

24 한 개에 3000원인 빵과 2400원인 우유 한 개를 사려고 한다. 총 금액이 9000원 이하가 되게 하려면 빵은 최대 몇 개를 살 수 있는지 구하시오.

25 150원짜리 연필과 250원짜리 볼펜을 합하여 20자루를 사려고 한다. 다음은 전체 금액이 5000원 미만이 되게 하려면 250원짜리 볼펜은 최대 몇 자루까지 살 수 있는지 구하는 과정이다. □ 안에 알맞은 것을 써넣으시오.

(1) 미지수 정하기

250원짜리 볼펜을 □자루 산다고 하면 150원짜리 연필은 (20－□)자루 산다.

두 물건 A, B를 합하여 n개 사는 경우
→ 구하려는 물건의 개수: x개
다른 물건의 개수: $(n-x)$개

(2) 일차부등식 세우기

전체 금액이 5000원 미만이 되게 하려면

$250\times\square+150(20-\square)<\square$

(3) 일차부등식 풀기

$100\times\square<\square$이므로 $x<\square$

(4) 문제의 뜻에 맞는 답 구하기

따라서 볼펜은 최대 □자루까지 살 수 있다.

26 한 개에 1000원인 사과와 한 개에 1200원인 배를 합하여 9개를 사려고 한다. 총 가격이 9800원 이하가 되게 하려면 배는 최대 몇 개까지 살 수 있는지 구하시오.

27 600원짜리 과자와 700원짜리 초콜릿을 합하여 15개를 사려고 한다. 총 가격이 9500원 이하가 되게 하려면 초콜릿은 최대 몇 개까지 살 수 있는지 구하시오.

5th 유리한 방법을 선택하는 문제 해결하기

28 집 근처 꽃집에서는 한 송이에 1000원인 꽃이 꽃 시장에서는 한 송이에 800원이다. 다음은 꽃 시장에 다녀오는데 왕복 2000원의 교통 요금이 든다고 할 때, 꽃을 몇 송이 이상 살 경우 꽃 시장에서 사는 것이 유리한지 구하는 과정이다. □ 안에 알맞은 것을 써넣으시오.

(1) 미지수 정하기

꽃을 □송이 산다고 하자.

(2) 일차부등식 세우기

- 집 근처 꽃집에서 꽃을 살 경우:
  $1000\times$□원
- 꽃 시장에서 꽃을 살 경우:
  $(800\times$□$+$□$)$원
- 꽃 시장에서 사는 것이 더 유리한 경우는 가격이 더 작은 경우이므로:
  $1000\times$□$>800\times$□$+2000$

(3) 일차부등식 풀기

$200\times$□>2000이므로 $x>$□

(4) 문제의 뜻에 맞는 답 구하기

따라서 꽃을 □송이 이상 살 경우 꽃 시장에서 사는 것이 유리하다.

29 집 앞 문구점에서 한 권에 700원인 공책이 할인 매장에서는 한 권에 500원이라 한다. 할인 매장에 가려면 왕복 2400원의 교통 요금이 든다고 할 때, 공책을 몇 권 이상 살 경우 할인 매장에서 사는 것이 유리한지 구하시오.

30 어느 놀이 공원의 입장료는 1인당 6000원인데, 30명 이상의 단체에 대해서는 입장료의 30%를 할인해 준다고 한다. 다음은 30명 미만의 단체가 최소 몇 명 이상일 때, 30명의 단체 입장권을 사는 것이 유리한지 구하는 과정이다. □ 안에 알맞은 것을 써넣으시오.

(1) 미지수 정하기

□명이 입장한다고 하자.

(2) 일차부등식 세우기

- 할인을 받지 않은 입장료: $6000\times$□원
- 30명이 30 % 단체 할인을 받은 입장료:
  $(6000\times$□$\times0.7)$원

> 입장료가 a원일 때 30 % 할인된 가격은 $a-0.3a=0.7a$(원)

- 30명의 단체 입장권을 사는 것이 유리한 경우는 가격이 더 작은 경우이므로
  $6000\times$□$>6000\times$□$\times0.7$

(3) 일차부등식 풀기

$6\times$□$>$□이므로 $x>$□

(4) 문제의 뜻에 맞는 답 구하기

따라서 □명 이상일 때, 30명의 단체 입장권을 사는 것이 유리하다.

31 어느 미술관의 입장료는 1인당 5000원인데, 40명 이상의 단체에 대해서는 입장료의 15 %를 할인해 준다고 한다. 40명 미만의 단체는 최소 몇 명 이상일 때, 40명의 단체 입장권을 사는 것이 유리한지 구하시오.

6th 예금액, 추가 요금에 대한 문제 해결하기

32 현재 유진이의 저금통에는 12000원, 혜진이의 저금통에는 15000원이 있다. 다음은 매일 유진이는 300원씩, 혜진이는 200원씩 저금한다면 며칠 후부터 유진이의 저금통에 들어 있는 금액이 혜진이의 저금통에 들어 있는 금액보다 많아지는지 구하는 과정이다. □ 안에 알맞은 것을 써넣으시오.

(1) 미지수 정하기

x일 후의

- 유진이의 저금통에 들어 있는 금액:

  $12000+\square x$(원)

- 혜진이의 저금통에 들어 있는 금액:

  $15000+\square x$(원)

(2) 일차부등식 세우기

유진이의 저금통에 들어 있는 금액이 혜진이의 저금통에 들어 있는 금액보다 많으므로

$12000+\square\times x>15000+\square\times x$

(3) 일차부등식 풀기

$100\times\square>\square$이므로 $x>\square$

(4) 문제의 뜻에 맞는 답 구하기

따라서 □일 후부터 유진이의 저금통에 들어 있는 금액이 혜진이의 저금통에 들어 있는 금액보다 많아진다.

33 현재 형의 저축액은 10000원, 동생의 저축액은 6000원이다. 앞으로 매달 형은 500원씩, 동생은 1000원씩 저축한다면 몇 개월 후부터 동생의 저축액이 형의 저축액보다 많아지는지 구하시오.

34 어느 사진관에서 사진을 인화하는데 기본 5장에 4000원이고 5장을 초과하면 한 장당 1100원이 추가된다고 한다. 다음은 총 비용이 6300원 이하가 되게 하려면 사진을 최대 몇 장까지 인화할 수 있는지 구하는 과정이다. □ 안에 알맞은 것을 써넣으시오.

(1) 미지수 정하기

사진을 x장 인화한다고 할 때,

- 5장의 가격: □원
- $(x-5)$장의 가격: $\square\times(x-5)$원

(2) 일차부등식 세우기

총 비용이 6300원 이하이므로

$\square+\square\times(x-5)\le\square$

(3) 일차부등식 풀기

$1100\times\square\le\square$이므로 $x\le\square$

(4) 문제의 뜻에 맞는 답 구하기

따라서 사진을 최대 □장까지 인화할 수 있다.

35 어느 주차장의 주차 요금은 주차 시간이 30분 이하이면 3000원이고, 30분을 초과하면 1분마다 50원의 요금이 추가된다고 한다. 주차 요금을 8000원 이하가 되게 하려면 최대 몇 분 동안 주차할 수 있는지 구하시오.

7th 나이, 평균에 대한 문제 해결하기

36 현재 딸의 나이는 12살이고 어머니의 나이는 38살이다. 다음은 몇 년 후부터 어머니의 나이가 딸의 나이의 2배 미만이 되는지 구하는 과정이다. □ 안에 알맞은 것을 써넣으시오.

(1) 미지수 정하기

[딸] 12살 $\xrightarrow{x\text{년 후}}$ (12+□)살

[어머니] 38살 $\xrightarrow{x\text{년 후}}$ (38+□)살

(2) 일차부등식 세우기

x년 후부터 어머니의 나이가 딸의 나이의 2배 미만이 된다고 하면

$\square(12+\square)>38+\square$

(3) 일차부등식 풀기

$x>\square$

(4) 문제의 뜻에 맞는 답 구하기

따라서 □년 후부터 어머니의 나이가 딸의 나이의 2배 미만이 된다.

37 현재 시혁이의 나이는 12살이고 시혁이의 어머니의 나이는 42살이다. 몇 년 후부터 어머니의 나이가 시혁이의 나이의 3배 미만이 되는지 구하시오.

38 승준이는 두 번의 수학 시험에서 96점, 92점을 받았다. 다음은 세 번에 걸친 수학 시험의 평균이 90점 이상이 되려면 세 번째 시험에서 몇 점 이상을 받아야 하는지 구하는 과정이다. □ 안에 알맞은 것을 써넣으시오.

(1) 미지수 정하기

세 번째 시험의 점수를 □점이라 하자.

(2) 일차부등식 세우기

세 번의 수학 시험의 평균이 90점 이상이 되어야 하므로

$$\frac{96+92+\square}{\square}\geq 90$$

(3) 일차부등식 풀기

$x\geq\square$

(4) 문제의 뜻에 맞는 답 구하기

따라서 세 번째 시험에서 □점 이상을 받아야 한다.

39 민준이는 중간고사에서 국어 81점, 사회 77점, 영어 84점을 받았다. 국어, 사회, 영어, 수학 과목의 평균이 82점 이상이 되려면 수학 시험에서 몇 점 이상을 받아야 하는지 구하시오.

02 '이내', '이상'에 맞게 부등식을 만들어!

거리, 속력, 시간에 대한 일차부등식의 활용

① 1 km를 1시간 이내에 갈 때, 속력이 바뀌면

(시속 2 km로 갈 때 걸린 시간) + (시속 3 km로 갈 때 걸린 시간) ≤ 1(시간)

$$\frac{x}{2}+\frac{1-x}{3}\le 1$$

② x km를 1시간 이내에 왕복하면

(갈 때 걸린 시간) + (올 때 걸린 시간) ≤ 1(시간)

$$\frac{x}{3}+\frac{x}{2}\le 1$$

③ x시간 동안 동시에 반대로 움직여 5 km 이상 떨어지면

(A의 이동 거리) + (B의 이동 거리) ≥ 5(km)

$$2x+3x\ge 5$$

• 속력에 관한 문제

거리, 속력, 시간에 대한 문제는 다음을 이용하여 부등식을 세운다.

① (거리)=(속력)×(시간)

② (속력)=$\frac{(거리)}{(시간)}$ ③ (시간)=$\frac{(거리)}{(속력)}$

원리확인 다음 □ 안에 알맞은 것을 써넣으시오.

A 지점에서 7 km 떨어진 B 지점까지 가는데 처음 x km는 시속 3 km로 걷다가 도중에 시속 2 km로 걸었을 때 걸린 시간

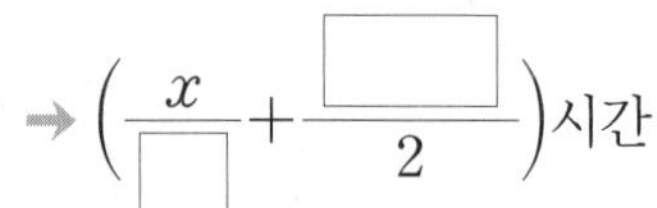

→ $\left(\frac{x}{\square}+\frac{\square}{2}\right)$시간

1st 속력이 달라질 때의 거리의 최댓값 구하기

1 집에서 9 km 떨어진 도서관에 가는데 처음에는 시속 2 km로 걷다가 도중에 시속 3 km로 걸어서 4시간 이내에 도서관에 도착하였다. 다음은 시속 2 km로 걸은 거리가 몇 km 이하인지 구하는 과정이다. □ 안에 알맞은 것을 써넣으시오.

(1) 미지수 정하기

시속 2 km로 걸은 거리를 □ km라 하자.

(2) 일차부등식 세우기

표로 나타내면

속력	시속 2 km	시속 3 km
거리	□ km	(9−□)km
시간	$\frac{\square}{2}$시간	$\frac{\square}{3}$시간

부등식을 세우면

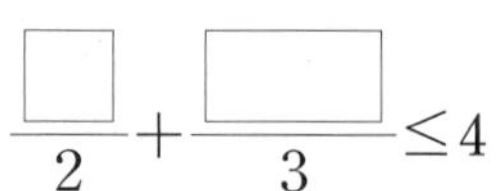

$$\frac{\square}{2}+\frac{\square}{3}\le 4$$

(3) 일차부등식 풀기

양변에 □을 곱하면

3×□+□≤24이므로 $x\le$□

(4) 문제의 뜻에 맞는 답 구하기

따라서 시속 2 km로 걸은 거리는 □ km 이하이다.

2 수진이는 집에서 4 km 떨어진 친구네 집에 자전거를 타고 가는데 처음에는 시속 3 km로 가다가 도중에 시속 6 km로 가서 1시간 이내에 도착하였다. 다음 표를 완성하고, 자전거를 타고 시속 6 km로 달린 거리는 몇 km 이상인지 구하시오.

속력	시속 3 km	시속 6 km
거리	(4−□)km	x km
시간	$\frac{\square}{3}$시간	$\frac{\square}{6}$시간

3 준우는 집에서 10 km 떨어진 할머니 댁에 가려고 한다. 처음에는 시속 3 km로 걷다가 도중에 시속 4 km로 걸어서 3시간 이내에 도착하려고 한다. 다음 표를 완성하고, 시속 3 km로 걸어간 거리는 최대 몇 km인지 구하시오.

속력	시속 3 km	시속 4 km
거리	x km	(10−□)km
시간	$\frac{\square}{3}$시간	$\frac{\square}{4}$시간

4 집에서 2 km 떨어진 학교까지 가는데 처음에는 분속 40 m로 걷다가 도중에 지각할 것 같아서 분속 80 m로 뛰었더니 30분 이내에 학교에 도착하였다. 뛰어간 거리는 몇 m 이상인지 구하시오.

5 등산을 하는데 올라갈 때는 시속 3 km, 내려올 때는 시속 4 km로 같은 길을 걸어서 2시간 이내에 돌아오려고 한다. 다음은 최대 몇 km까지 올라갔다 내려올 수 있는지 구하는 과정이다. □ 안에 알맞은 것을 써넣으시오.

(1) 미지수 정하기

올라간 거리를 □km라 하자.

(2) 일차부등식 세우기

표로 나타내면

	올라갈 때	내려올 때
속력	시속 3 km	시속 4 km
거리	□km	□km
시간	$\frac{\square}{3}$시간	$\frac{\square}{4}$시간

부등식을 세우면

$$\frac{\square}{3}+\frac{\square}{4}\le 2$$

(3) 일차부등식 풀기

양변에 □를 곱하면

$4x+\square\le\square$에서

$7\times\square\le\square$이므로 $x\le\square$

(4) 문제의 뜻에 맞는 답 구하기

따라서 최대 □km까지 올라갔다 내려올 수 있다.

6 집에서 학교까지 갈 때는 시속 3 km로 걸어가고, 올 때는 시속 5 km로 같은 길을 달려서 2시간 이내에 돌아오려고 한다. 다음 표를 완성하고, 집에서 학교까지의 거리가 몇 km 이하인지 구하시오.

	갈 때	올 때
속력	시속 3 km	시속 5 km
거리	x km	□ km
시간	$\frac{□}{3}$ 시간	$\frac{□}{5}$ 시간

7 수진이가 산책을 하려고 한다. 갈 때는 시속 5 km로, 올 때는 시속 3 km로 같은 길을 걸어서 1시간 이내에 돌아오려고 한다. 다음 표를 완성하고, 최대 몇 km 지점까지 다녀올 수 있는지 구하시오.

	갈 때	올 때
속력	시속 5 km	시속 3 km
거리	x km	□ km
시간	$\frac{□}{5}$ 시간	$\frac{□}{3}$ 시간

8 세인이가 등산을 하는데 올라갈 때는 시속 3 km로 걷고, 내려올 때는 올라갈 때보다 3 km 더 먼 길을 시속 5 km로 걸어서 3시간 이내에 등산을 마치려고 한다. 최대 몇 km까지 올라갈 수 있는지 구하시오.

9 기차역에 도착한 수영이는 기차가 출발하기 전까지 1시간의 여유가 있어서 이 시간 동안 슈퍼에서 음료수를 사오려고 한다. 다음은 음료수를 사는 데 15분이 걸리고 시속 4 km로 걷는다고 할 때, 기차역에서 몇 km 이내에 있는 슈퍼에 갔다 올 수 있는지 구하는 과정이다. □ 안에 알맞은 것을 써넣으시오.

(1) 미지수 정하기

□ km 이내에 있는 슈퍼를 갔다 온다고 하자.

(2) 일차부등식 세우기

표로 나타내면

	갈 때	올 때
속력	시속 4 km	시속 4 km
거리	□ km	□ km
시간	$\frac{□}{4}$ 시간	$\frac{□}{4}$ 시간

부등식을 세우면

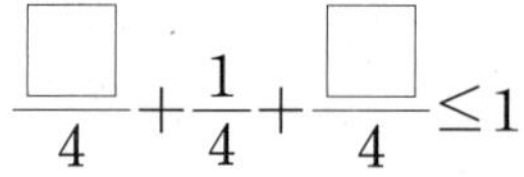

$\frac{□}{4}+\frac{1}{4}+\frac{□}{4}\leq 1$

(3) 일차부등식 풀기

양변에 □를 곱하면

□ $+1+$ □ $\leq$ □ 에서

$2\times$ □ $\leq$ □ 이므로 $x\leq$ □

(4) 문제의 뜻에 맞는 답 구하기

따라서 □ km 이내에 있는 슈퍼에 갔다 올 수 있다.

10 도현이는 축구 경기가 시작하기 전까지 20분의 여유가 있어서 이 시간 동안 간식을 사오려고 한다. 간식을 사는 데 5분이 걸리고 시속 2 km로 걷는다고 할 때, 경기장에서 몇 m 이내에 있는 상점에 갔다 올 수 있는지 구하시오.

2nd 방향이 반대일 때의 최소 시간 구하기

11 수현이와 지용이는 같은 지점에서 동시에 출발하여 서로 반대 방향으로 걷고 있다. 다음은 수현이가 매분 20 m의 속력으로, 지용이가 매분 40 m의 속력으로 걸을 때, 수현이와 지용이 사이의 거리가 360 m 이상 떨어지려면 최소 몇 시간이 경과해야 하는지 구하는 과정이다. □ 안에 알맞은 것을 써넣으시오.

(1) 미지수 정하기

경과한 시간을 □분이라 하자.

(2) 일차부등식 세우기

표로 나타내면

	수현	지용
속력	분속 20 m	분속 40 m
시간	□분	□분
거리	$(20\times\square)$m	$(40\times\square)$m

부등식을 세우면

$(20\times\square)+(40\times\square)\geq360$

(3) 일차부등식 풀기

$60\times\square\geq\square$이므로 $x\geq\square$

(4) 문제의 뜻에 맞는 답 구하기

따라서 최소 □분, 즉 □ 시간이 경과해야 한다.

12 윤아는 시속 2 km의 속력으로, 지성이는 시속 3 km의 속력으로 같은 지점에서 동시에 출발하여 서로 반대 방향으로 걷고 있다. 다음 표를 완성하고, 윤아와 지성이 사이의 거리가 6 km 이상 떨어지려면 최소 몇 시간이 경과해야 하는지 구하시오.

	윤아	지성
속력	시속 2 km	시속 3 km
시간	x시간	□시간
거리	$(2\times\square)$km	$(3\times\square)$km

13 지유는 시속 3 km의 속력으로, 도현이는 시속 5 km의 속력으로 같은 지점에서 동시에 출발하여 서로 반대 방향으로 걷고 있다. 다음 표를 완성하고, 지유와 도현이 사이의 거리가 16 km 이상 떨어지려면 최소 몇 시간이 경과해야 하는지 구하시오.

	지유	도현
속력	시속 3 km	시속 5 km
시간	x시간	□시간
거리	$(3\times\square)$km	$(5\times\square)$km

14 수연이는 시속 2 km의 속력으로, 재인이는 시속 4 km의 속력으로 같은 지점에서 동시에 출발하여 서로 반대 방향으로 걷고 있다. 수연이와 재인이 사이의 거리가 15 km 이상 떨어지려면 최소 몇 시간 몇 분이 경과해야 하는지 구하시오.

03 '이상', '이하'에 맞게 부등식을 만들어!

농도에 대한 일차부등식의 활용

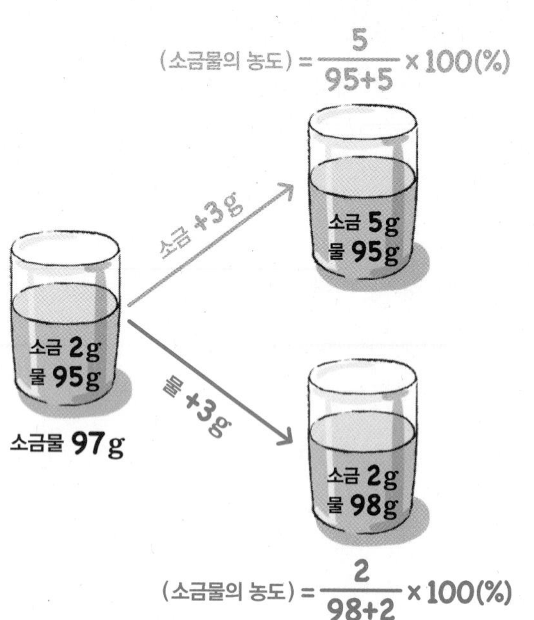

• **소금물의 농도에 대한 문제**

소금물의 농도에 대한 문제는 다음을 이용하여 부등식을 세운다.

① (소금물의 농도)$=\dfrac{(\text{소금의 양})}{(\text{소금물의 양})}\times 100(\%)$

② (소금의 양)$=\dfrac{(\text{소금물의 농도})}{100}\times$(소금물의 양)

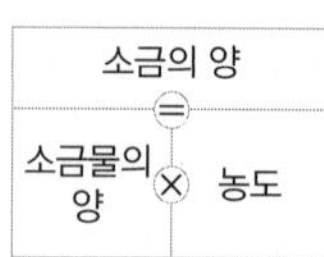

원리확인 다음 □ 안에 알맞은 수를 써넣으시오.

❶ 소금물 300 g에 들어 있는 소금의 양이 30 g일 때 소금물의 농도

→ $\dfrac{\square}{300}\times 100=\square(\%)$

❷ 5 %의 소금물 200 g에 8 %의 소금물 100 g을 넣었을 때 녹아 있는 소금의 양

→ $\left(\dfrac{\square}{100}\times 200\right)+\left(\dfrac{\square}{100}\times 100\right)=\square(\text{g})$

1st 농도가 다른 두 소금물 섞기

1 다음은 10 %의 소금물 100 g과 6 %의 소금물을 섞어서 농도가 7 % 이상인 소금물을 만들려고 할 때, 6 %의 소금물은 최대 몇 g까지 섞을 수 있는지 구하는 과정이다. □ 안에 알맞은 것을 써넣으시오.

(1) 미지수 정하기

섞어야 하는 6 %의 소금물의 양을 x g이라 하자.

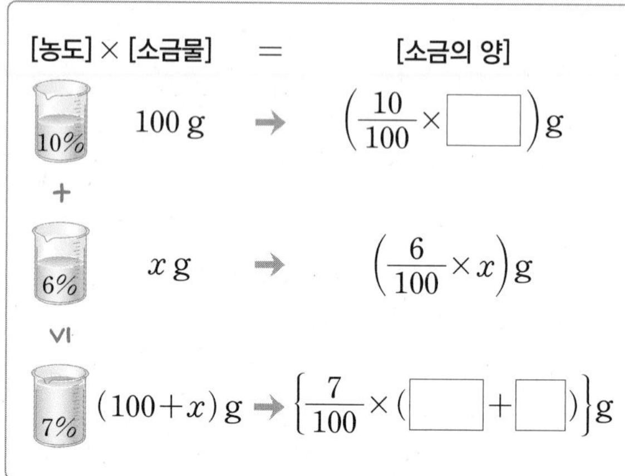

(2) 일차부등식 세우기

$$\frac{10}{100}\times\square+\frac{6}{100}\times x \geq \frac{7}{100}\times(\square+\square)$$

(3) 일차부등식 풀기

$-x\geq\square$이므로 $x\leq\square$

(4) 문제의 뜻에 맞는 답 구하기

따라서 6 %의 소금물은 최대 □ g까지 섞을 수 있다.

2 8 %의 소금물 250 g과 14 %의 소금물을 섞어서 농도가 9 % 이상인 소금물을 만들려고 한다. □ 안에 알맞은 것을 써넣고, 14 %의 소금물은 적어도 몇 g 이상 섞어야 하는지 구하시오.

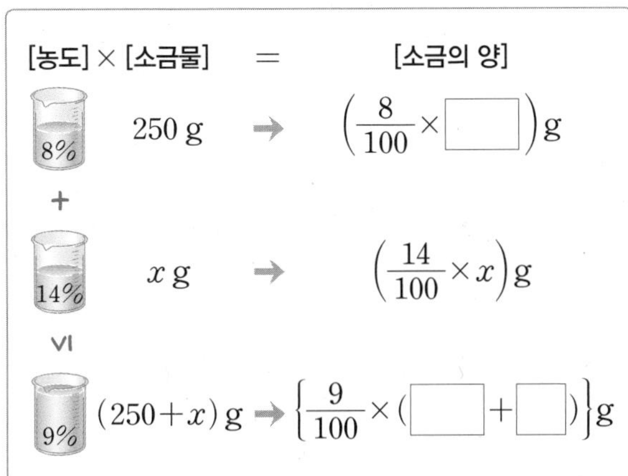

3 4 %의 소금물과 10 %의 소금물을 섞어서 농도가 6 % 이상인 소금물 300 g을 만들려고 한다. □ 안에 알맞은 것을 써넣고, 4 %의 소금물은 최대 몇 g까지 섞을 수 있는지 구하시오.

[농도] × [소금물] = [소금의 양]

4% x g → $\left(\frac{4}{100}\times\square\right)$g

\+

10% $(300-x)$ g → $\left\{\frac{10}{100}\times(\square-\square)\right\}$g

VI

6% 300 g → $\left(\frac{6}{100}\times\square\right)$g

2nd 소금물에 물을 더 넣어 농도 변화 주기

4 다음은 12 %의 소금물 300 g에 물을 더 넣어 6 % 이하의 소금물을 만들려고 할 때, 물을 몇 g 이상 넣어야 하는지 구하는 과정이다. □ 안에 알맞은 것을 써넣으시오.

(1) 미지수 정하기

더 넣어야 하는 물의 양을 x g이라 하자.

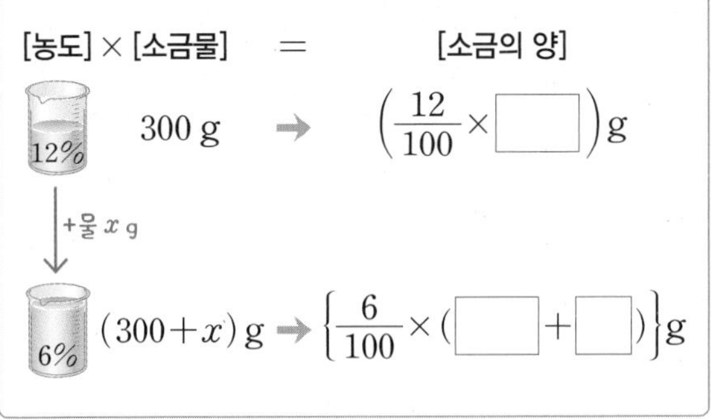

(2) 일차부등식 세우기

$\frac{12}{100}\times\square\le\frac{6}{100}\times(\square+\square)$

물을 더 넣어도 증발시켜도 소금의 양이 변하지 않는데 왜 소금의 양으로 부등식을 세울까?

소금물의 농도로 식을 세우면

(소금의 양)$=300\times\frac{12}{100}=36$(g)이므로

물 x g을 더 넣어 농도가 6% 이하의 소금물이 되려면

$\frac{36}{300+x}\times100\le6$ ...... ㉠

이때 ㉠은 일차부등식이 아니므로 일차부등식으로 풀 수 있는 소금의 양으로 부등식을 세울 수 있어.

$\underbrace{\frac{12}{100}\times300}_{㉡}\le\underbrace{\frac{6}{100}\times(300+x)}_{㉢}$

㉡은 농도가 12 %일 때의 소금의 양이고 여기에 물을 더 넣으면 농도가 낮아지는데, ㉢에서 그 농도를 6 %로 고정시켰으므로 소금의 양이 많게 계산되어 부등호를 붙일 수 있게 되는 거야!

(3) 일차부등식 풀기

$-6\times\square\le-\square$이므로 $x\ge\square$

(4) 문제의 뜻에 맞는 답 구하기

따라서 더 넣어야 하는 물의 양은 □ g 이상이다.

5 5 %의 소금물 200 g에 물을 더 넣어 2 % 이하의 소금물을 만들려고 한다. □ 안에 알맞은 것을 써넣고, 물을 적어도 몇 g 이상 넣어야 하는지 구하시오.

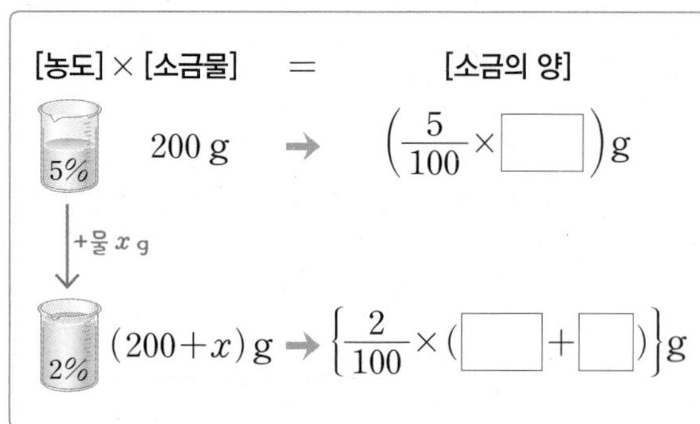

6 8 %의 설탕물 500 g에 물을 더 넣어 5 % 이하의 설탕물을 만들려고 한다. □ 안에 알맞은 것을 써넣고, 물을 적어도 몇 g 이상 넣어야 하는지 구하시오.

[농도] × [설탕물] = [설탕의 양]

8% 500 g → $\left(\frac{8}{100}\times\square\right)$g

+물 x g

5% $(500+x)$ g → $\left\{\frac{5}{100}\times(\square+\square)\right\}$g

3rd 소금물을 증발시켜 농도 변화 주기

7 다음은 17 %의 소금물 400 g에서 물을 증발시켜 20 % 이상인 소금물을 만들려고 할 때, 몇 g 이상의 물을 증발시켜야 하는지 구하는 과정이다. □ 안에 알맞은 것을 써넣으시오.

(1) 미지수 정하기

증발시켜야 하는 물의 양을 x g이라 하자.

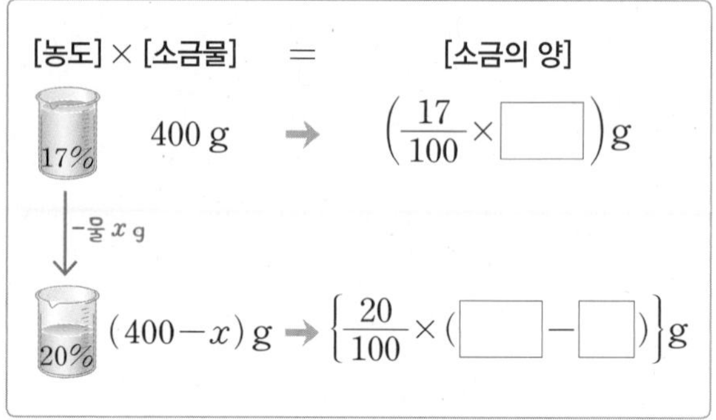

(2) 일차부등식 세우기

$$\frac{17}{100}\times\square\geq\frac{20}{100}\times(\square-\square)$$

(3) 일차부등식 풀기

$20\times\square\geq\square$이므로 $x\geq\square$

(4) 문제의 뜻에 맞는 답 구하기

따라서 증발시켜야 하는 물의 양은 □ g 이상이다.

8 5 %의 소금물 200 g에서 물을 증발시켜 8 % 이상인 소금물을 만들려고 한다. □ 안에 알맞은 것을 써넣고, 몇 g 이상의 물을 증발시켜야 하는지 구하시오.

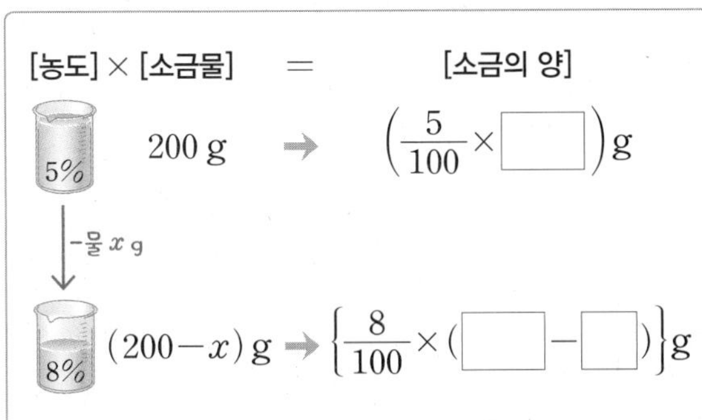

9 9 %의 소금물 500 g에서 물을 증발시켜 15 % 이상인 소금물을 만들려고 한다. □ 안에 알맞은 것을 써넣고, 몇 g 이상의 물을 증발시켜야 하는지 구하시오.

[농도] × [소금물] = [소금의 양]

9% 500 g → $\left(\frac{9}{100}\times\square\right)$g

−물 x g

15% $(500-x)$ g → $\left\{\frac{15}{100}\times(\square-\square)\right\}$g

4th 소금을 더 넣어 농도 변화 주기

10 다음은 8 %의 소금물 200 g에 소금을 더 넣어 20 % 이상의 소금물을 만들려고 할 때, 몇 g 이상의 소금을 더 넣어야 하는지 구하는 과정이다. □ 안에 알맞은 것을 써넣으시오.

(1) 미지수 정하기

더 넣어야 하는 소금의 양을 x g이라 하자.

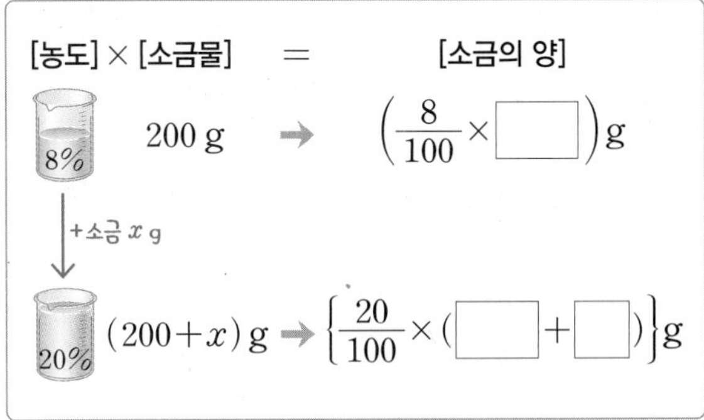

(2) 일차부등식 세우기

$$\frac{8}{100}\times\square+x\geq\frac{20}{100}\times(\square+\square)$$

(3) 일차부등식 풀기

$80\times\square\geq\square$ 이므로 $x\geq\square$

(4) 문제의 뜻에 맞는 답 구하기

따라서 더 넣어야 하는 소금의 양은 □ g 이상이다.

11 8 %의 설탕물 360 g에 설탕을 더 넣어 10 % 이상의 설탕물을 만들려고 한다. 적어도 몇 g의 설탕을 더 넣어야 하는지 구하시오.

TEST 6. 일차부등식의 활용

1 어떤 정수에서 3을 뺀 수는 그 정수의 $\frac{1}{2}$배와 $\frac{1}{3}$배의 합보다 작다고 한다. 이러한 정수 중 가장 큰 정수는?

① 14 ② 15 ③ 16
④ 17 ⑤ 18

2 한 개에 500원인 아이스크림과 한 개에 800원인 빵을 합하여 12개를 사려고 하는데 총 가격이 9500원 이하가 되게 하려고 한다. 최대한 살 수 있는 빵의 개수는?

① 8 ② 9 ③ 10
④ 11 ⑤ 12

3 삼각형의 세 변의 길이가 $(x-3)$ cm, x cm, $(x+4)$ cm일 때, x의 값의 범위를 구하시오. (단, $x>3$)

4 어떤 상품을 구입하기 위해 A 쇼핑몰과 B 쇼핑몰을 비교한 결과가 다음 표와 같았다.

	1개당 가격(원)	배송비(원)
A 쇼핑몰	500	무료
B 쇼핑몰	300	2500

이 상품을 몇 개 이상 구입할 경우 B 쇼핑몰을 이용하는 것이 유리한지 구하시오.

5 등산을 하는데 올라갈 때는 시속 3 km로 걷고 내려올 때는 같은 길을 시속 4 km로 걸어서 2시간 20분 이내에 등산을 마치려고 한다. 최대한 몇 km까지 올라갔다 내려올 수 있는가?

① 3 km ② 4 km ③ 5 km
④ 6 km ⑤ 7 km

6 10 %의 소금물 500 g과 20 %의 소금물을 섞어서 농도가 12 % 이상인 소금물을 만들려고 한다. 20 %의 소금물은 몇 g 이상 넣어야 하는지 구하시오.

1 다음 중 문장을 부등호를 사용하여 나타낸 것으로 옳지 않은 것은?

① x는 2보다 크고 5보다 작다. ➔ $2<x<5$
② x는 음수가 아니다 ➔ $x>0$
③ x에서 2를 뺀 후 4배 하면 8보다 크다. ➔ $4(x-2)>8$
④ 시속 3 km로 x시간 걸어서 간 거리가 5 km 미만이다. ➔ $3x<5$
⑤ 한 권에 500원인 공책 x권의 가격은 3000원 이상이다. ➔ $500x\geq3000$

2 다음 중 부등식 $5x-1\leq4$의 해가 아닌 것은?

① -2 ② -1 ③ 0
④ 1 ⑤ 2

3 $2-5a>2-5b$일 때, 다음 중 옳은 것은?

① $a+2>b+2$ ② $-a+1<-b+1$
③ $-2a+3>-2b+3$ ④ $\frac{a}{2}-1>\frac{b}{2}-1$
⑤ $-\frac{a}{3}+5<-\frac{b}{3}+5$

4 다음 중 일차부등식인 것을 모두 고르면? (정답 2개)

① $3>-4$ ② $\frac{x}{2}-2>3$
③ $3x>3(x-1)$ ④ $x^2-2x\geq x^2+2x$
⑤ $x^2+3x-1\leq0$

5 다음 부등식 중 그 해가 오른쪽 그림과 같은 것은?

1

① $x-1>0$ ② $x+1<2$
③ $2x\leq2$ ④ $-3x>-3$
⑤ $-x\geq-1$

6 일차부등식 $\frac{1}{4}x+1\leq0.5(x-2)$를 풀면?

① $x\leq-8$ ② $x\leq-4$
③ $x\geq-8$ ④ $x\geq8$
⑤ $x\leq8$

7 연속하는 세 홀수의 합이 52보다 작다 한다. 이와 같은 수 중에서 가장 큰 세 홀수를 구하시오.

8 윗변의 길이가 8 cm이고 높이가 12 cm인 사다리꼴이 있다. 이 사다리꼴의 넓이가 84 cm^2 이상이 되려면 사다리꼴의 아랫변의 길이는 몇 cm 이상이어야 하는지 구하시오.

9 한 개에 1200원인 배와 한 개에 400원인 사과를 합하여 13개를 사서 전체 금액이 10000원 이하가 되게 하려 한다. 배는 최대 몇 개까지 살 수 있는가?

① 4개 ② 5개 ③ 6개
④ 7개 ⑤ 8개

10 문구점에서 한 개에 500원인 지우개가 대형 마트에서는 한 개에 300원이라 한다. 대형 마트에 가려면 왕복 교통 요금이 1200원이 든다 할 때, 지우개를 적어도 몇 개를 살 경우 대형 마트에서 사는 것이 유리한가?

① 3개 ② 4개 ③ 5개
④ 6개 ⑤ 7개

11 하린이는 세 번의 수학 시험에서 84점, 89점, 93점을 받았다. 네 번에 걸친 수학 시험의 평균 점수가 90점 이상이 되려면 네 번째 수학 시험에서 몇 점 이상을 받아야 하는가?

① 91점 ② 92점 ③ 93점
④ 94점 ⑤ 95점

12 A 지점에서 1.2 km 떨어진 B 지점을 가는데 처음엔 분속 100 m로 걷다가 도중에 분속 80 m로 걸어서 14분 이내에 B지점에 도착하였다. 분속 100 m로 걸은 거리는 최소 몇 m인가?

① 200 m ② 300 m ③ 400 m
④ 500 m ⑤ 600 m

13 x에 대한 일차부등식 $\frac{x+2}{4} \le \frac{x}{2}+a$의 해 중 가장 작은 수가 -2일 때, 상수 a의 값은?

① -2 ② -1 ③ 0
④ 1 ⑤ 2

14 주사위를 던져 나온 눈의 수를 3배 하면 그 눈의 수를 2배 한 후 4를 더한 것보다 크다 한다. 이를 만족하는 주사위의 눈의 수를 모두 더하면?

① 6 ② 11 ③ 15
④ 18 ⑤ 20

15 농도가 9 %인 설탕물 400 g이 있다. 이 설탕물을 증발시켜 농도가 12 % 이상인 설탕물이 되게 하려 한다. 적어도 몇 g의 물을 증발시켜야 하는지 구하시오.

빠른 정답

1 유리수의 소수 표현

01 유리수 10쪽

원리확인 ❶ 2 ❷ 3 ❸ 9 ❹ 11

1 (✎ 2, 1) 2 $-\frac{4}{5}$ 3 (✎ 5) 4 $-\frac{3}{1}$
5 (✎ 0) 6 $\frac{5}{2}$ 7 $-\frac{19}{5}$ ☺ 유리수
8 정수 9 정수
10 정수가 아닌 유리수 11 정수가 아닌 유리수
12 정수가 아닌 유리수 13 정수
14 정수가 아닌 유리수 15 정수가 아닌 유리수
16 정수 17 정수가 아닌 유리수
18 $-\frac{10}{2}$, 0, $\frac{20}{5}$, 10.0, -7
19 $\frac{9}{8}$, $\frac{5}{10}$, 3.14, -6.5, $-\frac{7}{3}$
☺ 정수, 정수 20 ④

02 소수 12쪽

원리확인 ❶ 유한 ❷ 유한 ❸ 무한 ❹ 무한

1 유 2 무 3 유 4 무
5 무 6 유 7 무
8 유 (✎ 5, 2.5) 9 $-1.888\cdots$, 무
10 2.25, 유 11 -2.2, 유
12 $0.666\cdots$, 무 13 $2.1666\cdots$, 무
14 -0.375, 유 15 $0.444\cdots$, 무
16 0.7, 유 17 $-0.41666\cdots$, 무
18 1.125, 유 ☺ 유한, 무한
19 ③, ④

03 순환소수 14쪽

원리확인 ❶ 43, 43 ❷ 275, 275 ❸ 145, 145
❹ 2314, 2314

1 ○ 2 × 3 ○ 4 ○
5 × 6 × 7 5 8 2
9 35 10 12 11 251 12 623
13 733 14 27 15 $0.\dot{1}\dot{3}$ 16 $0.\dot{1}2\dot{3}$
17 $3.1\dot{4}\dot{2}$ 18 $1.2\dot{6}$ 19 $0.\dot{0}2\dot{5}$ 20 $0.\dot{2}84\dot{3}$
21 ②, ⑤ 22 (✎ 6)
23 $0.555\cdots$, $0.\dot{5}$ 24 $0.777\cdots$, $0.\dot{7}$
25 $3.666\cdots$, $3.\dot{6}$ 26 $1.1666\cdots$, $1.1\dot{6}$
27 $2.444\cdots$, $2.\dot{4}$ 28 $0.2333\cdots$, $0.2\dot{3}$
29 $0.9666\cdots$, $0.9\dot{6}$ 30 $1.242424\cdots$, $1.\dot{2}\dot{4}$
31 $2.575757\cdots$, $2.\dot{5}\dot{7}$ 32 $0.2555\cdots$, $0.2\dot{5}$
33 $0.404040\cdots$, $0.\dot{4}\dot{0}$ 34 $1.010101\cdots$, $1.\dot{0}\dot{1}$
35~43 풀이 참조 44 ④

04 순환소수의 소수점 아래 n번째 자리 18쪽

원리확인 ❶ 3, 1, 1, 2 ❷ 3, 2, 2, 4 ❸ 4, 0, 5

1 (1) 26 (2) (✎ 2) (3) (✎ 1, 1, 1, 2) (4) (✎ 5, 6)
2 (1) 107 (2) 3 (3) 1 (4) 0 (5) 7
3 (1) 7329 (2) 4 (3) 9 (4) 2 (5) 7
4 (1) 10246 (2) 5 (3) 6 (4) 4 (5) 2
☺ 3, c, a, b 5 (✎ 2, 10, 2)
6 (✎ 3, 6, 2, 2, 2, 5) 7 2
8 5 9 7 10 4 11 ③

05 유한소수로 나타낼 수 있는 분수 20쪽

원리확인 ❶ 유한 ❷ 유한 ❸ 무한

1 0.3 2 2.9 3 0.53 4 0.99
5 0.011 6 0.817 7 0.2019 ☺ 유한
8 2, 2, 4, 0.4 9 5^3, 5^3, 875, 0.875
10 5, 5, 5, 0.05 11 2^2, 2^2, 16, 0.16
12 5^2, 5^2, 175, 0.175 ☺ 2, 5(5, 2)
13 5^2, 5^2, 25, 0.25 14 5, 5, 45, 0.45
15 5^3, 5^3, 375, 0.375 16 ④
17 2, 있다 18 2, 3, 없다
19 2, 있다 20 2, 5, 있다
21 5, 있다 22 2, 3, 5, 없다
23 2, 5, 있다 24 2, 3, 5, 없다
25 2, 5, 7, 없다 26 2, 5, 11, 없다
27 $\frac{3}{4}$, $\frac{3}{2^2}$, 유한 28 $\frac{1}{6}$, $\frac{1}{2\times3}$, 무한
29 $\frac{3}{10}$, $\frac{3}{2\times5}$, 유한 30 $\frac{1}{4}$, $\frac{1}{2^2}$, 유한
31 $\frac{3}{20}$, $\frac{3}{2^2\times5}$, 유한 32 $\frac{6}{25}$, $\frac{6}{5^2}$, 유한
33 $\frac{1}{6}$, $\frac{1}{2\times3}$, 무한 34 $\frac{1}{9}$, $\frac{1}{3^2}$, 무한
35 $\frac{1}{12}$, $\frac{1}{2^2\times3}$, 무한 36 $\frac{3}{40}$, $\frac{3}{2^3\times5}$, 유한
37 ④ 38 7 39 3 40 3
41 11 42 7 43 3 44 7
45 9 46 3 47 33
☺ 2, 5(5, 2) 48 ②
49 2, 4, 5 50 2, 4, 5, 7
51 2, 3, 4, 5, 7 52 2, 3, 4, 5
53 2, 4, 5, 11 54 2, 4, 5, 7
55 2, 3, 4, 5, 11 56 2, 4, 5, 7, 11
57 2, 3, 4, 5 58 2, 4, 5, 7
59 2, 3, 4, 5, 7 60 ⑤

06 순환소수로 나타낼 수 있는 분수 26쪽

1 ㄱ, ㄷ, ㄹ, ㅂ 2 ㄱ, ㄴ, ㄷ, ㄹ, ㅁ
3 ㄱ, ㄴ, ㄷ, ㄹ, ㅁ, ㅂ 4 ㄱ, ㄷ, ㄹ, ㅂ
5 ㄱ, ㄷ, ㄹ, ㅂ 6 ㄱ, ㄴ, ㄷ, ㄹ, ㅁ
7 ㄱ, ㄷ, ㄹ, ㅂ ☺ 5, 순환
8 ⑤

TEST 1. 유리수의 소수 표현 27쪽

1 $\frac{9}{4}$, -3.14 2 ③ 3 8
4 ③ 5 ④ 6 ④

2 순환소수의 분수 표현

01 순환소수를 분수로 나타내는 방법 (1) 30쪽

원리확인 10, 10, 10, 5, $\frac{5}{9}$

1 10, 9, 3, 9, 3 2 10, 9, 13, $\frac{13}{9}$
3 10, 9, 24, 9, 3 4 100, 99, 25, $\frac{25}{99}$
5 100, 99, 142, $\frac{142}{99}$ 6 100, 99, 369, 99, 11
7 1000, 999, 413, $\frac{413}{999}$
8 1000, 999, 1125, 999, 111
9 1000, 999, 2343, 999, 333
10 $\left(✎ 9, 4, \frac{4}{9}\right)$ 11 $\frac{4}{3}$ 12 $\frac{34}{9}$
13 $\frac{32}{3}$ 14 $\frac{37}{99}$ 15 $\frac{65}{99}$ 16 $\frac{139}{99}$
17 $\frac{181}{99}$ 18 $\frac{230}{99}$ 19 $\frac{206}{333}$ 20 $\frac{476}{333}$
21 $\frac{248}{111}$ 22 $\frac{1234}{9999}$ 23 $\frac{910}{909}$ 24 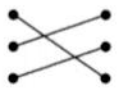
25 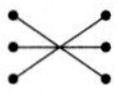 26 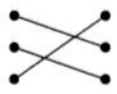 27 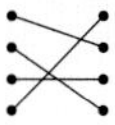 28 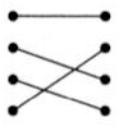
29 ④

02 순환소수를 분수로 나타내는 방법 (2) 34쪽

원리확인 100, 10, 100, 10, 14, 14, 7

1 100, 10, 90, 39, 90, $\frac{13}{30}$
2 100, 10, 90, 157, $\frac{157}{90}$
3 1000, 100, 900, 289, $\frac{289}{900}$
4 1000, 100, 900, 2256, 900, 75
5 1000, 10, 990, 718, 990, 495
6 1000, 10, 990, 3141, 990, 110
7 10000, 100, 9900, 12292, 9900, 2475
8 10000, 10, 9990, 1308, 9990, 1665
9 10000, 10, 9990, 12333, 9990, 3330
10 $\left(✎ 90, 41, \frac{41}{90}\right)$ 11 $\frac{61}{45}$ 12 $\frac{19}{5}$
13 $\frac{308}{45}$ 14 $\frac{17}{990}$ 15 $\frac{203}{165}$ 16 $\frac{1501}{990}$
17 $\frac{767}{330}$ 18 $\frac{11}{450}$ 19 $\frac{727}{900}$ 20 $\frac{547}{450}$
21 $\frac{2749}{900}$ 22 $\frac{151}{1500}$ 23 $\frac{9041}{4950}$ 24 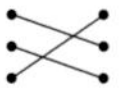
25 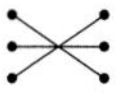 26 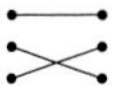 27 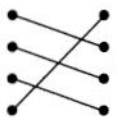 28 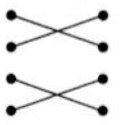
29 ④

03 순환소수를 분수로 나타내는 공식 (1) 38쪽

원리확인 ❶ $\frac{2}{9}$, 2, 9 ❷ $\frac{32}{99}$, 32, 99
❸ $\frac{124}{99}$, 1, 99, $\frac{124}{99}$
❹ 999, 111, 1, 999, 999, 111

3 x, x, $10-x$, 6 km

4 1600 m

5 (1) x (2) x, x, x, x, x, x

(3) 12, $3x$, 24, x, 24, $\frac{24}{7}$ (4) $\frac{24}{7}$

6 x, x, x, $\frac{15}{4}$ km

7 x, x, x, $\frac{15}{8}$ km

8 $\frac{9}{2}$ km

9 (1) x (2) x, x, x, x, x, x

(3) 4, x, x, 4, x, 3, $\frac{3}{2}$ (4) $\frac{3}{2}$

10 250 m

11 (1) x (2) x, x, x, x, x, x (3) x, 360, 6

(4) 6, $\frac{1}{10}$

12 x, x, x, $\frac{6}{5}$시간

13 x, x, x, 2시간

14 2시간 30분

03 농도에 대한 일차부등식의 활용 154쪽

원리확인 ❶ 30, 10 ❷ 5, 8, 18

1 (1) 100, 100, x (2) 100, 100, x

(3) -300, 300 (4) 300

2 250, 250, x, 50 g

3 x, 300, x, 300, 200 g

4 (1) 300, 300, x (2) 300, 300, x

(3) x, 1800, 300 (4) 300

5 200, 200, x, 300 g

6 500, 500, x, 300 g

7 (1) 400, 400, x (2) 400, 400, x

(3) x, 1200, 60 (4) 60

8 200, 200, x, 75 g

9 500, 500, x, 200 g

10 (1) 200, 200, x (2) 200, 200, x

(3) x, 2400, 30 (4) 30

11 8 g

TEST 6. 일차부등식의 활용 158쪽

1 ④	2 ④	3 $x>7$
4 13개	5 ②	6 125 g

대단원 TEST Ⅲ. 부등식 159쪽

1 ②	2 ⑤	3 ③
4 ②, ④	5 ①	6 ④
7 15, 17, 19	8 6 cm	9 ③
10 ⑤	11 ④	12 ③
13 ④	14 ②	15 100 g

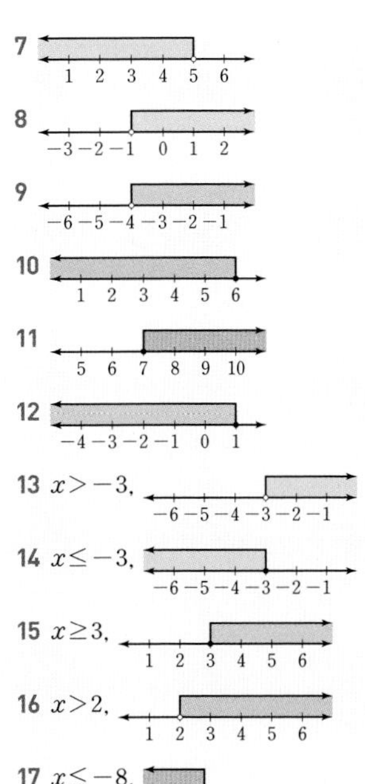

13 $x>-3$,

14 $x\le-3$,

15 $x\ge3$,

16 $x>2$,

17 $x\le-8$,

18 ①, ④

05 일차부등식 126쪽

1 −, 2, ○　2 −, 1, ×　3 −, 4, ○
4 +, 4, ○　5 −, 7, ×　6 −, +, 8, ○
7 −, −, 0, ○　8 ○　9 ○
10 ×　11 ○　12 ○　13 ○
14 ×　15 ×　16 ○　17 ×
☺ 0, 0, 1, 1　18 ②

06 일차부등식의 풀이 128쪽

원리확인 3, 2, 2, 1

1 (✎2, 5)　2 $x\ge-1$　3 $x<-9$
4 $x\ge2$　5 $x\ge3$　6 $x>-1$
7 $x<1$　8 $x\ge5$　9 $x\le-3$
10 $x>5$　11 $x>3$　12 $x<-2$
☺ 음수, <, 양수, >　13 ③

14 $x<-7$,

15 $x<6$,

16 $x\ge-3$,

17 $x\ge-10$,

18 $x<2$,

19 ⑤

07 괄호가 있는 일차부등식 130쪽

원리확인 3, −3, 9, 9, 3

1 (✎12, 12, 20, 5)　2 $x\le2$
3 $x>10$　4 $x<-6$　5 $x<2$
6 $x\le-7$　7 $x\le-3$　8 $x>-3$
9 $x<3$　10 $x<3$　11 $x>-1$
12 $x\ge12$　13 ②

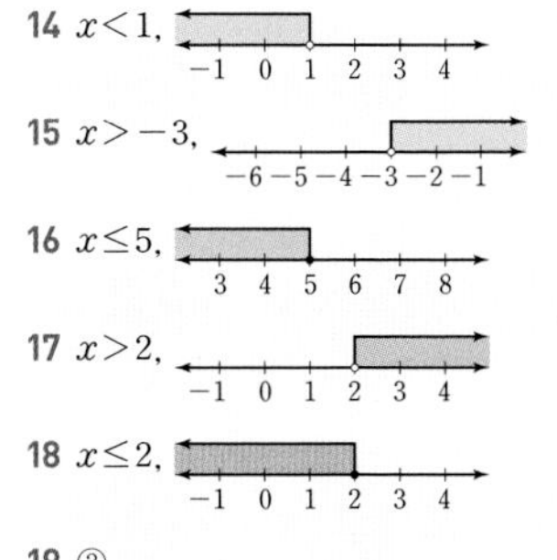

14 $x<1$,

15 $x>-3$,

16 $x\le5$,

17 $x>2$,

18 $x\le2$,

19 ③

08 계수가 소수인 일차부등식 132쪽

원리확인 20, $3x$, $3x$, 6, −14

1 (✎6, −8, −4)　2 $x\ge1$
3 $x>-1$　4 $x\ge-3$　5 $x<-17$
6 $x\le6$　7 $x>\frac{3}{5}$　8 $x\le-7$
9 $x>-3$　10 $x\ge-50$　11 $x>\frac{13}{12}$
12 ④　13 $x<5$　14 $x<3$
15 $x\ge-2$　16 $x<4$　17 $x\ge-18$
18 ①

09 계수가 분수인 일차부등식 134쪽

원리확인 6, 12, $2x$, $2x$, 6, −6

1 (✎4, 4, 4, 2, $\frac{2}{5}$)　2 $x\le23$
3 $x\le-\frac{3}{2}$　4 $x<6$　5 $x\le1$
6 $x\ge5$　7 $x<16$　8 $x<4$
9 $x<4$　10 $x\le\frac{40}{19}$　11 $x\ge3$
12 ④　13 $x\le10$　14 $x\le20$
15 $x<3$　16 $x\ge0$　17 $x\le-\frac{27}{8}$
18 ③

10 계수가 미지수인 일차부등식 136쪽

1 (✎a, a, a)　2 $x<1$　3 $x\ge-2$
4 $x<-3$　5 $x\ge1$　6 $x>\frac{1}{a}$　7 $x>5$
8 $x>-4$　9 $x\le3$　☺ 0, 0　10 ④
11 15 (✎a, a, $\frac{a}{3}$, $\frac{a}{3}$, 15)　12 4
13 −4　14 7　15 6　16 11
17 18　18 6　19 1　☺ >, <
20 ③　21 $\frac{7}{2}$　22 2　23 9
24 −9　25 $\frac{3}{4}$　26 −12　27 $-\frac{9}{2}$
28 3　29 $\frac{19}{2}$　30 ⑤

TEST 5. 부등식과 일차부등식 139쪽

1 ①　2 ①　3 ④　4 ④
5 0　6 1

6 일차부등식의 활용

01 일차부등식의 활용 142쪽

원리확인 ❶ 2, 3, ≤　❷ 10, ≥　❸ 800, <

1 (1) x (2) x, 3 (3) x, 48, 12 (4) 11
2 3　3 6
4 (1) x (2) x, 2, x (3) x, 6, 3 (4) 2
5 7　6 −7
7 (1) $x+3$ (2) $x+3$ (3) x, 9, $\frac{9}{2}$ (4) 5
8 15　9 8
10 (1) $x+2$ (2) x, $x+2$ (3) −4, 4 (4) 4, 10
11 9, 11　12 2, 3
13 (1) $x-1$, $x+1$ (2) $x-1$, x, $x+1$ (3) x, 54, 18 (4) 16, 17, 18
14 10, 12, 14　15 13, 15, 17
16 (1) $x+5$, $x-2$, $x+2$ 또는 $x+5$, $x+2$, $x-2$ (2) −5, 5
17 $x>7$　18 $x>6$
19 (1) x (2) $15+x$, 70 (3) x, 40, 20 (4) 20
20 10 cm　21 7 cm
22 (1) x (2) x, 16000 (3) x, 14000, 10 (4) 10
23 24개　24 2개
25 (1) x, x (2) x, x, 5000 (3) x, 2000, 20 (4) 19
26 4개　27 5개
28 (1) x (2) x, x, 2000, x, x (3) x, 10 (4) 11
29 13권
30 (1) x (2) x, 30, x, 30 (3) x, 126, 21 (4) 22
31 35명
32 (1) 300, 200 (2) 300, 200 (3) x, 3000, 30 (4) 31
33 9개월
34 (1) 4000, 1100 (2) 4000, 1100, 6300 (3) x, 7800, $\frac{78}{11}$ (4) 7
35 130분
36 (1) x, x (2) 2, x, x (3) 14 (4) 15
37 4년
38 (1) x (2) x, 3 (3) 82 (4) 82
39 86점

02 거리, 속력, 시간에 대한 일차부등식의 활용 150쪽

원리확인 3, $7-x$

1 (1) x (2) x, x, x, $9-x$, x, $9-x$ (3) 6, x, $18-2x$, 6 (4) 6
2 x, $4-x$, x, 2 km

1 5, 9, 1 2 1, 9, 12, 4, 1

3 91, 99, 2 4 1, 99, $\frac{181}{99}$, 2

5 2, 99, $\frac{245}{99}$, 2 6 413, 999, 3

7 1, 999, 999, 333, 3 8 2, 999, 999, 111, 3

9 (✎5) 10 $\frac{2}{3}$ 11 (✎2, 22, 9)

12 $\frac{17}{9}$ 13 $\frac{11}{3}$ 14 $\frac{43}{9}$ 15 $\frac{95}{9}$

16 $\frac{101}{9}$ 17 (✎34) 18 $\frac{5}{11}$ 19 $\frac{19}{33}$

20 $\frac{8}{11}$ 21 (✎1, 139, 99) 22 $\frac{20}{11}$

23 $\frac{205}{99}$ 24 $\frac{230}{99}$ 25 $\frac{349}{99}$ 26 $\frac{272}{33}$

27 (✎621, 23, 37) 28 $\frac{28}{37}$ 29 $\frac{304}{333}$

30 (✎1, 1425, 475, 333) 31 $\frac{745}{333}$

32 $\frac{3151}{999}$ 33 $\frac{1142}{333}$ 34 $\frac{1504}{333}$ 35 $\frac{241}{37}$

36 $\frac{5678}{9999}$ 37 $\frac{1000}{909}$ 38 $\frac{4526}{3333}$ 39 ③

04 순환소수를 분수로 나타내는 공식 (2) 42쪽

원리확인 ❶ $\frac{67}{90}$, 7, 90, $\frac{67}{90}$

❷ $\frac{383}{900}$, 42, 900, $\frac{383}{900}$

❸ 990, 99, 11, 990, 990, 99

1 4, 90, $\frac{43}{90}$, 1, 1

2 10, 90, 90, 18, 1, 1

3 76, 900, 900, 180, 1, 2

4 201, 900, 900, 450, 1, 2

5 3, 990, 990, 330, 2, 1

6 32, 990, 990, 495, 2, 1

7 4, 9900, 9900, 2475, 2, 2

8 123, 9900, 9900, 550, 2, 2

9 (✎1, 13, 90) 10 $\frac{11}{30}$ 11 $\frac{49}{45}$

12 $\frac{35}{18}$ 13 $\frac{13}{6}$ 14 $\frac{161}{45}$ 15 $\frac{151}{15}$

16 $\frac{1001}{90}$ 17 (✎24, 219, 73, 300)

18 $\frac{671}{900}$ 19 $\frac{877}{900}$ 20 $\frac{266}{225}$ 21 $\frac{124}{75}$

22 $\frac{1807}{900}$ 23 $\frac{571}{180}$ 24 $\frac{739}{180}$

25 (✎2, 232, 116, 495) 26 $\frac{379}{495}$

27 $\frac{614}{495}$ 28 $\frac{181}{110}$ 29 $\frac{332}{165}$ 30 $\frac{2111}{990}$

31 $\frac{3319}{990}$ 32 $\frac{2879}{330}$ 33 (✎11, 1157)

34 $\frac{2711}{4950}$ 35 $\frac{8111}{9900}$ 36 $\frac{3106}{2475}$ 37 $\frac{6707}{3300}$

38 $\frac{8666}{2475}$ 39 ②

05 유리수와 소수의 관계 46쪽

1 ㄷ, ㅂ, ㅅ ☺ 유리수, 순환 2 ○

3 × 4 × 5 ×

6 ○ 7 ×

TEST 2. 순환소수의 분수 표현 47쪽

1 ⑤ 2 ④ 3 ⑤

4 ④ 5 15 6 ㄴ, ㄹ

대단원 TEST Ⅰ. 유리수와 순환소수 48쪽

1 ①, ⑤ 2 ② 3 ④

4 ② 5 3 6 ③

7 ⑤ 8 ④ 9 ⑤

10 ⑤ 11 ① 12 ②

13 ③ 14 105 15 ③

3 단항식의 계산

01 지수법칙 – 지수의 합 54쪽

원리확인 ❶ 3, 2, 5, 5 ❷ 1, 4, 5, 5 ❸ 5, 4, 9

1 2, 4, 6 2 6, 5, 11 3 3, 6, 9

4 7, 7, 12 5 3, 3, 5, 9 6 4, 1, 6, 4

7 3, 2, 3, 2, 8, 8 8 2, 7, 5, 10 ☺ m, m

9 (✎10) 10 a^9 11 y^{15} 12 7^{11}

13 a^9 14 x^{10} 15 x^{21} 16 2^{17}

17 $2^{12}\times5^{14}$ 18 x^7y^6 19 $a^{10}b^{15}$ 20 $2^7\times3^{10}$

21 $a^{13}b^4$ 22 $x^{11}y^5$ 23 2^5+3^6 24 a^7+b^{13}

25 2 (✎2) 26 8 27 3 28 4

29 3 30 6, 12 31 x^4y^7 32 a^6

33 b^2+b^3 34 y^7 35 3^8 ☺ (선 잇기)

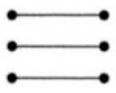

36 ③ 37 4 38 3, 3 (✎3)

39 2, $2a^2$ (✎2) 40 3, 3, $3b^3$ 41 4, 7

42 4, 6, $4x^6$ 43 5, 8 44 2, 6, 3, 7

☺ 3, 5, 6, a, $n+1$ 45 ④

02 지수법칙 – 지수의 곱 58쪽

원리확인 ❶ 4, 4, 4, 12 ❷ 3, 3, 3, 15

❸ 2, 7, 14

1 3, 6 2 2, 12 3 3, 9 4 6, 30

5 8, 24 6 5, 35 ☺ n, m, mn

7 12, 12, 14 8 10, 28, 10, 28, 38

9 (✎30) 10 5^{36} 11 a^{20} 12 b^{24}

13 x^8 14 y^{48} 15 10^{16} 16 a^{36}

17 (✎6, 6, 12) 18 x^{21} 19 3^{22}

20 x^{45} 21 y^{12} 22 $a^{13}b^6$ 23 $x^{46}y^{24}$

24 $a^{17}b^{23}$ 25 5 (✎5) 26 4 27 6

28 4 29 3 30 4 31 4

32 7 33 x^{12} 34 x^7 35 $x^{12}y^9$

36 ⑤ 37 4, 2, 2 38 6, 3, 3 39 8, 4, 4

40 2, 5 41 4, 16, 8, 8

42 5, 20, 10, 10 43 3, 9, 4, 4

44 7, 35, 17, 2, 17 45 2, 12, 4, 4

46 4, 36, 12, 12 47 4, 3, $3A$

48 5, 2, $9A$ ☺ m, m, m, m

49 ⑤

03 지수법칙 – 지수의 차 62쪽

원리확인 ❶ 5, 3, 2, 2 ❷ 3, 3, 1 ❸ 3, 5, 2, 2

1 4, 2 2 9, 5 3 1, 9 4 1

5 1 6 3, 12 7 1, 6 8 10, 6, 4

9 (✎4) 10 x^2 11 a^5 12 1

13 $\frac{1}{x^2}$ 14 $\frac{1}{a^6}$ 15 $\frac{1}{y^4}$ 16 1

☺ m, n, 1, n, m 17 x 18 1

19 y^2 20 1 21 b^2 22 $\frac{1}{a^6}$

☺ $\frac{a}{b}$, $\frac{a}{b}$, $\frac{a}{bc}$, $\frac{c}{b}$, b 23 x^{11} 24 1

25 1 26 $\frac{1}{y^{22}}$ 27 1 28 $\frac{1}{a^{18}}$

29 ② 30 5 (✎5) 31 12 (✎12)

32 3 33 4 34 5 35 5

36 8 37 4 38 a^4 39 a^2

40 1 41 $\frac{a^6}{b^6}$ ☺ (선 잇기) 42 ④

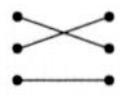

04 지수법칙 – 지수의 분배 66쪽

원리확인 ❶ 4, 4, 4, 4, 4 ❷ 3, 3, 3, 3, 3

1 4, 2 2 3 3 4, 4, 12, 20

4 6, 2 5 5, 5, 15, 10 6 3, 3, 3, 6, 3

7 (✎2, 2, 2) 8 a^5b^5 9 x^3y^{21}

10 $16x^4y^4$ 11 $9a^8b^2$ 12 $64x^9$ 13 $-x^{15}$

14 $25x^6$ 15 a^7b^{35} 16 $x^{24}y^3$ 17 a^9b^6

18 x^9y^{12} 19 $x^{48}y^{16}$ 20 $125x^3y^6$ 21 $16x^{12}y^8$

22 $-a^{20}b^{15}$ ☺ n, n, 1, a^n, -1, $-a^n$

23 (✎7, 7) 24 $\frac{b^5}{a^{10}}$ 25 $\frac{y^{12}}{x^3}$

26 $\frac{a^{12}}{16}$ 27 $\frac{x^6}{9}$ 28 $\frac{25}{y^6}$ 29 $\frac{b^{48}}{a^{30}}$

30 $\frac{y^4}{x^6}$ 31 $\frac{x^{20}}{y^{12}}$ 32 $\frac{16}{a^4}$ 33 $-\frac{x^3y^3}{27}$

34 $\frac{8x^9}{y^3}$ 35 $\frac{25a^2}{b^{12}}$ 36 $\frac{x^{15}}{32y^{20}}$ 37 $-\frac{a^{14}}{b^7}$

38 $-\frac{27b^{12}}{125a^9}$ 39 ③ 40 3

41 5 42 4 43 6

44 4, 15 (✎4, 15) 45 3, -8 46 3, 125

47 -2, 9 48 $27a^3$ 49 $64x^3$ 50 $\frac{b^2}{9}$

51 $-\frac{y^9}{27}$ 52 ②

05 단항식의 곱셈 70쪽

원리확인 ❶ x, $10xy$ ❷ a^5, $21a^8$
❸ y^4, $-15x^4y^6$

1 $21ab$ 2 $-32xy$ 3 $9a^2b$
4 $-8a^2b$ 5 $-2abc$ 6 $30x^3y^2$
7 $-\frac{1}{3}a^2b^2$ 8 $45x^3y$ 9 $-4x^3y^5$
10 (✎ $5x^5y^2$) 11 $12x^3$ 12 $-56a^4b$
13 $-54a^4b^5$ 14 $25a^2b^5$ 15 $-54a^4b^5$
16 $3x^7$ 17 $11x^7y^6$ 18 $-2x^{17}y^7$
19 $32a^{15}b^{25}$ 20 x^5y^4 21 $8x^3y^8$
22 $-\frac{5}{32}a^5b^3$ 23 $7a^5b^4$ 24 $10x^{19}y^{32}$
25 $-108a^6b^2$ 26 $-25a^9b^7$ 27 $-8x^9y^9$
28 $-\frac{8}{3}a^5b^3$ 29 $-32a^7b$ 30 $\frac{9y^4}{4}$
31 $-\frac{9b}{2a}$ 32 $-\frac{1}{3}x^{13}y^8$ 33 $-2x^7y^{11}$
34 $-x^{19}y^{14}$ 35 $10x^5y$ 36 $-2x^3y^3$
37 $-3a^3b^4$ 38 $-6ab^4$ 39 $6a^5b^4$
40 $-20x^{10}y^{13}$ 41 $-18x^6y^{14}$ 42 $4a^6b^8$
43 $64xy^4$ 44 $-27a^2b^4$ 45 $\frac{2}{9x^4y^5}$
46 ③

06 단항식의 나눗셈 74쪽

원리확인 ❶ $3b$ ❷ $4a^4$, 4, a^4, $-2a^3$
❸ $\frac{5}{8}$, x^5, $\frac{45}{x^3}$ ❹ $12a^{10}b$, $\frac{5}{12}$, $a^{10}b$, $\frac{20b}{a^8}$
❺ $2x^2y$, -4, x^2y, $-6y^2$

1 $3y$ 2 $-\frac{a}{3}$ 3 $2a^4$ 4 $-2z$
5 $14x^2y^2$ 6 $-\frac{5a^3}{b^4}$ 7 $3x^2$ 8 $5a^3b^4$
9 $-2x^4$ 10 $\frac{3}{8}x$ 11 $-\frac{9}{64a^3}$ 12 $\frac{5a^3b}{6}$
13 $\frac{4x^2y^2}{5}$ 14 (✎ 9, 4, 6, $9x^4y^6$, $\frac{x^7y}{9}$)
15 $2a^7b^5$ 16 $\frac{4}{3}x^4$ 17 $-8a^5b^4$
18 $-8x^{11}y^{13}$ 19 $-\frac{a^4}{16b}$ 20 $20a^7b^2$
21 $\frac{4}{75b^2}$ 22 $-\frac{25}{2}xy^4$ 23 $\frac{1}{18a}$
24 $-125x^{12}$ 25 $\frac{16a^4}{b^2}$
26 (✎ x^3y^3, $5y^2$, 5, x^3y^3, $25x^2y^{12}$)
27 $-9a^4b^2$ 28 $4a^2$ 29 $-35x^2y^2$
30 $40x^4y^6$ 31 $56y^5$ 32 $-8x^2$
33 $-6x^5y^{15}$ 34 $\frac{1}{32a^8b^{11}}$ 35 $12x^3y^3$
36 $-\frac{160y^{11}}{x^2}$ 37 ③, ⑤

07 단항식의 곱셈과 나눗셈의 혼합 계산 78쪽

원리확인 ❶ $6x^2$, 6, x^2, $2x^7$
❷ $8x^{15}y^3$, $-\frac{3}{8x^6}$, $8x^{15}y^3$, $-\frac{3}{8}$, $\frac{1}{x^6}$, $x^{15}y^3$, $-3x^9y^6$

1 $20x^3$ 2 $-\frac{9}{2}x^4$ 3 $2ab^2$ 4 $54b^3$
5 $-\frac{2}{3}x^2$ 6 $-\frac{2}{3}x^4y^4$ 7 $-\frac{4}{x^3}$ 8 $\frac{1}{13}x^{20}y^{20}$
9 $-16a^4$ 10 $-18x^7$ 11 a 12 $\frac{5}{3}x^2$
13 $\frac{3y^2}{x}$ 14 $\frac{3}{2}a^4b^{12}$ 15 $-\frac{4x}{y^2}$ 16 $\frac{8y^{11}}{x^5}$
17 $\frac{144a}{b^2}$ ☺ $\frac{a}{b}$, $\frac{ac}{b}$, bc, $\frac{a}{bc}$, ≠, ①
18 ⑤

08 □ 안에 알맞은 식 80쪽

원리확인 ❶ $-7x^3$ ❷ $4x^5y^4$ ❸ $5x^2y^5$
❹ $\frac{3y^5}{x^6}$ ❺ $3x^4y^2$

1 $\frac{1}{4}x^3$ 2 $-\frac{1}{2y^2}$ 3 $\frac{1}{25xy^5}$ 4 $\frac{24a^6}{b^3}$
5 $-7a^3b^5$ 6 $\frac{2a^6}{b^2}$ 7 $\frac{32y^3}{x}$ 8 $\frac{2}{b}$
9 $-\frac{14x^3}{y^7}$ 10 $\frac{2y^5}{x^7}$ 11 $\frac{x^5}{5y^3}$ 12 ②

09 도형에 활용 82쪽

1 $30x^4y^3$ 2 $30a^4b^6$ 3 $72\pi x^5y^3$
4 $14x^6y^3$ 5 ②

TEST 3. 단항식의 계산 83쪽

1 ① 2 20 3 ③
4 ② 5 ② 6 $15a^2b^6$

4 다항식의 계산

01 다항식의 덧셈과 뺄셈 86쪽

원리확인 ❶ $4x$, 7, 2 ❷ $4b$, $3a$, $4b$, $8a+b$
❸ $8y$, $3y$, $6x$, $3y$, $-4x+5y$

1 $13x-7y$ 2 $x+y$ 3 $a-5b$
4 $7a+2b$ 5 $2a-7b$ 6 $17x-11y$
7 $11x+7y$ 8 $-13a+2b$ 9 $4a+3b$
10 $9x-3y$ 11 $-7x+15y$ 12 $-x+4y$
13 $4a-b$ 14 $-9x-12y$
15 $12x-3y+2$ 16 $-2a-6b-3$
17 $x+11y$ 18 $-4x+4y$
19 $2a+15b+2$ 20 $-8x+7y-8$
☺ +, −, −, + 21 ①

02 계수가 분수 꼴인 다항식의 덧셈과 뺄셈 88쪽

원리확인 ❶ $\frac{1}{3}x$, $\frac{1}{6}y$, $\frac{5}{6}x-\frac{1}{6}y$
❷ 5, 5, 10, 11, 7, $\frac{11}{15}$, $\frac{7}{15}$

1 (✎ $\frac{3}{5}x$, $\frac{2}{7}y$, x, $\frac{2}{7}y$) 2 $\frac{7}{15}x+\frac{11}{6}y$
3 $-\frac{4}{11}x-\frac{1}{3}y$ 4 $-\frac{5}{42}a+\frac{8}{45}b$
5 (✎ $3a$, $4b$, $4a$, $\frac{4}{15}a$, $\frac{4}{15}b$)
6 $\frac{1}{2}x+\frac{2}{9}y$ 7 $\frac{13}{12}x+\frac{11}{12}y$
8 $-\frac{11}{42}a-\frac{8}{21}b$ 9 $-\frac{1}{6}a+\frac{25}{6}b$
10 $\frac{7}{4}x$ 11 $\frac{7}{9}x$
12 $\frac{17}{24}x+\frac{1}{24}y$ 13 $-\frac{9}{4}x+3y$
14 $\frac{1}{10}a-\frac{33}{20}b+\frac{19}{20}$ 15 ③

03 이차식의 덧셈과 뺄셈 90쪽

1 × 2 ○ 3 ○ 4 ×
5 ○ 6 × 7 × 8 ×
9 ○ 10 ⑤
11 $7x^2+5x-6$ 12 $2x^2+3x+12$
13 $-11x^2-7x-14$ 14 $6x^2-3x+14$
15 $-9x^2+5x-4$ 16 $2x^2-8x+14$
17 $8x^2+5x+2$ 18 $-6x^2+11x+9$
19 $5x^2+4x+11$ 20 $-9x^2-8x+32$
21 (✎ x, x, $9x^2-4x-6$)
22 $12a^2-5a+12$ 23 $-3x^2-3x+3$
24 (✎ $3x$, $3x$, $5x^2+4x+7$)
25 $10a^2-18a+13$ 26 $10x^2-6x-10$
27 $2x^2+17x+12$ 28 $-4x^2+17x-1$
29 $33x^2+5x-5$ 30 $-11x^2+6x-2$
31 $21x^2+13x-13$ 32 $25x^2-17x+67$
33 $\frac{1}{2}x^2-\frac{3}{5}x+\frac{7}{4}$ 34 $-\frac{5}{14}x^2+\frac{1}{8}x-\frac{1}{2}$
35 $\frac{1}{10}a^2-\frac{7}{36}a+\frac{11}{12}$ 36 $-\frac{5}{12}x^2+\frac{5}{7}x+\frac{1}{2}$
37 $-\frac{7}{8}x^2+3x-\frac{3}{2}$ 38 $8a^2-\frac{5}{12}a-3$
39 $\frac{17}{10}x^2-\frac{9}{10}x+\frac{13}{10}$ 40 $-\frac{1}{4}x^2+\frac{1}{4}x+\frac{1}{4}$
41 $-\frac{2}{9}x^2+\frac{4}{9}x-\frac{7}{18}$ 42 $-\frac{17}{30}x^2+\frac{8}{15}x+\frac{3}{5}$
43 ①

04 여러 가지 괄호가 있는 식 94쪽

원리확인 ❶ 5, 4, 5, 4, −4, 4
❷ −5, 5, 5, 5, 12, 5

1 $25x-15y$ 2 $2a+3b$
3 $4a-12b$ 4 $21x-14y$
5 $-8a+4b+6$ 6 $14x-8y$
7 $6x^2-3x-1$ 8 $5a^2-4a-2$
9 $-8a^2+8a+4$ 10 $-3x^2+7x+2$
11 $a=1$, $b=6$ 12 $a=5$, $b=5$, $c=8$
13 $a=4$, $b=-10$ 14 $a=9$, $b=1$, $c=1$
15 ②

05 단항식과 다항식의 곱셈 96쪽

원리확인 ❶ $3a$, b, $6a^2+2ab$
❷ $-2x$, $-2x$, $-10x^2+6xy$
❸ $14a$, $35b$, $4a^2-10ab$

1 $5x^2+x$ 2 $-14y+2y^2$
3 $-3ab+4a$ 4 $27x^2-9xy$
5 $16x^2+24x$ 6 $-6x^2-14xy$
7 $15a^2-6ab$ 8 $-4pq+10q^2$
9 $-3a^2+6ab+15a$ 10 $10x^2+30x-10xy$
11 $-xy+3y^2-5y$ 12 a^3+2a^2+3a
13 $-6x^2y+4xy^2-10xy$
14 $2x^2y-\frac{15}{8}xy^2$ 15 $8a^2+a$
16 $8x^2-14xy$ 17 $-3a^2+9ab$
18 $-9x^2-2xy$ 19 $13x^2-17xy$
20 $-9a^2+2ab$ 21 ②

06 다항식과 단항식의 나눗셈 98쪽

원리확인 ❶ $4a$, $4a$, $4a$, $2a+8b$
❷ $\frac{3}{4x}$, $\frac{3}{4x}$, $\frac{3}{4x}$, $9x-3y$

1 $3x-2y$ 2 $2a+3b$
3 $-10x+8$ 4 $-x+5$
5 $a+2b^2$ 6 $2x-1$
7 $4a^2-3a-2$ 8 $4-x-3y$
9 $6x-8y$ 10 $-36x+3$
11 $27x-12y$ 12 $-36y+16x$
13 $\frac{1}{6}x^2-\frac{1}{4}x^2y$ 14 $-\frac{8}{9b}+\frac{5}{6a}$
15 $3a^2b^2+2ab^2-b^2$ 16 $-6a^2+4ab+2b^2$
17 $-7x-7y$ 18 $6x-3y$
19 $x-\frac{2}{3}y$ 20 ④

07 사칙연산이 혼합된 식 100쪽

원리확인 ❶ $10a$, $\frac{4}{3b}$, $10a$, $\frac{4}{3b}$, $\frac{4}{3b}$, $10a$, $28b$, $-5a^2+26a+28b$
❷ $-6a$, $14a^2$, $-6a$, $-6a$, $14a^2$, $-a$, $14a^2$, $-14a^2-22a-2$
❸ $4x^2y^2$, $4x^2y^2$, $3x$, $4x^2y^2$, $4x^2y^2$, $3x$, $4y$, $3x$, $3x^2+2x-4y$
❹ $3x^2$, $5x^2y$, $3x^2$, $3xy^2$, $3x^2+2xy^2+5x^2y$

1 $6a^2-8ab$ 2 $8x^2+8y$
3 $6x+18y$ 4 $3a^2+a-12$
5 $11a^2-7a$ 6 x^2+x
7 $-9x^2+15xy+x$ 8 $4x^2+10x-4y$
9 $10x^2+22xy+3x$ 10 $3x^2-8$
11 $-12y$ 12 $2x^2+5xy+3$
13 $8ab$ 14 $a+1$
15 $-x^4+3x^3+6x^2-4x$ 16 $-4y^2+6z^2$
17 $-7x^2+12x$ 18 $a+11b$
19 $9x-4y$ 20 $3b$
21 $74x^2-5x-18y$ 22 $-20a^2-4ab$
23 $10x^2-27y^2$ 24 $7x^2-52x+36$
25 $21x^2-xy+5$ 26 $2x+y$
27 x^2-10xy 28 ②

08 □ 안에 알맞은 식 104쪽

원리확인 ❶ $-a-8b$ ❷ $3a-2b$ ❸ $8a+4$
❹ $6a^2+2ab$

1 $-6a+8b$ 2 $9x-9y-1$
3 $4a^2-3a+13$ 4 $13x^2-8x+4$
5 $3-2y$ 6 $-x^3+2x^2y-\frac{xy^2}{3}$
7 $6a^4b^3-9a^2b^4$ 8 $\frac{2}{7}x^2-\frac{2}{x^2}$
☺ (1) $C-B$ (2) $C+B$ (3) $B-C$ (4) $C\div B$ (5) $C\times B$ (6) $B\div C$
9 ⑤
10 $-$, $+$, $7x-3y+2$, $7x-3y+2$, $+$, $8x-y+1$
11 $\div$, $\times$, $-10x^2-12xy+2x$, $-10x^2-12xy+2x$, $\times$, $20x^3+24x^2y-4x^2$

09 도형에 활용 106쪽

1 (✎ $2x^2-6x+5$, $2x^2-4x+8$, x^3y-2x^2y+4xy)
2 $x^2-4xy+2x$ 3 $21a^3-3a^2b$
4 $6x^3-3x^2y+3x^2$
5 (✎ $6x(3x+2y)$, $3x^2y+2xy^2$)
6 $60a^2b+12ab^2$
7 $36\pi x^2-3\pi x^3$ 8 $2\pi x^3y^2-3\pi x^2y^3$
9 $\left(✎\ \frac{1}{5}xy,\ \frac{1}{5}xy,\ \frac{5}{xy},\ 10x^2y-25xy^2\right)$
10 $2a+3b+1$ 11 $5x^2$
12 $x-3y+2$ 13 $2a^2-3b$
14 $x+2y$ 15 $-2a+3b$
16 ①

TEST 4. 다항식의 계산 109쪽

1 ④ 2 5
3 $9x-5y+11$ 4 $-18a^3+15a^2b$
5 ② 6 $91x^2+24x$

대단원 TEST Ⅱ. 식의 계산 110쪽

1 ③ 2 ④ 3 ⑤
4 ② 5 ② 6 $-4x^4y^2$
7 ⑤ 8 ④ 9 $-4x+5y+5$
10 ① 11 ③ 12 $4x^2-2y$
13 ⑤ 14 ① 15 ④

5 부등식과 일차부등식

01 부등식 116쪽

1 × 2 ○ 3 ○ 4 ×
5 ○ 6 × 7 ○ 8 >
9 < 10 ≤ 11 ≥ 12 >
13 ≤ 14 ≥ 15 ≥ 16 <
17 ≤ 18 ≥ 19 > 20 <
21 $3x-2<10$ 22 $2x+100\ge1600$
23 $2(x+4)>15$ 24 $100-x\le40$
25 $\frac{x}{50}\ge2$ 26 $10\le5x\le12$
27 $5x\le30$

02 부등식의 해 118쪽

1 풀이 참조, 해 : 0, 1, 2 2 풀이 참조, 해 : 1, 2
3 풀이 참조, 해 : −2, −1, 0, 1 4 ×
5 ○ 6 ○ 7 ○ 8 ×
9 × 10 ○ 11 ○ 12 ○
13 × 14 ○ 15 ○ ☺ 해
16 ④, ⑤

03 부등식의 성질 120쪽

1 < 2 < 3 < 4 <
5 < 6 > 7 > 8 >
9 ≥ (✎ ≥, ≥) 10 ≥ 11 ≥
12 ≤ (✎ ≤, ≤) 13 ≤ 14 ≤
15 ≥ 16 > 17 ≥ 18 >
19 >
☺ =, =, =, =, <, <, <, <, >, >
20 ③ 21 5, 5, 5, 5, 4, 7
22 −3, −3, −3, −3, −4, −1
23 2, 2, 2, 2, −2, 4
24 −5, −5, −5, −5, $-\frac{2}{5}$, $\frac{1}{5}$
25 $5\le x+7<8$ 26 $-6\le3x<3$
27 $-7\le4x+1<5$ 28 $-\frac{1}{3}<-\frac{x}{3}\le\frac{2}{3}$
29 $-1<1-2x\le5$ 30 ④
31 4, 4, 3 32 −3, −3, −3, −4, 2
33 5, 5, 5, −4, 2, 2, −2, 1
34 2, 2, 2, 1, 3, 3, 3, 9 35 $x>3$
36 $x>-2$ 37 $-5\le x<\frac{3}{2}$
38 $-1<x<2$ 39 $-8\le x<16$
40 ④

04 부등식의 해와 수직선 124쪽

원리확인 4, 4, 4, 3, 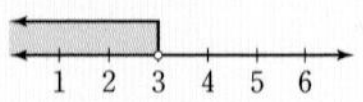

1 (✎ 7, 7, 7, 10) 2 $x<4$ 3 $x\ge4$
4 $x\le12$ 5 $x<3$ 6 $x>-8$
☺ =, ≥, ≤ 또는 =, ≤, ≥

수학은 개념이다!

디딤돌의 중학 수학 시리즈는
여러분의 수학 자신감을 높여 줍니다.

개념 이해

디딤돌수학 개념연산

다양한 이미지와 단계별 접근을 통해
개념이 쉽게 이해되는 교재

개념 적용

디딤돌수학 개념기본

개념 이해, 개념 적용, 개념 완성으로
개념에 강해질 수 있는 교재

개념 응용

최상위수학 라이트

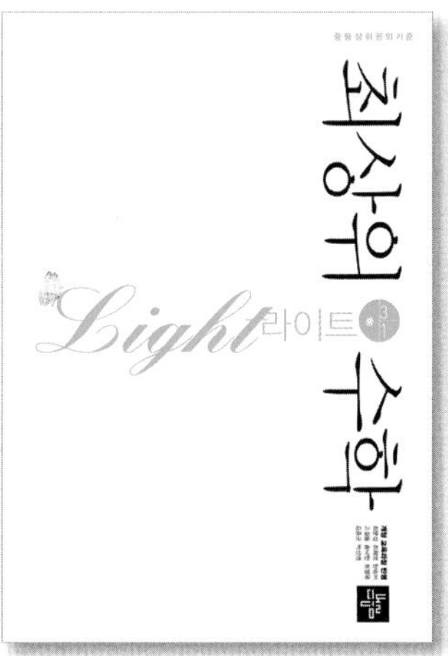

개념을 다양하게 응용하여
문제해결력을 키워주는 교재

개념 완성

디딤돌수학 개념연산과 개념기본은 동일한 학습 흐름으로 구성되어 있습니다.
연계 학습이 가능한 개념연산과 개념기본을 통해
중학 수학 개념을 완성할 수 있습니다.

수학은 개념이다!

디딤돌수학

개념연산

중 2 1 A

2022 개정 교육과정

정답과 풀이

디딤돌

수학은 개념이다!

디딤돌수학

개념연산

중2 1 A 정답과 풀이

1 유리수의 소수 표현

I. 유리수와 순환소수

01 유리수

본문 10쪽

원리확인

❶ 2　❷ 3　❸ 9　❹ 11

1 (✎2, 1)　2 $-\frac{4}{5}$　3 (✎5)　4 $-\frac{3}{1}$

5 (✎0)　6 $\frac{5}{2}$　7 $-\frac{19}{5}$　☺ 유리수

8 정수　9 정수

10 정수가 아닌 유리수　11 정수가 아닌 유리수

12 정수가 아닌 유리수　13 정수

14 정수가 아닌 유리수　15 정수가 아닌 유리수

16 정수　17 정수가 아닌 유리수

18 $-\frac{10}{2}$, 0, $\frac{20}{5}$, 10.0, -7

19 $\frac{9}{8}$, $\frac{5}{10}$, 3.14, -6.5, $-\frac{7}{3}$

☺ 정수, 정수　20 ④

2　$-0.8=-\frac{8}{10}=-\frac{4}{5}$

4　$-3=-\frac{3}{1}$

6　$2.5=\frac{25}{10}=\frac{5}{2}$

7　$-3.8=-\frac{38}{10}=-\frac{19}{5}$

9　$\frac{4}{2}=2$이므로 정수이다.

16　$-\frac{12}{3}=-4$이므로 정수이다.

18　$-\frac{10}{2}=-5$, $\frac{20}{5}=4$

20　④ 정수는 양의 정수, 0, 음의 정수로 이루어져 있다.

02 소수

본문 12쪽

원리확인

❶ 유한　❷ 유한　❸ 무한　❹ 무한

1 유　2 무　3 유　4 무

5 무　6 유　7 무

8 유 (✎5, 2.5)　9 $-1.888\cdots$, 무

10 2.25, 유　11 -2.2, 유

12 $0.666\cdots$, 무　13 $2.1666\cdots$, 무

14 -0.375, 유　15 $0.444\cdots$, 무

16 0.7, 유　17 $-0.41666\cdots$, 무

18 1.125, 유　☺ 유한, 무한

19 ③, ④

19　③ $\frac{1}{16}=0.0625$이므로 유한소수로 나타낼 수 있다.

④ $0=\frac{0}{1}=\frac{0}{2}=\frac{0}{3}=\cdots$으로 나타낼 수 있다.

03 순환소수

본문 14쪽

원리확인

❶ 43, 43　❷ 275, 275

❸ 145, 145　❹ 2314, 2314

1 ○　2 ×　3 ○　4 ○

5 ×　6 ×　7 5　8 2

9 35　10 12　11 251　12 623

13 733　14 27　15 $0.\dot{1}\dot{3}$　16 $0.\dot{1}2\dot{3}$

17 $3.1\dot{4}\dot{2}$　18 $1.2\dot{6}$　19 $0.\dot{0}2\dot{5}$　20 $0.\dot{2}84\dot{3}$

21 ②, ⑤　22 (✎6)

23 $0.555\cdots$, $0.\dot{5}$　24 $0.777\cdots$, $0.\dot{7}$

25 $3.666\cdots$, $3.\dot{6}$　26 $1.1666\cdots$, $1.1\dot{6}$

27 $2.444\cdots$, $2.\dot{4}$　28 $0.2333\cdots$, $0.2\dot{3}$

29 $0.9666\cdots$, $0.9\dot{6}$ 30 $1.242424\cdots$, $1.\dot{2}\dot{4}$
31 $2.575757\cdots$, $2.\dot{5}\dot{7}$ 32 $0.2555\cdots$, $0.2\dot{5}$
33 $0.404040\cdots$, $0.\dot{4}\dot{0}$ 34 $1.010101\cdots$, $1.\dot{0}\dot{1}$
35~43 풀이 참조 44 ④

21 ① $0.303030\cdots=0.\dot{3}\dot{0}$
③ $2.468468468\cdots=2.\dot{4}6\dot{8}$
④ $3.777\cdots=3.\dot{7}$

23 $\frac{5}{9}=0.555\cdots=0.\dot{5}$

24 $\frac{7}{9}=0.777\cdots=0.\dot{7}$

25 $\frac{11}{3}=3.666\cdots=3.\dot{6}$

26 $\frac{7}{6}=1.1666\cdots=1.1\dot{6}$

27 $\frac{22}{9}=2.444\cdots=2.\dot{4}$

28 $\frac{7}{30}=0.2333\cdots=0.2\dot{3}$

29 $\frac{29}{30}=0.9666\cdots=0.9\dot{6}$

30 $\frac{41}{33}=1.242424\cdots=1.\dot{2}\dot{4}$

31 $\frac{85}{33}=2.575757\cdots=2.\dot{5}\dot{7}$

32 $\frac{23}{90}=0.2555\cdots=0.2\dot{5}$

33 $\frac{40}{99}=0.404040\cdots=0.\dot{4}\dot{0}$

34 $\frac{100}{99}=1.010101\cdots=1.\dot{0}\dot{1}$

35

36

37

38
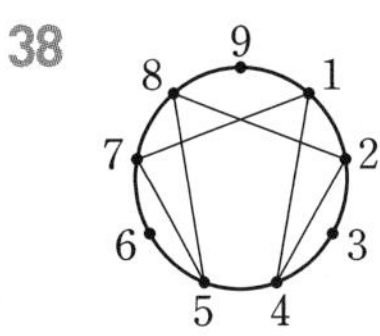

39
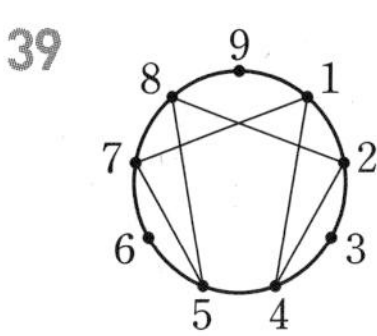

40 $\frac{4}{333}=0.012012012\cdots$
$=0.\dot{0}1\dot{2}$
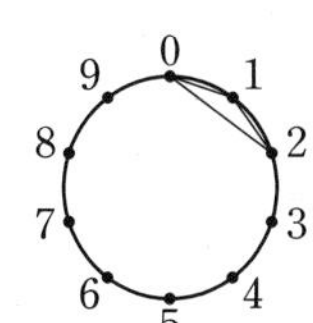

41 $\frac{17}{111}=0.153153153\cdots$
$=0.\dot{1}5\dot{3}$

42 $\frac{125}{999}=0.125125125\cdots$
$=0.\dot{1}2\dot{5}$
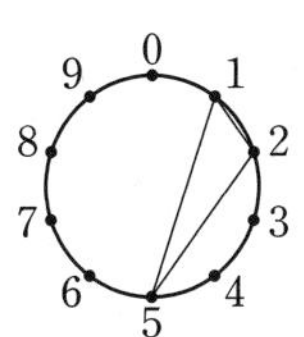

43 $\dfrac{31}{27}=1.148148148\cdots$

$=1.\dot{1}4\dot{8}$

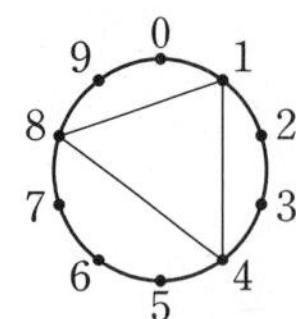

44 $\dfrac{32}{45}=0.7111\cdots=0.7\dot{1}$

04 순환소수의 소수점 아래 n번째 자리

본문 18쪽

원리확인

❶ 3, 1, 1, 2 ❷ 3, 2, 2, 4 ❸ 4, 0, 5

1 (1) 26 (2) (✎ 2) (3) (✎ 1, 1, 1, 2) (4) (✎ 5, 6)
2 (1) 107 (2) 3 (3) 1 (4) 0 (5) 7
3 (1) 7329 (2) 4 (3) 9 (4) 2 (5) 7
4 (1) 10246 (2) 5 (3) 6 (4) 4 (5) 2
☺ 3, c, a, b **5** (✎ 2, 10, 2)
6 (✎ 3, 6, 2, 2, 2, 5) **7** 2
8 5 **9** 7 **10** 4 **11** ③

2 (3) $10=3\times3+1$이므로 소수점 아래 10번째 자리의 숫자는 1이다.
(4) $20=3\times6+2$이므로 소수점 아래 20번째 자리의 숫자는 0이다.
(5) $30=3\times10$이므로 소수점 아래 30번째 자리의 숫자는 7이다.

3 (3) $8=4\times2$이므로 소수점 아래 8번째 자리의 숫자는 9이다.
(4) $11=4\times2+3$이므로 소수점 아래 11번째 자리의 숫자는 2이다.
(5) $17=4\times4+1$이므로 소수점 아래 17번째 자리의 숫자는 7이다.

4 (3) $20=5\times4$이므로 소수점 아래 20번째 자리의 숫자는 6이다.
(4) $24=5\times4+4$이므로 소수점 아래 24번째 자리의 숫자는 4이다.
(5) $28=5\times5+3$이므로 소수점 아래 28번째 자리의 숫자는 2이다.

7 $0.\dot{3}2\dot{2}$의 순환마디 322의 숫자의 개수는 3이고, $20=3\times6+2$이므로 소수점 아래 20번째 자리의 숫자는 2이다.

8 $1.\dot{2}47\dot{5}$의 순환마디 2475의 숫자의 개수는 4이고, $20=4\times5$이므로 소수점 아래 20번째 자리의 숫자는 5이다.

9 $7.\dot{4}11\dot{7}$의 순환마디 4117의 숫자의 개수는 4이고, $20=4\times5$이므로 소수점 아래 20번째 자리의 숫자는 7이다.

10 $0.\dot{2}513\dot{4}$의 순환마디 25134의 숫자의 개수는 5이고, $20=5\times4$이므로 소수점 아래 20번째 자리의 숫자는 4이다.

11 $\dfrac{8}{33}=0.\dot{2}\dot{4}$이므로 순환마디는 24이다.
즉 $a=2$
$50=2\times25$이므로 소수점 아래 50번째 자리의 숫자는 4이다. 즉 $b=4$
따라서 $a+b=2+4=6$

05 유한소수로 나타낼 수 있는 분수

본문 20쪽

원리확인

❶ 유한 ❷ 유한 ❸ 무한

1 0.3 **2** 2.9 **3** 0.53 **4** 0.99
5 0.011 **6** 0.817 **7** 0.2019 ☺ 유한
8 2, 2, 4, 0.4 **9** 5^3, 5^3, 875, 0.875
10 5, 5, 5, 0.05 **11** 2^2, 2^2, 16, 0.16
12 5^2, 5^2, 175, 0.175 ☺ 2, 5(5, 2)

13 5^2, 5^2, 25, 0.25

14 5, 5, 45, 0.45

15 5^3, 5^3, 375, 0.375

16 ④

17 2, 있다

18 2, 3, 없다

19 2, 있다

20 2, 5, 있다

21 5, 있다

22 2, 3, 5, 없다

23 2, 5, 있다

24 2, 3, 5, 없다

25 2, 5, 7, 없다

26 2, 5, 11, 없다

27 $\frac{3}{4}$, $\frac{3}{2^2}$, 유한

28 $\frac{1}{6}$, $\frac{1}{2\times3}$, 무한

29 $\frac{3}{10}$, $\frac{3}{2\times5}$, 유한

30 $\frac{1}{4}$, $\frac{1}{2^2}$, 유한

31 $\frac{3}{20}$, $\frac{3}{2^2\times5}$, 유한

32 $\frac{6}{25}$, $\frac{6}{5^2}$, 유한

33 $\frac{1}{6}$, $\frac{1}{2\times3}$, 무한

34 $\frac{1}{9}$, $\frac{1}{3^2}$, 무한

35 $\frac{1}{12}$, $\frac{1}{2^2\times3}$, 무한

36 $\frac{3}{40}$, $\frac{3}{2^3\times5}$, 유한

37 ④ 38 7 39 3 40 3

41 11 42 7 43 3 44 7

45 9 46 3 47 33

☺ 2, 5(5, 2)

48 ②

49 2, 4, 5

50 2, 4, 5, 7

51 2, 3, 4, 5, 7

52 2, 3, 4, 5

53 2, 4, 5, 11

54 2, 4, 5, 7

55 2, 3, 4, 5, 11

56 2, 4, 5, 7, 11

57 2, 3, 4, 5

58 2, 4, 5, 7

59 2, 3, 4, 5, 7

60 ⑤

8 $\frac{2}{5}=\frac{2\times2}{5\times2}=\frac{4}{10}=0.4$

9 $\frac{7}{8}=\frac{7}{2^3}=\frac{7\times5^3}{2^3\times5^3}=\frac{875}{1000}=0.875$

10 $\frac{1}{20}=\frac{1}{2^2\times5}=\frac{1\times5}{2^2\times5\times5}=\frac{5}{100}=0.05$

11 $\frac{4}{25}=\frac{4}{5^2}=\frac{4\times2^2}{5^2\times2^2}=\frac{16}{100}=0.16$

12 $\frac{7}{40}=\frac{7}{2^3\times5}=\frac{7\times5^2}{2^3\times5\times5^2}=\frac{175}{1000}=0.175$

13 $\frac{3}{12}=\frac{1}{4}=\frac{1}{2^2}=\frac{1\times5^2}{2^2\times5^2}=\frac{25}{100}=0.25$

14 $\frac{27}{60}=\frac{9}{20}=\frac{9}{2^2\times5}=\frac{9\times5}{2^2\times5\times5}=\frac{45}{100}=0.45$

15 $\frac{24}{64}=\frac{3}{8}=\frac{3}{2^3}=\frac{3\times5^3}{2^3\times5^3}=\frac{375}{1000}=0.375$

16 $\frac{5}{8}=\frac{5}{2^3}=\frac{5\times5^3}{2^3\times5^3}=\frac{625}{1000}=0.625$
이므로 $a=5^3=125$, $b=1000$, $c=0.625$
따라서
$a+bc=125+1000\times0.625=125+625=750$

37 ① $\frac{18}{12}=\frac{3}{2}$ ② $\frac{13}{50}=\frac{13}{2\times5^2}$
③ $\frac{21}{2\times5\times7}=\frac{3}{2\times5}$
④ $\frac{15}{84}=\frac{5}{28}=\frac{5}{2^2\times7}$
⑤ $\frac{66}{2^2\times3\times11}=\frac{1}{2}$
따라서 유한소수로 나타낼 수 없는 것은 ④이다.

38 곱하는 수가 7의 배수이어야 하므로 □ 안의 값이 될 수 있는 가장 작은 자연수는 7이다.

39 곱하는 수가 3의 배수이어야 하므로 □ 안의 값이 될 수 있는 가장 작은 자연수는 3이다.

40 $\frac{14}{3\times5\times7}=\frac{2}{3\times5}$이므로 곱하는 수가 3의 배수이어야 한다.
따라서 □ 안의 값이 될 수 있는 가장 작은 자연수는 3이다.

41 $\frac{15}{2^2\times5\times11}=\frac{3}{2^2\times11}$이므로 곱하는 수가 11의 배수이어야 한다.
따라서 □ 안의 값이 될 수 있는 가장 작은 자연수는 11이다.

42 $\frac{27}{3^2\times5\times7}=\frac{3}{5\times7}$이므로 곱하는 수가 7의 배수이어야 한다.
따라서 □ 안의 값이 될 수 있는 가장 작은 자연수는 7이다.

43 $\frac{21}{2^2\times3^2\times5}=\frac{7}{2^2\times3\times5}$이므로 곱하는 수가 3의 배수이어야 한다.

따라서 □ 안의 값이 될 수 있는 가장 작은 자연수는 3이다.

44 $\frac{3}{28}=\frac{3}{2^2\times7}$이므로 곱하는 수가 7의 배수이어야 한다.

따라서 □ 안의 값이 될 수 있는 가장 작은 자연수는 7이다.

45 $\frac{7}{36}=\frac{7}{2^2\times3^2}$이므로 곱하는 수가 9의 배수이어야 한다.

따라서 □ 안의 값이 될 수 있는 가장 작은 자연수는 9이다.

46 $\frac{17}{60}=\frac{17}{2^2\times3\times5}$이므로 곱하는 수가 3의 배수이어야 한다.

따라서 □ 안의 값이 될 수 있는 가장 작은 자연수는 3이다.

47 $\frac{7}{132}=\frac{7}{2^2\times3\times11}$이므로 곱하는 수가 33의 배수이어야 한다.

따라서 □ 안의 값이 될 수 있는 가장 작은 자연수는 33이다.

48 $\frac{n}{600}=\frac{n}{2^3\times3\times5^2}$이므로 n의 값은 3의 배수이어야 한다.

따라서 n의 값이 될 수 있는 가장 작은 두 자리의 자연수는 12이다.

49 $\frac{1}{2\times5\times x}$은 기약분수이므로 주어진 수 중에서 분모의 소인수가 2나 5뿐인 자연수 x는 2, $4(=2^2)$, 5이다.

50 $\frac{7}{2\times5\times x}$을 기약분수로 나타냈을 때, 주어진 수 중에서 분모의 소인수가 2나 5뿐인 자연수 x는 2, $4(=2^2)$, 5, 7이다.

51 $\frac{21}{2\times x}=\frac{3\times7}{2\times x}$을 기약분수로 나타냈을 때, 주어진 수 중에서 분모의 소인수가 2나 5뿐인 자연수 x는 2, 3, $4(=2^2)$, 5, 7이다.

52 $\frac{6}{5\times x}=\frac{2\times3}{5\times x}$을 기약분수로 나타냈을 때, 주어진 수 중에서 분모의 소인수가 2나 5뿐인 자연수 x는 2, 3, $4(=2^2)$, 5이다.

53 $\frac{22}{2\times5\times x}=\frac{2\times11}{2\times5\times x}$을 기약분수로 나타냈을 때, 주어진 수 중에서 분모의 소인수가 2나 5뿐인 자연수 x는 2, $4(=2^2)$, 5, 11이다.

54 $\frac{28}{2\times5\times x}=\frac{2^2\times7}{2\times5\times x}$을 기약분수로 나타냈을 때, 주어진 수 중에서 분모의 소인수가 2나 5뿐인 자연수 x는 2, $4(=2^2)$, 5, 7이다.

55 $\frac{33}{2\times5\times x}=\frac{3\times11}{2\times5\times x}$을 기약분수로 나타냈을 때, 주어진 수 중에서 분모의 소인수가 2나 5뿐인 자연수 x는 2, 3, $4(=2^2)$, 5, 11이다.

56 $\frac{154}{2\times5\times x}=\frac{2\times7\times11}{2\times5\times x}$이므로 기약분수로 나타냈을 때, 주어진 수 중에서 분모의 소인수가 2나 5뿐인 자연수 x는 2, $4(=2^2)$, 5, 7, 11이다.

57 $\frac{3}{2^2\times x}$을 기약분수로 나타냈을 때, 주어진 수 중에서 분모의 소인수가 2나 5뿐인 자연수 x는 2, 3, $4(=2^2)$, 5이다.

58 $\frac{7}{5^2\times x}$을 기약분수로 나타냈을 때, 주어진 수 중에서 분모의 소인수가 2나 5뿐인 자연수 x는 2, $4(=2^2)$, 5, 7이다.

59 $\frac{42}{2^2\times5\times x}=\frac{2\times3\times7}{2^2\times5\times x}$이므로 기약분수로 나타냈을 때, 주어진 수 중에서 분모의 소인수가 2나 5뿐인 자연수 x는 2, 3, $4(=2^2)$, 5, 7이다.

60 $\frac{9}{2^2\times5\times x}=\frac{3^2}{2^2\times5\times x}$이므로 기약분수로 나타냈을 때, 분모의 소인수가 2나 5뿐이어야 한다.

⑤ $\frac{3^2}{2^2\times5\times27}=\frac{3^2}{2^2\times5\times3^3}=\frac{1}{2^2\times5\times3}$에서 분모의 소인수가 2나 5 이외의 3이 있으므로 유한소수가 될 수 없다. 따라서 보기에서 x의 값이 될 수 없는 것은 ⑤이다.

06 순환소수로 나타낼 수 있는 분수

본문 26쪽

1 ㄱ, ㄷ, ㄹ, ㅂ
2 ㄱ, ㄴ, ㄷ, ㄹ, ㅁ
3 ㄱ, ㄴ, ㄷ, ㄹ, ㅁ, ㅂ
4 ㄱ, ㄷ, ㄹ, ㅂ
5 ㄱ, ㄷ, ㄹ, ㅂ
6 ㄱ, ㄴ, ㄷ, ㄹ, ㅁ
7 ㄱ, ㄷ, ㄹ, ㅂ
☺ 5, 순환
8 ⑤

1 $\frac{x}{6}=\frac{x}{2\times3}$이므로 순환소수가 되려면 x의 값이 3의 배수가 아니어야 한다.
따라서 보기에서 x의 값이 될 수 있는 것은 2, 4, 5, 7이다.

2 $\frac{x}{7}$가 순환소수가 되려면 x의 값이 7의 배수가 아니어야 한다.
따라서 보기에서 x의 값이 될 수 있는 것은 2, 3, 4, 5, 6이다.

3 $\frac{x}{9}=\frac{x}{3^2}$이므로 순환소수가 되려면 x의 값이 9의 배수가 아니어야 한다.
따라서 보기에서 x의 값이 될 수 있는 것은 2, 3, 4, 5, 6, 7이다.

4 $\frac{x}{12}=\frac{x}{2^2\times3}$이므로 순환소수가 되려면 x의 값이 3의 배수가 아니어야 한다.
따라서 보기에서 x의 값이 될 수 있는 것은 2, 4, 5, 7이다.

5 $\frac{x}{24}=\frac{x}{2^3\times3}$이므로 순환소수가 되려면 x의 값이 3의 배수가 아니어야 한다.
따라서 보기에서 x의 값이 될 수 있는 것은 2, 4, 5, 7이다.

6 $\frac{x}{28}=\frac{x}{2^2\times7}$이므로 순환소수가 되려면 x의 값이 7의 배수가 아니어야 한다.
따라서 보기에서 x의 값이 될 수 있는 것은 2, 3, 4, 5, 6이다.

7 $\frac{x}{30}=\frac{x}{2\times3\times5}$이므로 순환소수가 되려면 x의 값이 3의 배수가 아니어야 한다.
따라서 보기에서 x의 값이 될 수 있는 것은 2, 4, 5, 7이다.

8 ① $x=45$일 때, $\frac{15}{45}=\frac{1}{3}$이므로 순환소수이다.
② $x=65$일 때, $\frac{15}{65}=\frac{3}{13}$이므로 순환소수이다.
③ $x=85$일 때, $\frac{15}{85}=\frac{3}{17}$이므로 순환소수이다.
④ $x=105$일 때, $\frac{15}{105}=\frac{1}{7}$이므로 순환소수이다.
⑤ $x=125$일 때, $\frac{15}{125}=\frac{3}{25}=\frac{3}{5^2}$이므로 순환소수가 아니다.
따라서 x의 값이 될 수 없는 것은 ⑤이다.

TEST 1. 유리수의 소수 표현

본문 27쪽

1 $\frac{9}{4}$, -3.14
2 ③
3 8
4 ③
5 ④
6 ④

1 $\frac{12}{3}=4$, $-\frac{10}{5}=-2$

2 ① 0.707070⋯ → 70
② 1.919191⋯ → 91
④ 3.84384384384⋯ → 843
⑤ 4.963963963⋯ → 963

3 $\frac{2}{33}=0.\dot{0}\dot{6}$이므로 순환마디는 06이다. 즉 $a=2$

$1000=2\times500$이므로 소수점 아래 1000번째 자리의 숫자는 6이다. 즉 $b=6$

따라서 $a+b=2+6=8$

4 $\frac{13}{40}=\frac{13}{2^3\times5}=\frac{13\times5^2}{2^3\times5\times5^2}=\frac{325}{1000}=0.325$

이므로

$a=3$, $b=5^2$, $c=5^2$, $d=325$, $e=0.325$

따라서 옳지 않은 것은 ③이다.

5 ① $\frac{3}{24}=\frac{1}{8}=\frac{1}{2^3}$

② $\frac{132}{55}=\frac{12}{5}$

③ $\frac{9}{60}=\frac{3}{20}=\frac{3}{2^2\times5}$

④ $\frac{36}{70}=\frac{18}{35}=\frac{2\times3^2}{5\times7}$

⑤ $\frac{15}{96}=\frac{5}{32}=\frac{5}{2^5}$

따라서 유한소수로 나타낼 수 없는 것은 ④이다.

6 $\frac{a}{168}=\frac{a}{2^3\times3\times7}$이므로 a의 값은 21의 배수이어야 한다.

따라서 a의 값이 될 수 있는 자연수는 ④이다.

2 순환소수의 분수 표현

01 순환소수를 분수로 나타내는 방법 (1)

본문 30쪽

원리확인

10, 10, 10, 5, $\frac{5}{9}$

1 10, 9, 3, 9, 3

2 10, 9, 13, $\frac{13}{9}$

3 10, 9, 24, 9, 3

4 100, 99, 25, $\frac{25}{99}$

5 100, 99, 142, $\frac{142}{99}$

6 100, 99, 369, 99, 11

7 1000, 999, 413, $\frac{413}{999}$

8 1000, 999, 1125, 999, 111

9 1000, 999, 2343, 999, 333

10 (✎ 9, 4, $\frac{4}{9}$)

11 $\frac{4}{3}$

12 $\frac{34}{9}$

13 $\frac{32}{3}$

14 $\frac{37}{99}$

15 $\frac{65}{99}$

16 $\frac{139}{99}$

17 $\frac{181}{99}$

18 $\frac{230}{99}$

19 $\frac{206}{333}$

20 $\frac{476}{333}$

21 $\frac{248}{111}$

22 $\frac{1234}{9999}$

23 $\frac{910}{909}$

24

25 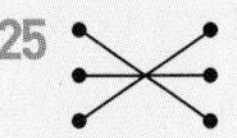

26

27

28

29 ④

1 $0.\dot{3}$을 x라 하면 $x=0.333\cdots$

$$\begin{array}{r} 10x=3.333\cdots \\ -\underline{)\quad x=0.333\cdots} \\ 9x=3 \end{array}$$

$x=\frac{3}{9}=\frac{1}{3}$

2 $1.\dot{4}$를 x라 하면 $x=1.444\cdots$

$$\begin{array}{r} 10x=14.444\cdots \\ -\underline{)\quad x=\ \ 1.444\cdots} \\ 9x=13 \end{array}$$

$x=\frac{13}{9}$

3 $2.\dot{6}$을 x라 하면 $x=2.666\cdots$

$$\begin{array}{r} 10x=26.666\cdots \\ -)\quad x=\ \ 2.666\cdots \\ \hline 9x=24 \end{array}$$

$$x=\frac{24}{9}=\frac{8}{3}$$

4 $0.\dot{2}\dot{5}$를 x라 하면 $x=0.252525\cdots$

$$\begin{array}{r} 100x=25.252525\cdots \\ -)\quad x=\ \ 0.252525\cdots \\ \hline 99x=25 \end{array}$$

$$x=\frac{25}{99}$$

5 $1.\dot{4}\dot{3}$을 x라 하면 $x=1.434343\cdots$

$$\begin{array}{r} 100x=143.434343\cdots \\ -)\quad x=\ \ 1.434343\cdots \\ \hline 99x=142 \end{array}$$

$$x=\frac{142}{99}$$

6 $3.\dot{7}\dot{2}$를 x라 하면 $x=3.727272\cdots$

$$\begin{array}{r} 100x=372.727272\cdots \\ -)\quad x=\ \ 3.727272\cdots \\ \hline 99x=369 \end{array}$$

$$x=\frac{369}{99}=\frac{41}{11}$$

7 $0.\dot{4}1\dot{3}$을 x라 하면 $x=0.413413413\cdots$

$$\begin{array}{r} 1000x=413.413413413\cdots \\ -)\quad x=\ \ 0.413413413\cdots \\ \hline 999x=413 \end{array}$$

$$x=\frac{413}{999}$$

8 $1.\dot{1}2\dot{6}$을 x라 하면 $x=1.126126126\cdots$

$$\begin{array}{r} 1000x=1126.126126126\cdots \\ -)\quad x=\ \ 1.126126126\cdots \\ \hline 999x=1125 \end{array}$$

$$x=\frac{1125}{999}=\frac{125}{111}$$

9 $2.\dot{3}4\dot{5}$를 x라 하면 $x=2.345345345\cdots$

$$\begin{array}{r} 1000x=2345.345345345\cdots \\ -)\quad x=\ \ 2.345345345\cdots \\ \hline 999x=2343 \end{array}$$

$$x=\frac{2343}{999}=\frac{781}{333}$$

11 $1.\dot{3}$을 x라 하면 $x=1.333\cdots$

$$\begin{array}{r} 10x=13.333\cdots \\ -)\quad x=\ \ 1.333\cdots \\ \hline 9x=12 \end{array}$$

$$x=\frac{12}{9}=\frac{4}{3}$$

12 $3.\dot{7}$을 x라 하면 $x=3.777\cdots$

$$\begin{array}{r} 10x=37.777\cdots \\ -)\quad x=\ \ 3.777\cdots \\ \hline 9x=34 \end{array}$$

$$x=\frac{34}{9}$$

13 $10.\dot{6}$을 x라 하면 $x=10.666\cdots$

$$\begin{array}{r} 10x=106.666\cdots \\ -)\quad x=\ \ 10.666\cdots \\ \hline 9x=96 \end{array}$$

$$x=\frac{96}{9}=\frac{32}{3}$$

14 $0.\dot{3}\dot{7}$을 x라 하면 $x=0.373737\cdots$

$$\begin{array}{r} 100x=37.373737\cdots \\ -)\quad x=\ \ 0.373737\cdots \\ \hline 99x=37 \end{array}$$

$$x=\frac{37}{99}$$

15 $0.\dot{6}\dot{5}$를 x라 하면 $x=0.656565\cdots$

$$\begin{array}{r} 100x=65.656565\cdots \\ -)\quad x=\ \ 0.656565\cdots \\ \hline 99x=65 \end{array}$$

$$x=\frac{65}{99}$$

16 $1.\dot{4}\dot{0}$을 x라 하면 $x=1.404040\cdots$

$$\begin{array}{r} 100x=140.404040\cdots \\ -)\quad x=\ \ 1.404040\cdots \\ \hline 99x=139 \end{array}$$

$$x=\frac{139}{99}$$

17 $1.\dot{8}\dot{2}$를 x라 하면 $x=1.828282\cdots$

$$\begin{array}{r} 100x=182.828282\cdots \\ -)\quad x=\ \ 1.828282\cdots \\ \hline 99x=181 \end{array}$$

$$x=\frac{181}{99}$$

18 $2.\dot{3}\dot{2}$를 x라 하면 $x=2.323232\cdots$

$$\begin{array}{rrl} & 100x= & 232.323232\cdots \\ -) & x= & 2.323232\cdots \\ \hline & 99x= & 230 \end{array}$$

$$x=\frac{230}{99}$$

19 $0.\dot{6}1\dot{8}$을 x라 하면 $x=0.618618618\cdots$

$$\begin{array}{rrl} & 1000x= & 618.618618618\cdots \\ -) & x= & 0.618618618\cdots \\ \hline & 999x= & 618 \end{array}$$

$$x=\frac{618}{999}=\frac{206}{333}$$

20 $1.\dot{4}2\dot{9}$를 x라 하면 $x=1.429429429\cdots$

$$\begin{array}{rrl} & 1000x= & 1429.429429429\cdots \\ -) & x= & 1.429429429\cdots \\ \hline & 999x= & 1428 \end{array}$$

$$x=\frac{1428}{999}=\frac{476}{333}$$

21 $2.\dot{2}3\dot{4}$를 x라 하면 $x=2.234234234\cdots$

$$\begin{array}{rrl} & 1000x= & 2234.234234234\cdots \\ -) & x= & 2.234234234\cdots \\ \hline & 999x= & 2232 \end{array}$$

$$x=\frac{2232}{999}=\frac{248}{111}$$

22 $0.\dot{1}23\dot{4}$를 x라 하면 $x=0.123412341234\cdots$

$$\begin{array}{rrl} & 10000x= & 1234.123412341234\cdots \\ -) & x= & 0.123412341234\cdots \\ \hline & 9999x= & 1234 \end{array}$$

$$x=\frac{1234}{9999}$$

23 $1.\dot{0}01\dot{1}$을 x라 하면 $x=1.001100110011\cdots$

$$\begin{array}{rrl} & 10000x= & 10011.001100110011\cdots \\ -) & x= & 1.001100110011\cdots \\ \hline & 9999x= & 10010 \end{array}$$

$$x=\frac{10010}{9999}=\frac{910}{909}$$

24 $x=0.\dot{1}5\dot{4}$에서 $1000x=154.\dot{1}5\dot{4}$이므로 필요한 식은 $1000x-x$

$x=0.\dot{8}$에서 $10x=8.\dot{8}$이므로 필요한 식은 $10x-x$

$x=9.\dot{8}\dot{5}$에서 $100x=985.\dot{8}\dot{5}$이므로 필요한 식은 $100x-x$

25 $x=0.\dot{4}68\dot{2}$에서 $10000x=4682.\dot{4}68\dot{2}$이므로 필요한 식은 $10000x-x$

$x=2.\dot{3}7\dot{6}$에서 $1000x=2376.\dot{3}7\dot{6}$이므로 필요한 식은 $1000x-x$

$x=3.\dot{1}$에서 $10x=31.\dot{1}$이므로 필요한 식은 $10x-x$

26 $x=0.\dot{7}5\dot{6}$에서 $1000x=756.\dot{7}5\dot{6}$이므로 필요한 식은 $1000x-x$

$x=3.\dot{5}79\dot{1}$에서 $10000x=35791.\dot{5}79\dot{1}$이므로 필요한 식은 $10000x-x$

$x=10.\dot{9}\dot{7}$에서 $100x=1097.\dot{9}\dot{7}$이므로 필요한 식은 $100x-x$

27 $x=0.\dot{7}\dot{1}$에서 $100x=71.\dot{7}\dot{1}$이므로 필요한 식은 $100x-x$

$x=1.\dot{0}24\dot{6}$에서 $10000x=10246.\dot{0}24\dot{6}$이므로 필요한 식은 $10000x-x$

$x=100.\dot{0}0\dot{1}$에서 $1000x=100001.\dot{0}0\dot{1}$이므로 필요한 식은 $1000x-x$

$x=393.\dot{9}$에서 $10x=3939.\dot{9}$이므로 필요한 식은 $10x-x$

28 $x=5.\dot{5}$에서 $10x=55.\dot{5}$이므로 필요한 식은 $10x-x$

$x=6.\dot{9}5\dot{4}$에서 $1000x=6954.\dot{9}5\dot{4}$이므로 필요한 식은 $1000x-x$

$x=12.\dot{3}45\dot{6}$에서 $10000x=123456.\dot{3}45\dot{6}$이므로 필요한 식은 $10000x-x$

$x=111.\dot{2}\dot{3}$에서 $100x=11123.\dot{2}\dot{3}$이므로 필요한 식은 $100x-x$

29 $x=2.\dot{3}6\dot{8}$에서 $1000x=2368.\dot{3}6\dot{8}$이므로 가장 편리한 식은 $1000x-x$

02 순환소수를 분수로 나타내는 방법 (2)

본문 34쪽

원리확인

100, 10, 100, 10, 14, 14, 7

1 100, 10, 90, 39, 90, $\frac{13}{30}$

2 100, 10, 90, 157, $\frac{157}{90}$

3 1000, 100, 900, 289, $\frac{289}{900}$

4 1000, 100, 900, 2256, 900, 75

5 1000, 10, 990, 718, 990, 495

6 1000, 10, 990, 3141, 990, 110

7 10000, 100, 9900, 12292, 9900, 2475

8 10000, 10, 9990, 1308, 9990, 1665

9 10000, 10, 9990, 12333, 9990, 3330

10 (✎ 90, 41, $\frac{41}{90}$) 11 $\frac{61}{45}$ 12 $\frac{19}{5}$

13 $\frac{308}{45}$ 14 $\frac{17}{990}$ 15 $\frac{203}{165}$ 16 $\frac{1501}{990}$

17 $\frac{767}{330}$ 18 $\frac{11}{450}$ 19 $\frac{727}{900}$ 20 $\frac{547}{450}$

21 $\frac{2749}{900}$ 22 $\frac{151}{1500}$ 23 $\frac{9041}{4950}$ 24

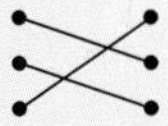

25 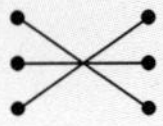 26 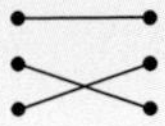 27 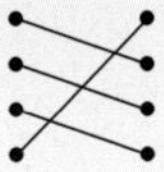 28

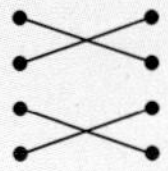

29 ④

1 $0.4\dot{3}$을 x라 하면 $x=0.4333\cdots$

$$\begin{aligned} 100x&=43.333\cdots \\ -)\ 10x&=4.333\cdots \\ \hline 90x&=39 \\ x&=\frac{39}{90}=\frac{13}{30} \end{aligned}$$

2 $1.7\dot{4}$를 x라 하면 $x=1.7444\cdots$

$$\begin{aligned} 100x&=174.444\cdots \\ -)\ 10x&=17.444\cdots \\ \hline 90x&=157 \\ x&=\frac{157}{90} \end{aligned}$$

3 $0.32\dot{1}$을 x라 하면 $x=0.32111\cdots$

$$\begin{aligned} 1000x&=321.111\cdots \\ -)\ 100x&=32.111\cdots \\ \hline 900x&=289 \\ x&=\frac{289}{900} \end{aligned}$$

4 $2.50\dot{6}$을 x라 하면 $x=2.50666\cdots$

$$\begin{aligned} 1000x&=2506.666\cdots \\ -)\ 100x&=250.666\cdots \\ \hline 900x&=2256 \\ x&=\frac{2256}{900}=\frac{188}{75} \end{aligned}$$

5 $0.7\dot{2}\dot{5}$를 x라 하면 $x=0.7252525\cdots$

$$\begin{aligned} 1000x&=725.252525\cdots \\ -)\ 10x&=7.252525\cdots \\ \hline 990x&=718 \\ x&=\frac{718}{990}=\frac{359}{495} \end{aligned}$$

6 $3.1\dot{7}\dot{2}$를 x라 하면 $x=3.1727272\cdots$

$$\begin{aligned} 1000x&=3172.7272\cdots \\ -)\ 10x&=31.7272\cdots \\ \hline 990x&=3141 \\ x&=\frac{3141}{990}=\frac{349}{110} \end{aligned}$$

7 $1.24\dot{1}\dot{6}$을 x라 하면 $x=1.24161616\cdots$

$$\begin{aligned} 10000x&=12416.161616\cdots \\ -)\ 100x&=124.161616\cdots \\ \hline 9900x&=12292 \\ x&=\frac{12292}{9900}=\frac{3073}{2475} \end{aligned}$$

8 $0.1\dot{3}0\dot{9}$를 x라 하면 $x=0.1309309309\cdots$

$$\begin{aligned} 10000x&=1309.309309309\cdots \\ -)\ 10x&=1.309309309\cdots \\ \hline 9990x&=1308 \\ x&=\frac{1308}{9990}=\frac{218}{1665} \end{aligned}$$

9 $1.2\dot{3}4\dot{5}$를 x라 하면 $x=1.2345345345\cdots$

$$\begin{array}{rl} 10000x= & 12345.345345345\cdots \\ -\underline{)\quad 10x=} & \underline{\quad 12.345345345\cdots} \\ 9990x= & 12333 \end{array}$$

$$x=\frac{12333}{9990}=\frac{4111}{3330}$$

11 $1.3\dot{5}$를 x라 하면 $x=1.3555\cdots$

$$\begin{array}{rl} 100x= & 135.555\cdots \\ -\underline{)\quad 10x=} & \underline{\quad 13.555\cdots} \\ 90x= & 122 \end{array}$$

$$x=\frac{122}{90}=\frac{61}{45}$$

12 $3.7\dot{9}$를 x라 하면 $x=3.7999\cdots$

$$\begin{array}{rl} 100x= & 379.999\cdots \\ -\underline{)\quad 10x=} & \underline{\quad 37.999\cdots} \\ 90x= & 342 \end{array}$$

$$x=\frac{342}{90}=\frac{19}{5}$$

13 $6.8\dot{4}$를 x라 하면 $x=6.8444\cdots$

$$\begin{array}{rl} 100x= & 684.444\cdots \\ -\underline{)\quad 10x=} & \underline{\quad 68.444\cdots} \\ 90x= & 616 \end{array}$$

$$x=\frac{616}{90}=\frac{308}{45}$$

14 $0.0\dot{1}\dot{7}$을 x라 하면 $x=0.0171717\cdots$

$$\begin{array}{rl} 1000x= & 17.171717\cdots \\ -\underline{)\quad 10x=} & \underline{\quad 0.171717\cdots} \\ 990x= & 17 \end{array}$$

$$x=\frac{17}{990}$$

15 $1.2\dot{3}\dot{0}$을 x라 하면 $x=1.2303030\cdots$

$$\begin{array}{rl} 1000x= & 1230.303030\cdots \\ -\underline{)\quad 10x=} & \underline{\quad 12.303030\cdots} \\ 990x= & 1218 \end{array}$$

$$x=\frac{1218}{990}=\frac{203}{165}$$

16 $1.5\dot{1}\dot{6}$을 x라 하면 $x=1.5161616\cdots$

$$\begin{array}{rl} 1000x= & 1516.161616\cdots \\ -\underline{)\quad 10x=} & \underline{\quad 15.161616\cdots} \\ 990x= & 1501 \end{array}$$

$$x=\frac{1501}{990}$$

17 $2.3\dot{2}\dot{4}$를 x라 하면 $x=2.3242424\cdots$

$$\begin{array}{rl} 1000x= & 2324.242424\cdots \\ -\underline{)\quad 10x=} & \underline{\quad 23.242424\cdots} \\ 990x= & 2301 \end{array}$$

$$x=\frac{2301}{990}=\frac{767}{330}$$

18 $0.02\dot{4}$를 x라 하면 $x=0.02444\cdots$

$$\begin{array}{rl} 1000x= & 24.444\cdots \\ -\underline{)\quad 100x=} & \underline{\quad 2.444\cdots} \\ 900x= & 22 \end{array}$$

$$x=\frac{22}{900}=\frac{11}{450}$$

19 $0.80\dot{7}$을 x라 하면 $x=0.80777\cdots$

$$\begin{array}{rl} 1000x= & 807.777\cdots \\ -\underline{)\quad 100x=} & \underline{\quad 80.777\cdots} \\ 900x= & 727 \end{array}$$

$$x=\frac{727}{900}$$

20 $1.21\dot{5}$를 x라 하면 $x=1.21555\cdots$

$$\begin{array}{rl} 1000x= & 1215.555\cdots \\ -\underline{)\quad 100x=} & \underline{\quad 121.555\cdots} \\ 900x= & 1094 \end{array}$$

$$x=\frac{1094}{900}=\frac{547}{450}$$

21 $3.05\dot{4}$를 x라 하면 $x=3.05444\cdots$

$$\begin{array}{rl} 1000x= & 3054.444\cdots \\ -\underline{)\quad 100x=} & \underline{\quad 305.444\cdots} \\ 900x= & 2749 \end{array}$$

$$x=\frac{2749}{900}$$

22 $0.100\dot{6}$을 x라 하면 $x=0.100666\cdots$

$$\begin{array}{rl} 10000x= & 1006.666\cdots \\ -\underline{)\quad 1000x=} & \underline{\quad 100.666\cdots} \\ 9000x= & 906 \end{array}$$

$$x=\frac{906}{9000}=\frac{151}{1500}$$

23 $1.82\dot{6}\dot{4}$를 x라 하면 $x=1.82646464\cdots$

$$\begin{array}{rl} 10000x= & 18264.646464\cdots \\ -\underline{)\quad 100x=} & \underline{\quad 182.646464\cdots} \\ 9900x= & 18082 \end{array}$$

$$x=\frac{18082}{9900}=\frac{9041}{4950}$$

24 $x=0.7\dot{1}\dot{3}$에서 $1000x=713.\dot{1}\dot{3}$,
$10x=7.\dot{1}\dot{3}$이므로 필요한 식은 $1000x-10x$
$x=1.78\dot{4}$에서 $1000x=1784.\dot{4}$,
$100x=178.\dot{4}$이므로 필요한 식은 $1000x-100x$
$x=6.5\dot{1}$에서 $100x=651.\dot{1}$, $10x=65.\dot{1}$이므로 필요한 식은 $100x-10x$

25 $x=0.\dot{4}73\dot{1}$에서 $10000x=4731.\dot{7}3\dot{1}$,
$10x=4.\dot{7}3\dot{1}$이므로 필요한 식은 $10000x-10x$
$x=2.32\dot{4}$에서 $1000x=2324.\dot{4}$,
$100x=232.\dot{4}$이므로 필요한 식은 $1000x-100x$
$x=3.0\dot{1}\dot{5}$에서 $1000x=3015.\dot{1}\dot{5}$,
$10x=30.\dot{1}\dot{5}$이므로 필요한 식은 $1000x-10x$

26 $x=3.2\dot{7}$에서 $100x=327.\dot{7}$,
$10x=32.\dot{7}$이므로 필요한 식은 $100x-10x$
$x=8.1\dot{5}7\dot{1}$에서 $10000x=81571.\dot{5}7\dot{1}$,
$10x=81.\dot{5}7\dot{1}$이므로 필요한 식은 $10000x-10x$
$x=2.46\dot{8}$에서 $1000x=2468.\dot{8}$,
$100x=246.\dot{8}$이므로 필요한 식은 $1000x-100x$

27 $x=0.1\dot{2}\dot{3}$에서 $1000x=123.\dot{2}\dot{3}$,
$10x=1.\dot{2}\dot{3}$이므로 필요한 식은 $1000x-10x$
$x=3.51\dot{6}$에서 $1000x=3516.\dot{6}$,
$100x=351.\dot{6}$이므로 필요한 식은 $1000x-100x$
$x=5.47\dot{3}\dot{5}$에서 $10000x=54735.\dot{3}\dot{5}$,
$100x=547.\dot{3}\dot{5}$이므로 필요한 식은 $10000x-100x$
$x=7.2\dot{3}$에서 $100x=723.\dot{3}$, $10x=72.\dot{3}$이므로 필요한 식은 $100x-10x$

28 $x=0.4\dot{6}\dot{2}$에서 $1000x=462.\dot{6}\dot{2}$,
$10x=4.\dot{6}\dot{2}$이므로 필요한 식은 $1000x-10x$
$x=1.5\dot{8}$에서 $100x=158.\dot{8}$,
$10x=15.\dot{8}$이므로 필요한 식은 $100x-10x$
$x=2.31\dot{4}\dot{1}$에서 $10000x=23141.\dot{4}\dot{1}$,
$100x=231.\dot{4}\dot{1}$이므로 필요한 식은 $10000x-100x$
$x=3.19\dot{2}$에서 $1000x=3192.\dot{2}$,
$100x=319.\dot{2}$이므로 필요한 식은 $1000x-100x$

29 ① $x=0.0\dot{9}\dot{5}$에서 $1000x=95.\dot{9}\dot{5}$,
$10x=0.\dot{9}\dot{5}$이므로 필요한 식은 $1000x-10x$
② $x=0.9\dot{7}$에서 $100x=97.\dot{7}$,
$10x=9.\dot{7}$이므로 필요한 식은 $100x-10x$
③ $x=1.3\dot{6}2\dot{1}$에서 $10000x=13621.\dot{6}2\dot{1}$,
$10x=13.\dot{6}2\dot{1}$이므로 필요한 식은 $10000x-10x$
④ $x=2.58\dot{4}$에서 $1000x=2584.\dot{4}$,
$100x=258.\dot{4}$이므로 필요한 식은 $1000x-100x$
⑤ $x=3.0\dot{1}\dot{6}$에서 $1000x=3016.\dot{1}\dot{6}$,
$10x=30.\dot{1}\dot{6}$이므로 필요한 식은 $1000x-10x$
따라서 순환소수를 분수로 나타내는 과정에서 $1000x-100x$를 이용하는 것이 가장 편리한 것은 ④이다.

03 순환소수를 분수로 나타내는 공식 (1)

본문 38쪽

원리확인

❶ $\frac{2}{9}$, 2, 9
❷ $\frac{32}{99}$, 32, 99
❸ $\frac{124}{99}$, 1, 99, $\frac{124}{99}$
❹ 999, 111, 1, 999, 999, 111

1 5, 9, 1
2 1, 9, 12, 4, 1
3 91, 99, 2
4 1, 99, $\frac{181}{99}$, 2
5 2, 99, $\frac{245}{99}$, 2
6 413, 999, 3
7 1, 999, 999, 333, 3
8 2, 999, 999, 111, 3
9 (✏5)
10 $\frac{2}{3}$
11 (✏2, 22, 9)
12 $\frac{17}{9}$
13 $\frac{11}{3}$
14 $\frac{43}{9}$
15 $\frac{95}{9}$
16 $\frac{101}{9}$
17 (✏34)
18 $\frac{5}{11}$
19 $\frac{19}{33}$
20 $\frac{8}{11}$
21 (✏1, 139, 99)
22 $\frac{20}{11}$
23 $\frac{205}{99}$
24 $\frac{230}{99}$
25 $\frac{349}{99}$
26 $\frac{272}{33}$
27 (✏621, 23, 37)
28 $\frac{28}{37}$
29 $\frac{304}{333}$
30 (✏1, 1425, 475, 333)
31 $\frac{745}{333}$
32 $\frac{3151}{999}$
33 $\frac{1142}{333}$
34 $\frac{1504}{333}$
35 $\frac{241}{37}$
36 $\frac{5678}{9999}$
37 $\frac{1000}{909}$
38 $\frac{4526}{3333}$
39 ③

10 $0.\dot{6}=\frac{6}{9}=\frac{2}{3}$

12 $1.\dot{8}=\frac{18-1}{9}=\frac{17}{9}$

13 $3.\dot{6}=\frac{36-3}{9}=\frac{33}{9}=\frac{11}{3}$

14 $4.\dot{7}=\frac{47-4}{9}=\frac{43}{9}$

15 $10.\dot{5}=\frac{105-10}{9}=\frac{95}{9}$

16 $11.\dot{2}=\frac{112-11}{9}=\frac{101}{9}$

18 $0.\dot{4}\dot{5}=\frac{45}{99}=\frac{5}{11}$

19 $0.\dot{5}\dot{7}=\frac{57}{99}=\frac{19}{33}$

20 $0.\dot{7}\dot{2}=\frac{72}{99}=\frac{8}{11}$

22 $1.\dot{8}\dot{1}=\frac{181-1}{99}=\frac{180}{99}=\frac{20}{11}$

23 $2.\dot{0}\dot{7}=\frac{207-2}{99}=\frac{205}{99}$

24 $2.\dot{3}\dot{2}=\frac{232-2}{99}=\frac{230}{99}$

25 $3.\dot{5}\dot{2}=\frac{352-3}{99}=\frac{349}{99}$

26 $8.\dot{2}\dot{4}=\frac{824-8}{99}=\frac{816}{99}=\frac{272}{33}$

28 $0.\dot{7}5\dot{6}=\frac{756}{999}=\frac{28}{37}$

29 $0.\dot{9}1\dot{2}=\frac{912}{999}=\frac{304}{333}$

31 $2.\dot{2}3\dot{7}=\frac{2237-2}{999}=\frac{2235}{999}=\frac{745}{333}$

32 $3.\dot{1}5\dot{4}=\frac{3154-3}{999}=\frac{3151}{999}$

33 $3.\dot{4}2\dot{9}=\frac{3429-3}{999}=\frac{3426}{999}=\frac{1142}{333}$

34 $4.\dot{5}1\dot{6}=\frac{4516-4}{999}=\frac{4512}{999}=\frac{1504}{333}$

35 $6.\dot{5}1\dot{3}=\frac{6513-6}{999}=\frac{6507}{999}=\frac{241}{37}$

36 $0.\dot{5}67\dot{8}=\frac{5678}{9999}$

37 $1.\dot{1}00\dot{1}=\frac{11001-1}{9999}=\frac{11000}{9999}=\frac{1000}{909}$

38 $1.\dot{3}57\dot{9}=\frac{13579-1}{9999}=\frac{13578}{9999}=\frac{4526}{3333}$

39 ③ $3.\dot{3}\dot{6}=\frac{336-3}{99}=\frac{333}{99}=\frac{37}{11}$

⑤ $2.\dot{2}1\dot{6}=\frac{2216-2}{999}=\frac{2214}{999}=\frac{82}{37}$

따라서 옳지 않은 것은 ③이다.

04 　　　　　　　　　　　　　　　　본문 42쪽

순환소수를 분수로 나타내는 공식 (2)

원리확인

❶ $\frac{67}{90}$, 7, 90, $\frac{67}{90}$　　❷ $\frac{383}{900}$, 42, 900, $\frac{383}{900}$

❸ 990, 99, 11, 990, 990, 99

1 4, 90, $\frac{43}{90}$, 1, 1　　2 10, 90, 90, 18, 1, 1

3 76, 900, 900, 180, 1, 2

4 201, 900, 900, 450, 1, 2

5 3, 990, 990, 330, 2, 1

6 32, 990, 990, 495, 2, 1

7 4, 9900, 9900, 2475, 2, 2

8 123, 9900, 9900, 550, 2, 2

9 (✎1, 13, 90)　10 $\frac{11}{30}$　11 $\frac{49}{45}$

12 $\frac{35}{18}$　13 $\frac{13}{6}$　14 $\frac{161}{45}$　15 $\frac{151}{15}$

16 $\frac{1001}{90}$　17 (✎24, 219, 73, 300)

18 $\frac{671}{900}$　19 $\frac{877}{900}$　20 $\frac{266}{225}$　21 $\frac{124}{75}$

22 $\frac{1807}{900}$　23 $\frac{571}{180}$　24 $\frac{739}{180}$

25 (✎2, 232, 116, 495)　26 $\frac{379}{495}$　27 $\frac{614}{495}$

28 $\frac{181}{110}$　29 $\frac{332}{165}$　30 $\frac{2111}{990}$　31 $\frac{3319}{990}$

32 $\frac{2879}{330}$　33 (✎11, 1157)　34 $\frac{2711}{4950}$

35 $\frac{8111}{9900}$　36 $\frac{3106}{2475}$　37 $\frac{6707}{3300}$　38 $\frac{8666}{2475}$

39 ②

10 $0.3\dot{6}=\frac{36-3}{90}=\frac{33}{90}=\frac{11}{30}$

11 $1.0\dot{8}=\frac{108-10}{90}=\frac{98}{90}=\frac{49}{45}$

12 $1.9\dot{4}=\frac{194-19}{90}=\frac{175}{90}=\frac{35}{18}$

13 $2.1\dot{6}=\frac{216-21}{90}=\frac{195}{90}=\frac{13}{6}$

14 $3.5\dot{7}=\frac{357-35}{90}=\frac{322}{90}=\frac{161}{45}$

15 $10.0\dot{6}=\frac{1006-100}{90}=\frac{906}{90}=\frac{151}{15}$

16 $11.1\dot{2}=\frac{1112-111}{90}=\frac{1001}{90}$

18 $0.74\dot{5}=\frac{745-74}{900}=\frac{671}{900}$

19 $0.97\dot{4}=\frac{974-97}{900}=\frac{877}{900}$

20 $1.18\dot{2}=\frac{1182-118}{900}=\frac{1064}{900}=\frac{266}{225}$

21 $1.65\dot{3}=\frac{1653-165}{900}=\frac{1488}{900}=\frac{124}{75}$

22 $2.00\dot{7}=\frac{2007-200}{900}=\frac{1807}{900}$

23 $3.17\dot{2}=\frac{3172-317}{900}=\frac{2855}{900}=\frac{571}{180}$

24 $4.10\dot{5}=\frac{4105-410}{900}=\frac{3695}{900}=\frac{739}{180}$

26 $0.7\dot{6}\dot{5}=\frac{765-7}{990}=\frac{758}{990}=\frac{379}{495}$

27 $1.2\dot{4}\dot{0}=\frac{1240-12}{990}=\frac{1228}{990}=\frac{614}{495}$

28 $1.6\dot{4}\dot{5}=\frac{1645-16}{990}=\frac{1629}{990}=\frac{181}{110}$

29 $2.0\dot{1}\dot{2}=\frac{2012-20}{990}=\frac{1992}{990}=\frac{332}{165}$

30 $2.1\dot{3}\dot{2}=\frac{2132-21}{990}=\frac{2111}{990}$

31 $3.3\dot{5}\dot{2}=\frac{3352-33}{990}=\frac{3319}{990}$

32 $8.7\dot{2}\dot{4}=\frac{8724-87}{990}=\frac{8637}{990}=\frac{2879}{330}$

34 $0.54\dot{7}\dot{6}=\frac{5476-54}{9900}=\frac{5422}{9900}=\frac{2711}{4950}$

35 $0.81\dot{9}\dot{2}=\frac{8192-81}{9900}=\frac{8111}{9900}$

36 $1.25\dot{4}\dot{9}=\frac{12549-125}{9900}=\frac{12424}{9900}=\frac{3106}{2475}$

37 $2.03\dot{2}\dot{4}=\frac{20324-203}{9900}=\frac{20121}{9900}=\frac{6707}{3300}$

38 $3.50\dot{1}\dot{4}=\frac{35014-350}{9900}=\frac{34664}{9900}=\frac{8666}{2475}$

39 $0.86\dot{4}=\frac{864-86}{900}=\frac{778}{900}=\frac{389}{450}$이므로
$a=450$, $b=389$
따라서 $a+b=450+389=839$

05 유리수와 소수의 관계

본문 46쪽

1 ㄷ, ㅂ, ㅅ	☺ 유리수, 순환	2 ○
3 ×	4 ×	5 ×
6 ○	7 ×	

3 순환소수는 모두 유리수이다.

5 정수가 아닌 유리수는 유한소수 또는 순환소수로 나타낼 수 있다.

7 무한소수는 순환소수와 순환하지 않는 무한소수로 나뉜다.

TEST 2. 순환소수의 분수 표현

본문 47쪽

1 ⑤	2 ④	3 ⑤
4 ④	5 15	6 ㄴ, ㄹ

1 $7.\dot{5}\dot{3}$을 x라 하면 $x=7.535353\cdots$

$$\begin{array}{rl} 100x= & 753.535353\cdots \\ -)\quad x= & 7.535353\cdots \\ \hline 99x= & 746 \end{array}$$

$$x=\frac{746}{99}$$

따라서 (가) 100, (나) 99, (다) 746, (라) 746, (마) 99

2 $x=5.29\dot{1}$에서 $1000x=5291.\dot{1}$, $100x=529.\dot{1}$이므로 필요한 식은 $1000x-100x$

3 ② $x=0.23\dot{1}\dot{5}$에서 $10000x=2315.\dot{1}\dot{5}$, $100x=23.\dot{1}\dot{5}$이므로 분수로 나타낼 때 가장 편리한 식은 $10000x-100x$

③ 순환마디의 숫자는 15이므로 2개이다.

⑤ $x=0.23151515\cdots$에서

$$\begin{array}{rl} 10000x= & 2315.151515\cdots \\ -)\quad 100x= & 23.151515\cdots \\ \hline 9900x= & 2292 \end{array}$$

$$x=\frac{2292}{9900}=\frac{191}{825}$$

따라서 옳지 않은 것은 ⑤이다.

4 ① $0.\dot{7}\dot{2}=\frac{72}{99}=\frac{8}{11}$

② $1.\dot{8}=\frac{18-1}{9}=\frac{17}{9}$

③ $0.6\dot{4}=\frac{64-6}{90}=\frac{58}{90}=\frac{29}{45}$

④ $1.\dot{3}7\dot{2}=\frac{1372-1}{999}=\frac{1371}{999}=\frac{457}{333}$

⑤ $2.0\dot{2}\dot{4}=\frac{2024-20}{990}=\frac{2004}{990}=\frac{334}{165}$

따라서 순환소수를 분수로 나타낸 것으로 옳지 않은 것은 ④이다.

5 $6.4\dot{6}=\frac{646-64}{90}=\frac{582}{90}=\frac{97}{15}$이므로 곱하여 자연수가 되도록 하는 가장 작은 a의 값은 15이다.

6 ㄴ. 순환하는 무한소수는 유리수이다.

ㄹ. 정수가 아닌 유리수는 유한소수 또는 순환소수로 나타낼 수 있다.

따라서 보기에서 옳지 않은 것은 ㄴ, ㄹ이다.

대단원 TEST I. 유리수와 순환소수

본문 48쪽

1 ①, ⑤	**2** ②	**3** ④
4 ②	**5** 3	**6** ③
7 ⑤	**8** ④	**9** ⑤
10 ⑤	**11** ①	**12** ②
13 ③	**14** 105	**15** ③

1 ① $-\frac{12}{8}=-\frac{3}{2}$

③ $\frac{6}{3}=2$

④ $\frac{9}{3}=3$

따라서 정수가 아닌 유리수는 ①, ⑤이다.

2 ① 0은 양의 유리수도 아니고 음의 유리수도 아니다.

③ 정수는 분수의 꼴로 나타낼 수 있다.

④ 양의 정수가 아닌 정수는 0 또는 음의 정수이다.

⑤ 분수의 꼴로 나타낼 수 없는 유리수는 없다.

따라서 옳은 것은 ②이다.

3 ① $\frac{3}{4}=0.75$ (유한소수)

② $\frac{5}{8}=0.625$ (유한소수)

③ $\frac{7}{20}=0.35$ (유한소수)

④ $\frac{8}{45}=0.177777\cdots$ (무한소수)

⑤ $\frac{9}{125}=0.072$ (유한소수)

4 ① 23 ③ 231 ④ 123 ⑤ 231

5 $\frac{2}{11}=0.181818\cdots$이므로 순환마디는 18, 즉 $a=2$

$\frac{5}{12}=0.416666\cdots$이므로 순환마디는 6, 즉 $b=1$

따라서 $a+b=2+1=3$

6 $\frac{7}{22}=0.3181818\cdots=0.3\dot{1}\dot{8}$

7 $\frac{2}{7}=0.\dot{2}8571\dot{4}$이므로 순환마디의 숫자의 개수는 6이다.

따라서 $50=6\times8+2$이므로 소수점 아래 50번째 자리의 숫자는 순환마디의 2번째 숫자인 8이다.

8 $\frac{9}{50}=\frac{9}{2\times5^2}=\frac{9\times2}{2\times5^2\times2}=\frac{18}{100}=0.18$

따라서 $a=2$, $b=2$, $c=18$, $d=0.18$이므로

$a+b+c+100d=2+2+18+100\times0.18=40$

9 ① $\frac{5}{6}=\frac{5}{2\times3}$ ② $\frac{7}{12}=\frac{7}{2^2\times3}$

③ $\frac{11}{14}=\frac{11}{2\times7}$ ④ $\frac{19}{24}=\frac{19}{2^3\times3}$

⑤ $\frac{28}{35}=\frac{4}{5}$

따라서 유한소수로 나타낼 수 있는 것은 ⑤이다.

10 $\frac{15}{2\times a}$가 유한소수가 되려면 a는 소인수가 2나 5뿐인 수 또는 15의 약수 또는 이들의 곱으로 이루어진 수이어야 한다.

따라서 a의 값이 될 수 있는 한 자리의 자연수의 개수는 1, 2, 3, 4, 5, 6, 8의 7이다.

11 $1000x=12345.345345\cdots$, $x=12.345354\cdots$이므로 가장 편리한 식은 ①이다.

12 ① 0은 $\frac{0}{2}$과 같이 분수로 나타낼 수 있다.
③ 유리수는 정수 또는 유한소수 또는 순환소수로 나타낼 수 있다.
④ 무한소수 중에서 순환하지 않는 무한소수는 분수로 나타낼 수 없다.
⑤ 기약분수의 분모의 소인수에 5가 없어도 유한소수로 나타낼 수 있다.
따라서 옳은 것은 ②이다.

13 ① $x=15$일 때, $\frac{15}{28}$이므로 순환소수이다.
② $x=25$일 때, $\frac{25}{28}$이므로 순환소수이다.
③ $x=35$일 때, $\frac{35}{28}=\frac{5}{4}$이므로 순환소수가 아니다.
④ $x=45$일 때, $\frac{45}{28}$이므로 순환소수이다.
⑤ $x=55$일 때, $\frac{55}{28}$이므로 순환소수이다.
따라서 x의 값이 될 수 없는 것은 ③이다.

14 두 분수가 모두 유한소수가 되려면 x는 3의 배수인 동시에 7의 배수이어야 한다.
따라서 x는 $3\times7=21$의 배수이므로 x의 값 중 가장 작은 세 자리 자연수는 105이다.

15 $\frac{4}{33}=0.121212\cdots=0.\dot{1}\dot{2}$이므로 $a=1$, $b=2$
따라서 $0.\dot{b}\dot{a}=0.\dot{2}\dot{1}=\frac{21}{99}=\frac{7}{33}$

3 단항식의 계산

01 지수법칙 – 지수의 합

본문 54쪽

원리확인

❶ 3, 2, 5, 5 ❷ 1, 4, 5, 5 ❸ 5, 4, 9

1 2, 4, 6	2 6, 5, 11	3 3, 6, 9	
4 7, 7, 12	5 3, 3, 5, 9	6 4, 1, 6, 4	
7 3, 2, 3, 2, 8, 8	8 2, 7, 5, 10	☺ m, m	
9 (✎10)	10 a^9	11 y^{15}	12 7^{11}
13 a^9	14 x^{10}	15 x^{21}	16 2^{17}
17 $2^{12}\times5^{14}$	18 x^7y^6	19 $a^{10}b^{15}$	20 $2^7\times3^{10}$
21 $a^{13}b^4$	22 $x^{11}y^5$	23 2^5+3^6	24 a^7+b^{13}
25 2 (✎2)	26 8	27 3	
28 4	29 3	30 6, 12	31 x^4y^7
32 a^6	33 b^2+b^3	34 y^7	35 3^8
☺ (풀이 참조)	36 ③	37 4	
38 3, 3 (✎3)		39 2, $2a^2$ (✎2)	
40 3, 3, $3b^3$	41 4, 7	42 4, 6, $4x^6$	43 5, 8
44 2, 6, 3, 7	☺ 3, 5, 6, a, $n+1$		45 ④

10 $a\times a^8=a^{1+8}=a^9$

11 $y^4\times y^{11}=y^{4+11}=y^{15}$

12 $7^4\times7^2\times7^5=7^{4+2+5}=7^{11}$

13 $a^2\times a^3\times a^4=a^{2+3+4}=a^9$

14 $x^3\times x^6\times x=x^{3+6+1}=x^{10}$

15 $x^2\times x^{10}\times x^9=x^{2+10+9}=x^{21}$

16 $2^3\times2^5\times2^8\times2=2^{3+5+8+1}=2^{17}$

17 $2\times2^{11}\times5^8\times5^6=2^{1+11}\times5^{8+6}=2^{12}\times5^{14}$

18 $x^2\times x^5\times y^2\times y^4=x^{2+5}\times y^{2+4}=x^7y^6$

19 $a\times b^{10}\times a^9\times b^5=a\times a^9\times b^{10}\times b^5$
$=a^{1+9}\times b^{10+5}=a^{10}b^{15}$

20 $2^2\times 2^5\times 3^5\times 3^2\times 3^3=2^{2+5}\times 3^{5+2+3}$
$=2^7\times 3^{10}$

21 $b^3\times a^7\times b\times a\times a^5=b^3\times b\times a^7\times a\times a^5$
$=b^{3+1}\times a^{7+1+5}=a^{13}b^4$

22 $x^8\times y^2\times x^2\times y^3\times x=x^8\times x^2\times x\times y^2\times y^3$
$=x^{8+2+1}\times y^{2+3}=x^{11}y^5$

23 $2^2\times 2^3+3^2\times 3^4=2^{2+3}+3^{2+4}=2^5+3^6$

24 $a^5\times a^2+b^6\times b^7=a^{5+2}+b^{6+7}=a^7+b^{13}$

26 $x^6\times x^{\square}=x^{14}$에서 $x^{6+\square}=x^{14}$
밑이 같으므로 지수끼리 비교하면
$6+\square=14$
따라서 $\square=8$

27 $a^{\square}\times a^2=a^5$에서 $a^{\square+2}=a^5$
밑이 같으므로 지수끼리 비교하면
$\square+2=5$
따라서 $\square=3$

28 $2^3\times 2^{\square}=128$에서 $2^{3+\square}=2^7$
밑이 같으므로 지수끼리 비교하면
$3+\square=7$
따라서 $\square=4$

29 $y^5\times y^{\square}\times y=y^9$에서 $y^{5+\square+1}=y^9$
밑이 같으므로 지수끼리 비교하면
$5+\square+1=9$
따라서 $\square=3$

30 $a^4\times a^{\square}\times b^7\times b^5=a^{10}b^{\square}$에서
$a^{4+\square}b^{7+5}=a^{10}b^{\square}$
$a^{4+\square}=a^{10}$에서 $\square=6$, $b^{7+5}=b^{\square}$에서 $\square=12$

32 $a^4\times a^2=a^{4+2}=a^6$

33 b^2+b^3은 더 이상 계산할 수 없다.

34 $y\times y^6=y^{1+6}=y^7$

35 $3^3\times 3^5=3^{3+5}=3^8$

36 $3^3\times 81=3^3\times 3^4=3^{3+4}=3^7=3^x$
따라서 $x=7$

41 $2^5+2^5+2^5+2^5=4\times 2^5$
$=2^2\times 2^5$
$=2^{2+5}=2^7$

45 $3^8+3^8+3^8=3\times 3^8=3^{1+8}=3^9$이므로 $a=9$
$4^4+4^4+4^4+4^4=4\times 4^4=4^{1+4}=4^5$이므로 $b=5$
따라서 $a+b=9+5=14$

02 지수법칙 – 지수의 곱

본문 58쪽

원리확인

❶ 4, 4, 4, 12 ❷ 3, 3, 3, 15 ❸ 2, 7, 14

1 3, 6　2 2, 12　3 3, 9　4 6, 30
5 8, 24　6 5, 35　☺ n, m, mn
7 12, 12, 14　8 10, 28, 10, 28, 38
9 (✎30)　10 5^{36}　11 a^{20}　12 b^{24}
13 x^8　14 y^{48}　15 10^{16}　16 a^{36}
17 (✎6, 6, 12)　18 x^{21}　19 3^{22}
20 x^{45}　21 y^{12}　22 $a^{13}b^6$　23 $x^{46}y^{24}$
24 $a^{17}b^{23}$　25 5 (✎5)　26 4　27 6
28 4　29 3　30 4　31 4
32 7　33 x^{12}　34 x^7　35 $x^{12}y^9$
36 ⑤　37 4, 2, 2　38 6, 3, 3　39 8, 4, 4
40 2, 5　41 4, 16, 8, 8
42 5, 20, 10, 10　43 3, 9, 4, 4
44 7, 35, 17, 2, 17　45 2, 12, 4, 4
46 4, 36, 12, 12　47 4, 3, $3A$
48 5, 2, $9A$　☺ m, m, m, m
49 ⑤

10 $(5^4)^9=5^{4\times9}=5^{36}$

11 $(a^{10})^2=a^{10\times2}=a^{20}$

12 $(b^3)^8=b^{3\times8}=b^{24}$

13 $(x^2)^4=x^{2\times4}=x^8$

14 $(y^8)^6=y^{8\times6}=y^{48}$

15 $(10^4)^4=10^{4\times4}=10^{16}$

16 $(a^{12})^3=a^{12\times3}=a^{36}$

18 $x\times(x^4)^5=x\times x^{20}=x^{21}$

19 $(3^2)^5\times(3^6)^2=3^{10}\times3^{12}=3^{22}$

20 $(x^5)^6\times(x^5)^3=x^{30}\times x^{15}=x^{45}$

21 $(y^2)^2\times(y^4)^2=y^4\times y^8=y^{12}$

22 $(a^2)^5\times(b^3)^2\times a^3=a^{10}\times b^6\times a^3$
$=a^{10}\times a^3\times b^6$
$=a^{13}b^6$

23 $(x^2)^3\times(y^4)^6\times(x^8)^5=x^6\times y^{24}\times x^{40}$
$=x^6\times x^{40}\times y^{24}$
$=x^{46}y^{24}$

24 $a^2\times b^2\times(a^5)^3\times(b^7)^3=a^2\times b^2\times a^{15}\times b^{21}$
$=a^2\times a^{15}\times b^2\times b^{21}$
$=a^{17}b^{23}$

26 $(x^{\square})^2=x^8$에서 $x^{\square\times2}=x^8$
밑이 같으므로 지수끼리 비교하면
$\square\times2=8$
따라서 $\square=4$

27 $(a^3)^{\square}=a^{18}$에서 $a^{3\times\square}=a^{18}$
밑이 같으므로 지수끼리 비교하면
$3\times\square=18$
따라서 $\square=6$

28 $(6^{\square})^3=6^{12}$에서 $6^{\square\times3}=6^{12}$
밑이 같으므로 지수끼리 비교하면
$\square\times3=12$
따라서 $\square=4$

29 $(2^2)^{\square}\times2^8=2^{14}$에서 $2^{2\times\square+8}=2^{14}$
밑이 같으므로 지수끼리 비교하면
$2\times\square+8=14$
따라서 $\square=3$

30 $(a^{\square})^4\times a^5=a^{21}$에서 $a^{\square\times4+5}=a^{21}$
밑이 같으므로 지수끼리 비교하면
$\square\times4+5=21$
따라서 $\square=4$

31 $(x^3)^3\times(x^2)^{\square}=x^{17}$에서 $x^9\times x^{2\times\square}=x^{17}$
$x^{9+2\times\square}=x^{17}$
밑이 같으므로 지수끼리 비교하면
$9+2\times\square=17$
따라서 $\square=4$

32 $(5^2)^6\times(5^{\square})^2=5^{26}$에서
$5^{12}\times5^{\square\times2}=5^{26}$
$5^{12+\square\times2}=5^{26}$
밑이 같으므로 지수끼리 비교하면
$12+\square\times2=26$
따라서 $\square=7$

33 $(x^4)^3=x^{4\times3}=x^{12}$

34 $(x^3)^2\times x=x^6\times x=x^{6+1}=x^7$

35 $(x^3)^4\times(y^3)^3=x^{12}\times y^9=x^{12}y^9$

36 $(x^2)^a\times(y^b)^7\times x^5\times y^{10}=x^{2a}\times y^{7b}\times x^5\times y^{10}$
$=x^{2a}\times x^5\times y^{7b}\times y^{10}$
$=x^{2a+5}y^{7b+10}$
$x^{2a+5}=x^{17}$에서 $2a+5=17$
$2a=12$이므로 $a=6$
$y^{7b+10}=y^{24}$에서 $7b+10=24$
$7b=14$이므로 $b=2$
따라서 $a+b=6+2=8$

49 $2^5=A$이므로

$128^3=(2^7)^3=2^{21}$

$=2\times(2^5)^4$

$=2A^4$

03

본문 62쪽

지수법칙 – 지수의 차

원리확인

❶ 5, 3, 2, 2 ❷ 3, 3, 1 ❸ 3, 5, 2, 2

1 4, 2	2 9, 5	3 1, 9	4 1
5 1	6 3, 12	7 1, 6	8 10, 6, 4
9 (✎4)	10 x^2	11 a^5	12 1
13 $\frac{1}{x^2}$	14 $\frac{1}{a^6}$	15 $\frac{1}{y^4}$	16 1
☺ $m, n, 1, n, m$		17 x	18 1
19 y^2	20 1	21 b^2	22 $\frac{1}{a^6}$
☺ $\frac{a}{b}, \frac{a}{b}, \frac{a}{bc}, \frac{c}{b}, b$		23 x^{11}	24 1
25 1	26 $\frac{1}{y^{22}}$	27 1	28 $\frac{1}{a^{18}}$
29 ②		30 5 (✎5)	
31 12 (✎12)		32 3	33 4
34 5	35 5	36 8	37 4
38 a^4	39 a^2	40 1	41 $\frac{a^6}{b^6}$
☺	42 ④		

10 $x^3\div x=x^{3-1}=x^2$

11 $a^{10}\div a^5=a^{10-5}=a^5$

12 $a^4\div a^4=1$

13 $x^3\div x^5=\frac{1}{x^{5-3}}=\frac{1}{x^2}$

14 $a^2\div a^8=\frac{1}{a^{8-2}}=\frac{1}{a^6}$

15 $y^4\div y^8=\frac{1}{y^{8-4}}=\frac{1}{y^4}$

16 $b^{11}\div b^{11}=1$

17 $x^9\div x^6\div x^2=x^{9-6}\div x^2=x^3\div x^2=x^{3-2}=x$

18 $a^8\div a^2\div a^6=a^{8-2}\div a^6=a^6\div a^6=1$

19 $y^7\div y^2\div y^3=y^{7-2}\div y^3=y^5\div y^3=y^{5-3}=y^2$

20 $5^8\div 5\div 5^7=5^{8-1}\div 5^7=5^7\div 5^7=1$

21 $b^4\div(b^6\div b^4)=b^4\div b^{6-4}=b^4\div b^2=b^{4-2}=b^2$

22 $a^4\div a^2\div a^8=a^{4-2}\div a^8=a^2\div a^8=\frac{1}{a^{8-2}}=\frac{1}{a^6}$

23 $(x^5)^3\div x^4=x^{15}\div x^4=x^{15-4}=x^{11}$

24 $a^{12}\div(a^6)^2=a^{12}\div a^{12}=1$

25 $(b^4)^6\div(b^2)^{12}=b^{24}\div b^{24}=1$

26 $(y^2)^3\div(y^7)^4=y^6\div y^{28}=\frac{1}{y^{28-6}}=\frac{1}{y^{22}}$

27 $(x^7)^3\div x^9\div(x^3)^4=x^{21}\div x^9\div x^{12}$

$=x^{21-9}\div x^{12}$

$=x^{12}\div x^{12}=1$

28 $(a^3)^5\div(a^4)^2\div(a^5)^5=a^{15}\div a^8\div a^{25}$

$=a^{15-8}\div a^{25}$

$=a^7\div a^{25}$

$=\frac{1}{a^{25-7}}$

$=\frac{1}{a^{18}}$

29 $x^9\div x^5\div x^2=x^{9-5}\div x^2=x^4\div x^2=x^{4-2}=x^2$

① $x^9\div(x^5\div x^2)=x^9\div x^{5-2}=x^9\div x^3=x^{9-3}=x^6$

② $x^9\div(x^5\times x^2)=x^9\div x^{5+2}=x^9\div x^7=x^{9-7}=x^2$

③ $x^9\times(x^5\div x^2)=x^9\times x^{5-2}=x^9\times x^3=x^{9+3}=x^{12}$

④ $x^5\times x^2\div x^9=x^{5+2}\div x^9=x^7\div x^9=\frac{1}{x^{9-7}}=\frac{1}{x^2}$

⑤ $x^5\times(x^2\div x^9)=x^5\times\frac{1}{x^{9-2}}=x^5\times\frac{1}{x^7}=\frac{1}{x^2}$

따라서 $x^9\div x^5\div x^2$의 계산 결과와 같은 것은 ②이다.

33 $2^8\div 2^{\square}=2^4$에서 $2^{8-\square}=2^4$

밑이 같으므로 지수끼리 비교하면

$8-\square=4$

따라서 $\square=4$

34 $a^{11}\div a^{\square}=a^6$에서 $a^{11-\square}=a^6$

밑이 같으므로 지수끼리 비교하면

$11-\square=6$

따라서 $\square=5$

35 $b^3\div b^{\square}=\frac{1}{b^2}$에서 $\frac{1}{b^{\square-3}}=\frac{1}{b^2}$

밑이 같으므로 지수끼리 비교하면

$\square-3=2$

따라서 $\square=5$

36 $x^{\square}\div x^9=\frac{1}{x}$에서 $\frac{1}{x^{9-\square}}=\frac{1}{x}$

밑이 같으므로 지수끼리 비교하면

$9-\square=1$

따라서 $\square=8$

37 $(x^{\square})^3\div x^7=x^5$에서 $x^{\square\times 3}\div x^7=x^5$

$x^{\square\times 3-7}=x^5$

밑이 같으므로 지수끼리 비교하면

$\square\times 3-7=5$

따라서 $\square=4$

38 $a^6\div a^2=a^{6-2}=a^4$

39 $a^6\div a^4=a^{6-4}=a^2$

40 $a^6\div a^6=1$

41 $a^6\div b^6=\frac{a^6}{b^6}$이므로 더 이상 간단히 할 수 없다.

42 $27^x\div 9^3=(3^3)^x\div(3^2)^3=3^{3x}\div 3^6=3^{3x-6}=3^{12}$

$3x-6=12$에서 $3x=18$

따라서 $x=6$

04 지수법칙 – 지수의 분배

본문 66쪽

원리확인

❶ 4, 4, 4, 4, 4 ❷ 3, 3, 3, 3, 3

1 4, 2	2 3	3 4, 4, 12, 20	
4 6, 2	5 5, 5, 15, 10	6 3, 3, 3, 6, 3	
7 (✎ 2, 2, 2)	8 a^5b^5	9 x^3y^{21}	
10 $16x^4y^4$	11 $9a^8b^2$	12 $64x^9$	13 $-x^{15}$
14 $25x^6$	15 a^7b^{35}	16 $x^{24}y^3$	17 a^9b^6
18 x^9y^{12}	19 $x^{48}y^{16}$	20 $125x^3y^6$	21 $16x^{12}y^8$
22 $-a^{20}b^{15}$	☺ n, n, 1, a^n, -1, $-a^n$		
23 (✎ 7, 7)	24 $\frac{b^5}{a^{10}}$	25 $\frac{y^{12}}{x^3}$	26 $\frac{a^{12}}{16}$
27 $\frac{x^6}{9}$	28 $\frac{25}{y^6}$	29 $\frac{b^{48}}{a^{30}}$	30 $\frac{y^4}{x^6}$
31 $\frac{x^{20}}{y^{12}}$	32 $\frac{16}{a^4}$	33 $-\frac{x^3y^3}{27}$	34 $\frac{8x^9}{y^3}$
35 $\frac{25a^2}{b^{12}}$	36 $\frac{x^{15}}{32y^{20}}$	37 $-\frac{a^{14}}{b^7}$	38 $-\frac{27b^{12}}{125a^9}$
39 ③	40 3	41 5	42 4
43 6	44 4, 15 (✎ 4, 15)		45 3, -8
46 3, 125	47 -2, 9	48 $27a^3$	49 $64x^3$
50 $\frac{b^2}{9}$	51 $-\frac{y^9}{27}$	52 ②	

8 $(ab)^5=a^5b^5$

9 $(xy^7)^3=x^3\times(y^7)^3=x^3y^{21}$

10 $(2xy)^4=2^4\times x^4\times y^4=16x^4y^4$

11 $(3a^4b)^2=3^2\times(a^4)^2\times b^2=9a^8b^2$

12 $(4x^3)^3=4^3\times(x^3)^3=64x^9$

13 $(-x^3)^5=(-1)^5\times(x^3)^5=-x^{15}$

14 $(-5x^3)^2=(-5)^2\times(x^3)^2=25x^6$

15 $(ab^5)^7=a^7\times(b^5)^7=a^7b^{35}$

16 $(x^8y)^3=(x^8)^3\times y^3=x^{24}y^3$

17 $(a^3b^2)^3=(a^3)^3\times(b^2)^3=a^9b^6$

18 $(x^3y^4)^3=(x^3)^3\times(y^4)^3=x^9y^{12}$

19 $(x^6y^2)^8=(x^6)^8\times(y^2)^8=x^{48}y^{16}$

20 $(5xy^2)^3=5^3\times x^3\times(y^2)^3=125x^3y^6$

21 $(-2x^3y^2)^4=(-2)^4\times(x^3)^4\times(y^2)^4=16x^{12}y^8$

22 $(-a^4b^3)^5=(-1)^5\times(a^4)^5\times(b^3)^5=-a^{20}b^{15}$

24 $\left(\frac{b}{a^2}\right)^5=\frac{b^5}{(a^2)^5}=\frac{b^5}{a^{10}}$

25 $\left(\frac{y^4}{x}\right)^3=\frac{(y^4)^3}{x^3}=\frac{y^{12}}{x^3}$

26 $\left(\frac{a^3}{2}\right)^4=\frac{(a^3)^4}{2^4}=\frac{a^{12}}{16}$

27 $\left(\frac{x^3}{3}\right)^2=\frac{(x^3)^2}{3^2}=\frac{x^6}{9}$

28 $\left(\frac{5}{y^3}\right)^2=\frac{5^2}{(y^3)^2}=\frac{25}{y^6}$

29 $\left(\frac{b^8}{a^5}\right)^6=\frac{(b^8)^6}{(a^5)^6}=\frac{b^{48}}{a^{30}}$

30 $\left(\frac{y^2}{x^3}\right)^2=\frac{(y^2)^2}{(x^3)^2}=\frac{y^4}{x^6}$

31 $\left(\frac{x^5}{y^3}\right)^4=\frac{(x^5)^4}{(y^3)^4}=\frac{x^{20}}{y^{12}}$

32 $\left(-\frac{2}{a}\right)^4=(-1)^4\times\frac{2^4}{a^4}=\frac{16}{a^4}$

33 $\left(-\frac{xy}{3}\right)^3=(-1)^3\times\frac{(xy)^3}{3^3}=-\frac{x^3y^3}{27}$

34 $\left(\frac{2x^3}{y}\right)^3=\frac{(2x^3)^3}{y^3}=\frac{8x^9}{y^3}$

35 $\left(\frac{5a}{b^6}\right)^2=\frac{(5a)^2}{(b^6)^2}=\frac{25a^2}{b^{12}}$

36 $\left(\frac{x^3}{2y^4}\right)^5=\frac{(x^3)^5}{(2y^4)^5}=\frac{x^{15}}{32y^{20}}$

37 $\left(-\frac{a^2}{b}\right)^7=(-1)^7\times\frac{(a^2)^7}{b^7}=-\frac{a^{14}}{b^7}$

38 $\left(-\frac{3b^4}{5a^3}\right)^3=(-1)^3\times\frac{(3b^4)^3}{(5a^3)^3}=-\frac{27b^{12}}{125a^9}$

39 $(-3x^ay^2)^b=(-3)^b\times(x^a)^b\times(y^2)^b$
$=(-3)^b\times x^{ab}\times y^{2b}$
$=81x^{16}y^c$

$(-3)^b=81$에서 $(-3)^b=(-3)^4$이므로 $b=4$

$x^{ab}=x^{16}$에서 $ab=16$이고 $b=4$이므로 $a=4$

$y^{2b}=y^c$에서 $2b=c$이고 $b=4$이므로 $c=8$

따라서 $a+b+c=4+4+8=16$

48 $(3a)^3=3^3\times a^3=27a^3$

49 $(4x)^3=4^3\times x^3=64x^3$

50 $\left(\frac{b}{3}\right)^2=\frac{b^2}{3^2}=\frac{b^2}{9}$

51 $\left(-\frac{y^3}{3}\right)^3=(-1)^3\times\frac{(y^3)^3}{3^3}=-\frac{y^9}{27}$

52 $\left(\frac{y^3}{2x^a}\right)^5=\frac{y^{15}}{2^5x^{5a}}=\frac{y^{15}}{32x^{5a}}=\frac{y^b}{cx^{20}}$

$5a=20$에서 $a=4$, $b=15$, $c=32$

따라서 $3a+2b-c=12+30-32=10$

05 단항식의 곱셈

본문 70쪽

원리확인

❶ x, $10xy$ ❷ a^5, $21a^8$ ❸ y^4, $-15x^4y^6$

1 $21ab$	2 $-32xy$	3 $9a^2b$
4 $-8a^2b$	5 $-2abc$	6 $30x^3y^2$
7 $-\frac{1}{3}a^2b^2$	8 $45x^3y$	9 $-4x^3y^5$
10 (✎ $5x^5y^2$)	11 $12x^3$	12 $-56a^4b$
13 $-54a^4b^5$	14 $25a^2b^5$	15 $-54a^4b^5$
16 $3x^7$	17 $11x^7y^6$	18 $-2x^{17}y^7$
19 $32a^{15}b^{25}$	20 x^5y^4	21 $8x^3y^8$
22 $-\frac{5}{32}a^5b^3$	23 $7a^5b^4$	24 $10x^{19}y^{32}$
25 $-108a^6b^2$	26 $-25a^9b^7$	27 $-8x^9y^9$
28 $-\frac{8}{3}a^5b^3$	29 $-32a^7b$	30 $\frac{9y^4}{4}$
31 $-\frac{9b}{2a}$	32 $-\frac{1}{3}x^{13}y^8$	33 $-2x^7y^{11}$
34 $-x^{19}y^{14}$	35 $10x^5y$	36 $-2x^3y^3$
37 $-3a^3b^4$	38 $-6ab^4$	39 $6a^5b^4$
40 $-20x^{10}y^{13}$	41 $-18x^6y^{14}$	42 $4a^6b^8$
43 $64xy^4$	44 $-27a^2b^4$	45 $\frac{2}{9x^4y^5}$
46 ③		

11 $\frac{1}{3}x\times(-6x)^2=\frac{1}{3}x\times 36x^2=12x^3$

12 $7ab\times(-2a)^3=7ab\times(-8a^3)=-56a^4b$

13 $2ab^2\times(-3ab)^3=2ab^2\times(-27a^3b^3)=-54a^4b^5$

14 $b^3\times(5ab)^2=b^3\times 25a^2b^2=25a^2b^5$

15 $(-3a)^3\times 2ab^5=-27a^3\times 2ab^5=-54a^4b^5$

16 $\left(-\frac{1}{2}x^3\right)^2\times 12x=\frac{1}{4}x^6\times 12x=3x^7$

17 $11x^5y^2\times(-xy^2)^2=11x^5y^2\times x^2y^4=11x^7y^6$

18 $(-x^5y^2)^3\times 2x^2y=-x^{15}y^6\times 2x^2y=-2x^{17}y^7$

19 $(2a^4b^7)^3\times 4a^3b^4=8a^{12}b^{21}\times 4a^3b^4=32a^{15}b^{25}$

20 $\left(-\frac{1}{125}x^2y\right)\times(-5xy)^3$
$=\left(-\frac{1}{125}x^2y\right)\times(-125x^3y^3)=x^5y^4$

21 $\left(-\frac{2}{3}xy\right)^3\times(-27y^5)$
$=\left(-\frac{8}{27}x^3y^3\right)\times(-27y^5)=8x^3y^8$

22 $\left(-\frac{5}{8}ab\right)^2\times\left(-\frac{2}{5}a^3b\right)$
$=\frac{25}{64}a^2b^2\times\left(-\frac{2}{5}a^3b\right)=-\frac{5}{32}a^5b^3$

23 $7(ab^2)^3\times\left(\frac{a}{b}\right)^2=7a^3b^6\times\frac{a^2}{b^2}=7a^5b^4$

24 $2(x^5y^6)^3\times 5(x^2y^7)^2=2x^{15}y^{18}\times 5x^4y^{14}=10x^{19}y^{32}$

25 $(-3a^2)^3\times(-2b)^2=-27a^6\times 4b^2=-108a^6b^2$

26 $(-ab)^5\times(5a^2b)^2=-a^5b^5\times 25a^4b^2=-25a^9b^7$

27 $(2xy^2)^3\times(-x^2y)^3=8x^3y^6\times(-x^6y^3)=-8x^9y^9$

28 $\left(-\frac{2}{3}ab\right)^3\times(-3a)^2=-\frac{8}{27}a^3b^3\times 9a^2=-\frac{8}{3}a^5b^3$

29 $(-2ab)^5\times\left(-\frac{a}{b^2}\right)^2=-32a^5b^5\times\frac{a^2}{b^4}=-32a^7b$

30 $(-6xy)^2\times\left(-\frac{y}{4x}\right)^2=36x^2y^2\times\frac{y^2}{16x^2}=\frac{9y^4}{4}$

31 $(6ab^2)^2\times\left(-\frac{1}{2ab}\right)^3=36a^2b^4\times\left(-\frac{1}{8a^3b^3}\right)$
$=-\frac{9b}{2a}$

32 $(3x^2y)^2\times\left(-\frac{1}{3}x^3y^2\right)^3=9x^4y^2\times\left(-\frac{1}{27}x^9y^6\right)$
$=-\frac{1}{3}x^{13}y^8$

33 $(4x^2y)^2\times\left(-\frac{1}{2}xy^3\right)^3=16x^4y^2\times\left(-\frac{1}{8}x^3y^9\right)$
$=-2x^7y^{11}$

34 $\left(-\frac{1}{4}x^3y^4\right)^3\times(8x^5y)^2=-\frac{1}{64}x^9y^{12}\times64x^{10}y^2$
$=-x^{19}y^{14}$

35 $5x^2\times y\times2x^3=10x^5y$

36 $3x^2\times\frac{1}{9}xy^2\times(-6y)=-2x^3y^3$

37 $\frac{2}{3}a^2b\times(-4ab^2)\times\frac{9}{8}b=-3a^3b^4$

38 $(-2ab)\times\left(-\frac{3a}{b^2}\right)\times\left(-\frac{b^5}{a}\right)=-6ab^4$

39 $2ab\times3a^2b\times(-ab)^2=2ab\times3a^2b\times a^2b^2$
$=6a^5b^4$

40 $(-xy^4)^3\times5xy\times(2x^3)^2=-x^3y^{12}\times5xy\times4x^6$
$=-20x^{10}y^{13}$

41 $18x^3y\times(-x^2y^5)^3\times\frac{1}{x^3y^2}$
$=18x^3y\times(-x^6y^{15})\times\frac{1}{x^3y^2}$
$=-18x^6y^{14}$

42 $\frac{15}{2}ab^4\times(-4ab^2)^2\times\frac{1}{30}a^3$
$=\frac{15}{2}ab^4\times16a^2b^4\times\frac{1}{30}a^3$
$=4a^6b^8$

43 $(-8xy)^2\times\left(-\frac{x}{y^2}\right)^4\times\left(\frac{y^2}{x}\right)^5$
$=64x^2y^2\times\frac{x^4}{y^8}\times\frac{y^{10}}{x^5}$
$=64xy^4$

44 $(-3ab)^3\times\left(-\frac{a}{b^4}\right)^2\times\left(\frac{b^3}{a}\right)^3$
$=-27a^3b^3\times\frac{a^2}{b^8}\times\frac{b^9}{a^3}$
$=-27a^2b^4$

45 $\left(-\frac{y}{x}\right)^5\times\left(\frac{x^2}{6y^2}\right)^2\times\left(-\frac{2}{xy^2}\right)^3$
$=-\frac{y^5}{x^5}\times\frac{x^4}{36y^4}\times\left(-\frac{8}{x^3y^6}\right)=\frac{2}{9x^4y^5}$

46 $(ax)^3\times x^2\times\left(-\frac{1}{2}x\right)^4=a^3x^3\times x^2\times\frac{1}{16}x^4$
$=\frac{a^3}{16}x^9=4x^9$

$\frac{a^3}{16}=4$에서 $a^3=64=4^3$이므로 $a=4$

$(8x^3y^2)^b\times\left(\frac{x^2}{4y}\right)^3=8^bx^{3b}y^{2b}\times\frac{x^6}{64y^3}=x^{12}y$

즉 $\frac{8^b}{64}=1$, $x^{3b}\times x^6=x^{12}$, $\frac{y^{2b}}{y^3}=y$이므로 $b=2$

따라서 $a+b=6$

06 단항식의 나눗셈

본문 74쪽

원리확인

❶ $3b$ ❷ $4a^4$, 4, a^4, $-2a^3$

❸ $\frac{5}{8}$, x^5, $\frac{45}{x^3}$ ❹ $12a^{10}b$, $\frac{5}{12}$, $a^{10}b$, $\frac{20b}{a^8}$

❺ $2x^2y$, -4, x^2y, $-6y^2$

1 $3y$ 2 $-\frac{a}{3}$ 3 $2a^4$ 4 $-2z$

5 $14x^2y^2$ 6 $-\frac{5a^3}{b^4}$ 7 $3x^2$ 8 $5a^3b^4$

9 $-2x^4$ 10 $\frac{3}{8}x$ 11 $-\frac{9}{64a^3}$ 12 $\frac{5a^3b}{6}$

13 $\frac{4x^2y^2}{5}$ 14 (✎ 9, 4, 6, $9x^4y^6$, $\frac{x^7y}{9}$)

15 $2a^7b^5$ 16 $\frac{4}{3}x^4$ 17 $-8a^5b^4$ 18 $-8x^{11}y^{13}$

19 $-\frac{a^4}{16b}$ 20 $20a^7b^2$ 21 $\frac{4}{75b^2}$ 22 $-\frac{25}{2}xy^4$

23 $\frac{1}{18a}$ 24 $-125x^{12}$ 25 $\frac{16a^4}{b^2}$

26 (✎ x^3y^3, $5y^2$, 5, x^3y^3, $25x^2y^{12}$)

27 $-9a^4b^2$ 28 $4a^2$ 29 $-35x^2y^2$ 30 $40x^4y^6$

31 $56y^5$ 32 $-8x^2$ 33 $-6x^5y^{15}$ 34 $\frac{1}{32a^8b^{11}}$

35 $12x^3y^3$ 36 $-\frac{160y^{11}}{x^2}$ 37 ③, ⑤

1 $21xy \div 7x = \frac{21xy}{7x} = 3y$

2 $9a^2 \div (-27a) = -\frac{9a^2}{27a} = -\frac{a}{3}$

3 $(-16a^9) \div (-8a^5) = \frac{-16a^9}{-8a^5} = 2a^4$

4 $(-10xyz) \div 5xy = \frac{-10xyz}{5xy} = -2z$

5 $56x^3y^5 \div 4xy^3 = \frac{56x^3y^5}{4xy^3} = 14x^2y^2$

6 $40a^4b^4 \div (-8ab^8) = \frac{40a^4b^4}{-8ab^8} = -\frac{5a^3}{b^4}$

7 $x^3 \div \frac{x}{3} = x^3 \times \frac{3}{x} = 3x^2$

8 $a^3b^8 \div \frac{b^4}{5} = a^3b^8 \times \frac{5}{b^4} = 5a^3b^4$

9 $7x^5 \div \left(-\frac{7}{2}x\right) = 7x^5 \times \left(-\frac{2}{7x}\right) = -2x^4$

10 $\frac{1}{3}x^2 \div \frac{8}{9}x = \frac{1}{3}x^2 \times \frac{9}{8x} = \frac{3}{8}x$

11 $\left(-\frac{3}{8}a^3\right) \div \frac{8}{3}a^6 = \left(-\frac{3}{8}a^3\right) \times \frac{3}{8a^6} = -\frac{9}{64a^3}$

12 $\frac{2}{9}a^4b^2 \div \frac{4}{15}ab = \frac{2}{9}a^4b^2 \times \frac{15}{4ab} = \frac{5a^3b}{6}$

13 $(-5x^{10}y^3) \div \left(-\frac{25}{4}x^8y\right) = (-5x^{10}y^3) \times \left(-\frac{4}{25x^8y}\right)$
$= \frac{4x^2y^2}{5}$

15 $8a^9b^9 \div (-2ab^2)^2 = 8a^9b^9 \div 4a^2b^4$
$= \frac{8a^9b^9}{4a^2b^4} = 2a^7b^5$

16 $(4x^2y^3)^2 \div 12y^6 = 16x^4y^6 \div 12y^6$
$= \frac{16x^4y^6}{12y^6} = \frac{4}{3}x^4$

17 $(-2a^3b^4)^3 \div (ab^2)^4 = -8a^9b^{12} \div a^4b^8$
$= \frac{-8a^9b^{12}}{a^4b^8} = -8a^5b^4$

18 $-8(x^3y^5)^5 \div (-xy^3)^4 = -8x^{15}y^{25} \div x^4y^{12}$
$= \frac{-8x^{15}y^{25}}{x^4y^{12}}$
$= -8x^{11}y^{13}$

19 $(-a^2b)^3 \div (-4ab^2)^2 = -a^6b^3 \div 16a^2b^4$
$= \frac{-a^6b^3}{16a^2b^4} = -\frac{a^4}{16b}$

20 $5a^9b^2 \div \left(-\frac{1}{2}a\right)^2 = 5a^9b^2 \div \frac{1}{4}a^2$
$= 5a^9b^2 \times \frac{4}{a^2} = 20a^7b^2$

21 $\frac{1}{12}a^6 \div \left(\frac{5}{4}a^3b\right)^2 = \frac{1}{12}a^6 \div \frac{25}{16}a^6b^2$
$= \frac{1}{12}a^6 \times \frac{16}{25a^6b^2} = \frac{4}{75b^2}$

22 $(-18x^3) \div \left(\frac{6x}{5y^2}\right)^2 = (-18x^3) \div \frac{36x^2}{25y^4}$
$= (-18x^3) \times \frac{25y^4}{36x^2}$
$= -\frac{25}{2}xy^4$

23 $\left(-\frac{2}{9}a^3b\right)^2 \div \frac{8}{9}a^7b^2 = \frac{4}{81}a^6b^2 \div \frac{8}{9}a^7b^2$
$= \frac{4}{81}a^6b^2 \times \frac{9}{8a^7b^2}$
$= \frac{1}{18a}$

24 $(-5xy)^3 \div \left(\frac{y}{x^3}\right)^3 = -125x^3y^3 \div \frac{y^3}{x^9}$
$= -125x^3y^3 \times \frac{x^9}{y^3}$
$= -125x^{12}$

25 $(6a^2b)^2 \div \left(-\frac{3}{2}b^2\right)^2 = 36a^4b^2 \div \frac{9}{4}b^4$
$= 36a^4b^2 \times \frac{4}{9b^4}$
$= \frac{16a^4}{b^2}$

27 $27a^8b^3 \div (-3a^4) \div b$
$= 27a^8b^3 \times \left(-\frac{1}{3a^4}\right) \times \frac{1}{b}$
$= 27 \times \left(-\frac{1}{3}\right) \times a^8b^3 \times \frac{1}{a^4} \times \frac{1}{b}$
$= -9a^4b^2$

28 $16a^5 \div a \div 4a^2$

$= 16a^5 \times \frac{1}{a} \times \frac{1}{4a^2}$

$= 16 \times \frac{1}{4} \times a^5 \times \frac{1}{a} \times \frac{1}{a^2}$

$= 4a^2$

29 $49x^2y \div 7x \div \left(-\frac{1}{5xy}\right)$

$= 49x^2y \times \frac{1}{7x} \times (-5xy)$

$= 49 \times \frac{1}{7} \times (-5) \times x^2y \times \frac{1}{x} \times xy$

$= -35x^2y^2$

30 $(-64x^{11}y^{15}) \div (-x^3y^8) \div \frac{8}{5}x^4y$

$= (-64x^{11}y^{15}) \times \left(-\frac{1}{x^3y^8}\right) \times \frac{5}{8x^4y}$

$= -64 \times (-1) \times \frac{5}{8} \times x^{11}y^{15} \times \frac{1}{x^3y^8} \times \frac{1}{x^4y}$

$= 40x^4y^6$

31 $256x^2y^{10} \div \frac{8}{7}x \div 4xy^5$

$= 256x^2y^{10} \times \frac{7}{8x} \times \frac{1}{4xy^5}$

$= 256 \times \frac{7}{8} \times \frac{1}{4} \times x^2y^{10} \times \frac{1}{x} \times \frac{1}{xy^5}$

$= 56y^5$

32 $32x^{13} \div (-x^5) \div (-2x^3)^2$

$= 32x^{13} \div (-x^5) \div 4x^6$

$= 32x^{13} \times \left(-\frac{1}{x^5}\right) \times \frac{1}{4x^6}$

$= 32 \times (-1) \times \frac{1}{4} \times x^{13} \times \frac{1}{x^5} \times \frac{1}{x^6}$

$= -8x^2$

33 $(-2x^3y^7)^3 \div \frac{7}{6}y \div \frac{8}{7}x^4y^5$

$= (-8x^9y^{21}) \times \frac{6}{7y} \times \frac{7}{8x^4y^5}$

$= (-8) \times \frac{6}{7} \times \frac{7}{8} \times x^9y^{21} \times \frac{1}{y} \times \frac{1}{x^4y^5}$

$= -6x^5y^{15}$

34 $(-a)^8 \div (2a^5b)^3 \div 4ab^8$

$= a^8 \div 8a^{15}b^3 \div 4ab^8$

$= a^8 \times \frac{1}{8a^{15}b^3} \times \frac{1}{4ab^8}$

$= \frac{1}{8} \times \frac{1}{4} \times a^8 \times \frac{1}{a^{15}b^3} \times \frac{1}{ab^8}$

$= \frac{1}{32a^8b^{11}}$

35 $(3x^2y^3)^2 \div 12y^3 \div \frac{1}{16}x$

$= 9x^4y^6 \div 12y^3 \div \frac{1}{16}x$

$= 9x^4y^6 \times \frac{1}{12y^3} \times \frac{16}{x}$

$= 9 \times \frac{1}{12} \times 16 \times x^4y^6 \times \frac{1}{y^3} \times \frac{1}{x}$

$= 12x^3y^3$

36 $4x^{10}y^{10} \div \frac{y^2}{5x^3} \div \left(-\frac{x^5}{2y}\right)^3$

$= 4x^{10}y^{10} \div \frac{y^2}{5x^3} \div \left(-\frac{x^{15}}{8y^3}\right)$

$= 4x^{10}y^{10} \times \frac{5x^3}{y^2} \times \left(-\frac{8y^3}{x^{15}}\right)$

$= 4 \times 5 \times (-8) \times x^{10}y^{10} \times \frac{x^3}{y^2} \times \frac{y^3}{x^{15}}$

$= -\frac{160y^{11}}{x^2}$

37 ① $18x^5y^2 \div x^3 = \frac{18x^5y^2}{x^3} = 18x^2y^2$

② $\frac{7}{5}y \div \frac{14}{5}y^3 = \frac{7y}{5} \times \frac{5}{14y^3} = \frac{1}{2y^2}$

③ $24x^4y^5 \div \left(-\frac{8}{3}x^3y\right) = 24x^4y^5 \times \left(-\frac{3}{8x^3y}\right)$

$= 24 \times \left(-\frac{3}{8}\right) \times x^4y^5 \times \frac{1}{x^3y}$

$= -9xy^4$

④ $(-a^2b)^3 \div 3ab = -a^6b^3 \div 3ab$

$= -\frac{a^6b^3}{3ab} = -\frac{a^5b^2}{3}$

⑤ $8x^{11}y^4 \div (2x)^2 \div (-y)^4$

$= 8x^{11}y^4 \div 4x^2 \div y^4$

$= 8x^{11}y^4 \times \frac{1}{4x^2} \times \frac{1}{y^4}$

$= 8 \times \frac{1}{4} \times x^{11}y^4 \times \frac{1}{x^2} \times \frac{1}{y^4}$

$= 2x^9$

따라서 옳지 않은 것은 ③, ⑤이다.

07 단항식의 곱셈과 나눗셈의 혼합 계산

본문 78쪽

원리확인

❶ $6x^2$, 6, x^2, $2x^7$

❷ $8x^{15}y^3$, $-\frac{3}{8x^6}$, $8x^{15}y^3$, $-\frac{3}{8}$, $\frac{1}{x^6}$, $x^{15}y^3$, $-3x^9y^6$

1 $20x^3$ 2 $-\frac{9}{2}x^4$ 3 $2ab^2$ 4 $54b^3$

5 $-\frac{2}{3}x^2$ 6 $-\frac{2}{3}x^4y^4$ 7 $-\frac{4}{x^3}$ 8 $\frac{1}{13}x^{20}y^{20}$

9 $-16a^4$ 10 $-18x^7$ 11 a 12 $\frac{5}{3}x^2$

13 $\frac{3y^2}{x}$ 14 $\frac{3}{2}a^4b^{12}$ 15 $-\frac{4x}{y^2}$ 16 $\frac{8y^{11}}{x^5}$

17 $\frac{144a}{b^2}$ ☺ $\frac{a}{b}$, $\frac{ac}{b}$, bc, $\frac{a}{bc}$, $\neq$, ①

18 ⑤

1 $5x^4\times4x\div x^2$
$=5x^4\times4x\times\frac{1}{x^2}$
$=(5\times4)\times\left(x^4\times x\times\frac{1}{x^2}\right)$
$=20x^3$

2 $-9x\times5x^3y\div10y$
$=-9x\times5x^3y\times\frac{1}{10y}$
$=(-9)\times5\times\frac{1}{10}\times x\times x^3y\times\frac{1}{y}$
$=-\frac{9}{2}x^4$

3 $4a^2b\times(-3b^2)\div(-6ab)$
$=4a^2b\times(-3b^2)\times\left(-\frac{1}{6ab}\right)$
$=4\times(-3)\times\left(-\frac{1}{6}\right)\times a^2b\times b^2\times\frac{1}{ab}$
$=2ab^2$

4 $81a^4b^3\div3a^5b\times2ab$
$=81a^4b^3\times\frac{1}{3a^5b}\times2ab$
$=81\times\frac{1}{3}\times2\times a^4b^3\times\frac{1}{a^5b}\times ab$
$=54b^3$

5 $8x\div(-3y)\times\frac{1}{4}xy$
$=8x\times\left(-\frac{1}{3y}\right)\times\frac{1}{4}xy$
$=8\times\left(-\frac{1}{3}\right)\times\frac{1}{4}\times x\times\frac{1}{y}\times xy$
$=-\frac{2}{3}x^2$

6 $-\frac{16}{3}xy^5\div2y\times\frac{1}{4}x^3$
$=-\frac{16}{3}xy^5\times\frac{1}{2y}\times\frac{1}{4}x^3$
$=\left(-\frac{16}{3}\right)\times\frac{1}{2}\times\frac{1}{4}\times xy^5\times\frac{1}{y}\times x^3$
$=-\frac{2}{3}x^4y^4$

7 $\frac{1}{5}x^2\div\left(-\frac{1}{2}x^6\right)\times10x$
$=\frac{1}{5}x^2\times\left(-\frac{2}{x^6}\right)\times10x$
$=\frac{1}{5}\times(-2)\times10\times x^2\times\frac{1}{x^6}\times x$
$=-\frac{4}{x^3}$

8 $(x^6)^4\times(y^3)^8\div13x^4y^4$
$=x^{24}\times y^{24}\div13x^4y^4$
$=x^{24}\times y^{24}\times\frac{1}{13x^4y^4}$
$=\frac{1}{13}x^{20}y^{20}$

9 $64a^6\div(-2a)^3\times2a$
$=64a^6\div(-8a^3)\times2a$
$=64a^6\times\left(-\frac{1}{8a^3}\right)\times2a$
$=64\times\left(-\frac{1}{8}\right)\times2\times a^6\times\frac{1}{a^3}\times a$
$=-16a^4$

10 $(-9x^4)^2\times6x^5y^3\div(-3x^2y)^3$
$=81x^8\times6x^5y^3\div(-27x^6y^3)$
$=81x^8\times6x^5y^3\times\left(-\frac{1}{27x^6y^3}\right)$
$=81\times6\times\left(-\frac{1}{27}\right)\times x^8\times x^5y^3\times\frac{1}{x^6y^3}$
$=-18x^7$

11 $(-7a^2b^8)^2\times\left(\frac{a}{b^3}\right)^5\div 49a^8b$

$=49a^4b^{16}\times\frac{a^5}{b^{15}}\times\frac{1}{49a^8b}$

$=49\times\frac{1}{49}\times a^4b^{16}\times\frac{a^5}{b^{15}}\times\frac{1}{a^8b}$

$=a$

12 $25xy\div(-3xy)^2\times\frac{3}{5}x^3y$

$=25xy\div 9x^2y^2\times\frac{3}{5}x^3y$

$=25xy\times\frac{1}{9x^2y^2}\times\frac{3}{5}x^3y$

$=25\times\frac{1}{9}\times\frac{3}{5}\times xy\times\frac{1}{x^2y^2}\times x^3y$

$=\frac{5}{3}x^2$

13 $12x^2y^2\div 36x^3y^2\times(-3y)^2$

$=12x^2y^2\div 36x^3y^2\times 9y^2$

$=12x^2y^2\times\frac{1}{36x^3y^2}\times 9y^2$

$=12\times\frac{1}{36}\times 9\times x^2y^2\times\frac{1}{x^3y^2}\times y^2$

$=\frac{3y^2}{x}$

14 $(ab^3)^3\times\frac{a^5b^4}{10}\div\left(\frac{1}{15}a^4b\right)$

$=a^3b^9\times\frac{a^5b^4}{10}\times\frac{15}{a^4b}$

$=\frac{1}{10}\times 15\times a^3b^9\times a^5b^4\times\frac{1}{a^4b}$

$=\frac{3}{2}a^4b^{12}$

15 $\left(-\frac{1}{2}x\right)^2\times 18y\div\left(-\frac{9}{8}xy^3\right)$

$=\frac{1}{4}x^2\times 18y\times\left(-\frac{8}{9xy^3}\right)$

$=\frac{1}{4}\times 18\times\left(-\frac{8}{9}\right)\times x^2\times y\times\frac{1}{xy^3}=-\frac{4x}{y^2}$

16 $(2xy)^4\div(-x^5y^2)^2\times\frac{1}{2}xy^{11}$

$=16x^4y^4\div x^{10}y^4\times\frac{1}{2}xy^{11}$

$=16x^4y^4\times\frac{1}{x^{10}y^4}\times\frac{1}{2}xy^{11}$

$=16\times\frac{1}{2}\times x^4y^4\times\frac{1}{x^{10}y^4}\times xy^{11}=\frac{8y^{11}}{x^5}$

17 $(-6ab)^2\times a^5\div\left(-\frac{1}{2}a^3b^2\right)^2$

$=36a^2b^2\times a^5\div\frac{1}{4}a^6b^4$

$=36a^2b^2\times a^5\times\frac{4}{a^6b^4}$

$=36\times 4\times a^2b^2\times a^5\times\frac{1}{a^6b^4}=\frac{144a}{b^2}$

18 $(-6xy)\div 24x^{12}y^3\times(2x^2y^4)^3$

$=(-6xy)\div 24x^{12}y^3\times 8x^6y^{12}$

$=-6xy\times\frac{1}{24x^{12}y^3}\times 8x^6y^{12}$

$=(-6)\times\frac{1}{24}\times 8\times xy\times\frac{1}{x^{12}y^3}\times x^6y^{12}$

$=\frac{-2y^{10}}{x^5}=\frac{by^c}{x^a}$

따라서 $a=5$, $b=-2$, $c=10$이므로

$a+b+c=13$

08 ☐ 안에 알맞은 식

본문 80쪽

원리확인

❶ $-7x^3$ ❷ $4x^5y^4$ ❸ $5x^2y^5$ ❹ $\frac{3y^5}{x^6}$ ❺ $3x^4y^2$

1 $\frac{1}{4}x^3$ 2 $-\frac{1}{2y^2}$ 3 $\frac{1}{25xy^5}$ 4 $\frac{24a^6}{b^3}$

5 $-7a^3b^5$ 6 $\frac{2a^6}{b^2}$ 7 $\frac{32y^3}{x}$ 8 $\frac{2}{b}$

9 $-\frac{14x^3}{y^7}$ 10 $\frac{2y^5}{x^7}$ 11 $\frac{x^5}{5y^3}$ 12 ②

1 $(-48x^5)\times\square=-12x^8$에서

$\square=-12x^8\div(-48x^5)$

$=\frac{-12x^8}{-48x^5}=\frac{1}{4}x^3$

2 $\square\times 12xy^3=-6xy$에서

$\square=-6xy\div 12xy^3$

$=\frac{-6xy}{12xy^3}=-\frac{1}{2y^2}$

3 $35x^3y^4\times\square=\frac{7x^2}{5y}$에서

$\square=\frac{7x^2}{5y}\div 35x^3y^4=\frac{7x^2}{5y}\times\frac{1}{35x^3y^4}=\frac{1}{25xy^5}$

4 $60a^{10}\div\square=\frac{5}{2}a^4b^3$에서

$60a^{10}\times\frac{1}{\square}=\frac{5}{2}a^4b^3$

$60a^{10}=\frac{5}{2}a^4b^3\times\square$

따라서 $\square=60a^{10}\div\frac{5}{2}a^4b^3=60a^{10}\times\frac{2}{5a^4b^3}=\frac{24a^6}{b^3}$

5 $\square\div(-14a^2b)=\frac{1}{2}ab^4$에서

$\square=\frac{1}{2}ab^4\times(-14a^2b)=-7a^3b^5$

6 $(2a^5b^2)^3\div\square=4a^9b^8$에서

$8a^{15}b^6\div\square=4a^9b^8$

$8a^{15}b^6\times\frac{1}{\square}=4a^9b^8$

$8a^{15}b^6=4a^9b^8\times\square$

따라서 $\square=8a^{15}b^6\div 4a^9b^8=\frac{8a^{15}b^6}{4a^9b^8}=\frac{2a^6}{b^2}$

7 $25x^3\times\square\div 8xy=100xy^2$에서

$25x^3\times\square\times\frac{1}{8xy}=100xy^2$

$\square\times\frac{25x^2}{8y}=100xy^2$

따라서 $\square=100xy^2\div\frac{25x^2}{8y}=100xy^2\times\frac{8y}{25x^2}=\frac{32y^3}{x}$

8 $3a^3b\times\square\div(-6ab)^2=\frac{a}{6b^2}$에서

$3a^3b\times\square\div 36a^2b^2=\frac{a}{6b^2}$

$3a^3b\times\square\times\frac{1}{36a^2b^2}=\frac{a}{6b^2}$

$\frac{a}{12b}\times\square=\frac{a}{6b^2}$

따라서 $\square=\frac{a}{6b^2}\div\frac{a}{12b}=\frac{a}{6b^2}\times\frac{12b}{a}=\frac{2}{b}$

9 $84x^7y^3\div\square\times(-2xy)=12x^5y^{11}$에서

$84x^7y^3\times\frac{1}{\square}\times(-2xy)=12x^5y^{11}$

$(-168x^8y^4)\times\frac{1}{\square}=12x^5y^{11}$

$-168x^8y^4=12x^5y^{11}\times\square$

따라서

$\square=-168x^8y^4\div 12x^5y^{11}=-\frac{168x^8y^4}{12x^5y^{11}}=-\frac{14x^3}{y^7}$

10 $(2x^3y)^2\div\square\times 7x^2y^8=14x^{15}y^5$에서

$4x^6y^2\times\frac{1}{\square}\times 7x^2y^8=14x^{15}y^5$

$28x^8y^{10}\times\frac{1}{\square}=14x^{15}y^5$

$28x^8y^{10}=14x^{15}y^5\times\square$

따라서 $\square=28x^8y^{10}\div 14x^{15}y^5=\frac{28x^8y^{10}}{14x^{15}y^5}=\frac{2y^5}{x^7}$

11 $(x^7)^3\div\square\div x^{10}=5x^6y^3$에서

$x^{21}\div\square\div x^{10}=5x^6y^3$

$x^{21}\times\frac{1}{\square}\times\frac{1}{x^{10}}=5x^6y^3$

$x^{11}\times\frac{1}{\square}=5x^6y^3$

$x^{11}=5x^6y^3\times\square$

따라서 $\square=x^{11}\div 5x^6y^3=\frac{x^{11}}{5x^6y^3}=\frac{x^5}{5y^3}$

12 $96xy^2\div 6x^2y\times$ ㉠ $=-4x^2y^2$에서

$96xy^2\times\frac{1}{6x^2y}\times$ ㉠ $=-4x^2y^2$

$\frac{16y}{x}\times$ ㉠ $=-4x^2y^2$이므로

㉠ $=-4x^2y^2\div\frac{16y}{x}=-4x^2y^2\times\frac{x}{16y}=-\frac{x^3y}{4}$

$(-2x^3)^3\times(-xy^2)^2\div$ ㉡ $=-x^7y^3$에서

$-8x^9\times x^2y^4\div$ ㉡ $=-x^7y^3$

$-8x^{11}y^4\times\frac{1}{㉡}=-x^7y^3$

$-8x^{11}y^4=-x^7y^3\times$ ㉡이므로

㉡ $=(-8x^{11}y^4)\div(-x^7y^3)=8x^4y$

따라서 ㉠ $\times$ ㉡ $=-\frac{x^3y}{4}\times 8x^4y=-2x^7y^2$

09 도형에 활용

본문 82쪽

1 $30x^4y^3$　2 $30a^4b^6$　3 $72\pi x^5y^3$
4 $14x^6y^3$　5 ②

1 $(넓이)=\frac{1}{2}\times 6x^3y^2\times 10xy$
$=\frac{1}{2}\times 6\times 10\times x^3y^2\times xy=30x^4y^3$

2 $(넓이)=5a^3b^4\times 6ab^2=30a^4b^6$

3 $(부피)=\pi(3x^2)^2\times 8xy^3=9\pi x^4\times 8xy^3$
$=9\times 8\times \pi x^4\times xy^3=72\pi x^5y^3$

4 $(부피)=\frac{1}{3}\times(2x^2\times 3xy)\times 7x^3y^2$
$=\frac{1}{3}\times 6x^3y\times 7x^3y^2=\frac{1}{3}\times 6\times 7\times x^3y\times x^3y^2$
$=14x^6y^3$

5 $12ab^2\times 3a^3b\times(높이)=180a^5b^4$에서
$36a^4b^3\times(높이)=180a^5b^4$
따라서
$(높이)=180a^5b^4\div 36a^4b^3=\frac{180a^5b^4}{36a^4b^3}=5ab$

TEST 3. 단항식의 계산

본문 83쪽

1 ①　2 20　3 ③
4 ②　5 ②　6 $15a^2b^6$

1 ① $a^{\square}\times a^3=a^8$에서 $a^{\square+3}=a^8$
$\square+3=8$이므로 $\square=5$
② $a^3\times b^5\times a\times b^2=a^4b^7$이므로 $\square=4$
③ $x\times x\times x\times y\times y=x^3y^2$이므로 $\square=3$
④ $x\times x^{\square}\times x^3\times x^5=x^{13}$에서 $x^{1+\square+3+5}=x^{13}$
$x^{\square+9}=x^{13}$
즉 $\square+9=13$이므로 $\square=4$
⑤ $x^3\times y^2\times x^{\square}\times y=x^5y^3$에서 $x^{3+\square}\times y^3=x^5y^3$
$3+\square=5$이므로 $\square=2$
따라서 □ 안에 알맞은 수가 가장 큰 것은 ①이다.

2 (가) $2^2+2^2+2^2+2^2=4\times 2^2=2^2\times 2^2=2^4$
$2^4=2^a$이므로 $a=4$
(나) $2^2\times 2^2\times 2^2\times 2^2=2^{2+2+2+2}=2^8$
$2^8=2^b$이므로 $b=8$
(다) $\{(2^2)^2\}^2=(2^4)^2=2^8$
$2^8=2^c$이므로 $c=8$
따라서 $a+b+c=4+8+8=20$

3 ① $(a^5)^3\div a^{12}=a^{15}\div a^{12}=a^3$
② $a\times a^{10}\div a^8=a^{11}\div a^8=a^3$
③ $a^{10}\div a^8\div a=a^2\div a=a$
④ $(a^3)^8\div(a^6)^2\div a^9=a^{24}\div a^{12}\div a^9=a^{24-12-9}=a^3$
⑤ $(a^2)^4\div(a^5)^3\times a^{10}=a^8\div a^{15}\times a^{10}=\frac{1}{a^7}\times a^{10}=a^3$
따라서 식을 간단히 한 결과가 나머지 넷과 다른 하나는 ③이다.

4 $(-3x^5y^a)^2\times(-x^3y^3)^b=9x^{10}y^{2a}\times(-1)^bx^{3b}y^{3b}$
$=9\times(-1)^b\times x^{10+3b}y^{2a+3b}$
$=cx^{13}y^{13}$
즉 $9\times(-1)^b=c$, $10+3b=13$, $2a+3b=13$이므로
$b=1$, $a=5$, $c=-9$
따라서 $a+b+c=5+1+(-9)=-3$

5 $(-28x^2y)\div 7xy^2\times(-2xy)^2$
$=(-28x^2y)\times\frac{1}{7xy^2}\times 4x^2y^2$
$=-28\times\frac{1}{7}\times 4\times x^2y\times\frac{1}{xy^2}\times x^2y^2$
$=-16x^3y$

6 $\frac{1}{3}\times\pi(2a^2b)^2\times(높이)=20\pi a^6b^8$
$\frac{1}{3}\times 4a^4b^2\pi\times(높이)=20\pi a^6b^8$
$\frac{4}{3}a^4b^2\pi\times(높이)=20\pi a^6b^8$
따라서
$(높이)=20\pi a^6b^8\div\frac{4}{3}a^4b^2\pi$
$=20\pi a^6b^8\times\frac{3}{4a^4b^2\pi}$
$=15a^2b^6$

4 다항식의 계산

01 다항식의 덧셈과 뺄셈

본문 86쪽

원리확인

❶ $4x$, 7, 2 ❷ $4b$, $3a$, $4b$, $8a+b$

❸ $8y$, $3y$, $6x$, $3y$, $-4x+5y$

1 $13x-7y$	2 $x+y$	3 $a-5b$
4 $7a+2b$	5 $2a-7b$	6 $17x-11y$
7 $11x+7y$	8 $-13a+2b$	9 $4a+3b$
10 $9x-3y$	11 $-7x+15y$	12 $-x+4y$
13 $4a-b$	14 $-9x-12y$	15 $12x-3y+2$
16 $-2a-6b-3$	17 $x+11y$	18 $-4x+4y$
19 $2a+15b+2$	20 $-8x+7y-8$	
☺ $+$, $-$, $-$, $+$		21 ①

9 $(3a-2b)+(a+5b)$
$=3a-2b+a+5b$
$=3a+a-2b+5b$
$=4a+3b$

10 $(6x-y)+(3x-2y)$
$=6x-y+3x-2y$
$=6x+3x-y-2y$
$=9x-3y$

11 $(8x+11y)+(-15x+4y)$
$=8x+11y-15x+4y$
$=8x-15x+11y+4y$
$=-7x+15y$

12 $(2x+7y)-(3x+3y)$
$=2x+7y-3x-3y$
$=2x-3x+7y-3y$
$=-x+4y$

13 $(9a-3b)-(5a-2b)$
$=9a-3b-5a+2b$
$=9a-5a-3b+2b$
$=4a-b$

14 $(-7x-13y)-(2x-y)$
$=-7x-13y-2x+y$
$=-7x-2x-13y+y$
$=-9x-12y$

15 $(10x-5y+3)+(2x+2y-1)$
$=10x-5y+3+2x+2y-1$
$=10x+2x-5y+2y+3-1$
$=12x-3y+2$

16 $(a-b-5)-(3a+5b-2)$
$=a-b-5-3a-5b+2$
$=a-3a-b-5b-5+2$
$=-2a-6b-3$

17 $4(-x+2y)+(5x+3y)$
$=-4x+8y+5x+3y$
$=-4x+5x+8y+3y$
$=x+11y$

18 $(-6x+14y)-2(-x+5y)$
$=-6x+14y+2x-10y$
$=-6x+2x+14y-10y$
$=-4x+4y$

19 $(8a-3b+11)+3(-2a+6b-3)$
$=8a-3b+11-6a+18b-9$
$=8a-6a-3b+18b+11-9$
$=2a+15b+2$

20 $-5(x-3y+5)-(3x+8y-17)$
$=-5x+15y-25-3x-8y+17$
$=-5x-3x+15y-8y-25+17$
$=-8x+7y-8$

21 $(-12x+4y-7)-(8x-2y+3)$
$=-12x+4y-7-8x+2y-3$
$=-12x-8x+4y+2y-7-3$
$=-20x+6y-10$
따라서 x의 계수는 -20, 상수항은 -10이므로 그 합은
$-20+(-10)=-30$

02 계수가 분수 꼴인 다항식의 덧셈과 뺄셈

본문 88쪽

원리확인

❶ $\frac{1}{3}x$, $\frac{1}{6}y$, $\frac{5}{6}x-\frac{1}{6}y$

❷ 5, 5, 10, 11, 7, $\frac{11}{15}$, $\frac{7}{15}$

1 ($\frac{3}{5}x$, $\frac{2}{7}y$, x, $\frac{2}{7}y$) 2 $\frac{7}{15}x+\frac{11}{6}y$

3 $-\frac{4}{11}x-\frac{1}{3}y$ 4 $-\frac{5}{42}a+\frac{8}{45}b$

5 ($3a$, $4b$, $4a$, $\frac{4}{15}a$, $\frac{4}{15}b$)

6 $\frac{1}{2}x+\frac{2}{9}y$ 7 $\frac{13}{12}x+\frac{11}{12}y$ 8 $-\frac{11}{42}a-\frac{8}{21}b$

9 $-\frac{1}{6}a+\frac{25}{6}b$ 10 $\frac{7}{4}x$ 11 $\frac{7}{9}x$

12 $\frac{17}{24}x+\frac{1}{24}y$ 13 $-\frac{9}{4}x+3y$

14 $\frac{1}{10}a-\frac{33}{20}b+\frac{19}{20}$ 15 ③

2 $\left(\frac{2}{3}x+\frac{1}{6}y\right)+\left(-\frac{1}{5}x+\frac{5}{3}y\right)$

$=\frac{2}{3}x+\frac{1}{6}y-\frac{1}{5}x+\frac{5}{3}y$

$=\frac{2}{3}x-\frac{1}{5}x+\frac{1}{6}y+\frac{5}{3}y$

$=\frac{7}{15}x+\frac{11}{6}y$

3 $\left(\frac{4}{11}x-\frac{3}{4}y\right)-\left(\frac{8}{11}x-\frac{5}{12}y\right)$

$=\frac{4}{11}x-\frac{3}{4}y-\frac{8}{11}x+\frac{5}{12}y$

$=-\frac{4}{11}x-\frac{1}{3}y$

4 $\left(\frac{1}{6}a+\frac{4}{9}b\right)-\left(\frac{2}{7}a+\frac{4}{15}b\right)$

$=\frac{1}{6}a+\frac{4}{9}b-\frac{2}{7}a-\frac{4}{15}b$

$=\frac{1}{6}a-\frac{2}{7}a+\frac{4}{9}b-\frac{4}{15}b$

$=-\frac{5}{42}a+\frac{8}{45}b$

6 $\frac{5x-y}{6}+\frac{-6x+7y}{18}$

$=\frac{3(5x-y)+(-6x+7y)}{18}$

$=\frac{15x-3y-6x+7y}{18}$

$=\frac{9x+4y}{18}$

$=\frac{1}{2}x+\frac{2}{9}y$

7 $\frac{3x+y}{4}+\frac{x+2y}{3}$

$=\frac{3(3x+y)+4(x+2y)}{12}$

$=\frac{9x+3y+4x+8y}{12}$

$=\frac{13x+11y}{12}$

$=\frac{13}{12}x+\frac{11}{12}y$

8 $\frac{a-4b}{6}-\frac{3a-2b}{7}$

$=\frac{7(a-4b)-6(3a-2b)}{42}$

$=\frac{7a-28b-18a+12b}{42}$

$=\frac{-11a-16b}{42}$

$=-\frac{11}{42}a-\frac{8}{21}b$

9 $\frac{a+5b}{3}-\frac{a-5b}{2}$

$=\frac{2(a+5b)-3(a-5b)}{6}$

$=\frac{2a+10b-3a+15b}{6}$

$=\frac{-a+25b}{6}$

$=-\frac{1}{6}a+\frac{25}{6}b$

10 $\frac{1}{2}(3x-y)+\frac{1}{4}(x+2y)$

$=\frac{2(3x-y)+(x+2y)}{4}$

$=\frac{6x-2y+x+2y}{4}$

$=\frac{7}{4}x$

11 $\frac{1}{3}(2x+y)-\frac{1}{9}(-x+3y)$

$=\frac{3(2x+y)-(-x+3y)}{9}$

$=\frac{6x+3y+x-3y}{9}=\frac{7}{9}x$

12 $\frac{11x-5y}{8}+\frac{2(-x+y)}{3}$

$=\frac{3(11x-5y)+16(-x+y)}{24}$

$=\frac{33x-15y-16x+16y}{24}$

$=\frac{17x+y}{24}$

$=\frac{17}{24}x+\frac{1}{24}y$

13 $\frac{-5x+2y}{4}-\frac{3(2x-5y)}{6}$

$=\frac{3(-5x+2y)-6(2x-5y)}{12}$

$=\frac{-15x+6y-12x+30y}{12}$

$=\frac{-27x+36y}{12}$

$=-\frac{9}{4}x+3y$

14 $\frac{3a-2b+1}{5}-\frac{2a+5b-3}{4}$

$=\frac{4(3a-2b+1)-5(2a+5b-3)}{20}$

$=\frac{12a-8b+4-10a-25b+15}{20}$

$=\frac{2a-33b+19}{20}$

$=\frac{1}{10}a-\frac{33}{20}b+\frac{19}{20}$

15 $\frac{3x-2y}{5}+\frac{-7x+5y}{10}$

$=\frac{2(3x-2y)+(-7x+5y)}{10}$

$=\frac{6x-4y-7x+5y}{10}$

$=\frac{-x+y}{10}$

$=-\frac{1}{10}x+\frac{1}{10}y$

따라서 $A=-\frac{1}{10}$, $B=\frac{1}{10}$이므로

$A+B=0$

03 이차식의 덧셈과 뺄셈

본문 90쪽

1 × 2 ○ 3 ○ 4 ×
5 ○ 6 × 7 × 8 ×
9 ○ 10 ⑤
11 $7x^2+5x-6$ 12 $2x^2+3x+12$
13 $-11x^2-7x-14$ 14 $6x^2-3x+14$
15 $-9x^2+5x-4$ 16 $2x^2-8x+14$
17 $8x^2+5x+2$ 18 $-6x^2+11x+9$
19 $5x^2+4x+11$ 20 $-9x^2-8x+32$
21 (✎ x, x, $9x^2-4x-6$)
22 $12a^2-5a+12$ 23 $-3x^2-3x+3$
24 (✎ $3x$, $3x$, $5x^2+4x+7$)
25 $10a^2-18a+13$ 26 $10x^2-6x-10$
27 $2x^2+17x+12$ 28 $-4x^2+17x-1$
29 $33x^2+5x-5$ 30 $-11x^2+6x-2$
31 $21x^2+13x-13$ 32 $25x^2-17x+67$
33 $\frac{1}{2}x^2-\frac{3}{5}x+\frac{7}{4}$ 34 $-\frac{5}{14}x^2+\frac{1}{8}x-\frac{1}{2}$
35 $\frac{1}{10}a^2-\frac{7}{36}a+\frac{11}{12}$ 36 $-\frac{5}{12}x^2+\frac{5}{7}x+\frac{1}{2}$
37 $-\frac{7}{8}x^2+3x-\frac{3}{2}$ 38 $8a^2-\frac{5}{12}a-3$
39 $\frac{17}{10}x^2-\frac{9}{10}x+\frac{13}{10}$ 40 $-\frac{1}{4}x^2+\frac{1}{4}x+\frac{1}{4}$
41 $-\frac{2}{9}x^2+\frac{4}{9}x-\frac{7}{18}$ 42 $-\frac{17}{30}x^2+\frac{8}{15}x+\frac{3}{5}$
43 ①

22 $(8a^2+a+9)+(4a^2-6a+3)$

$=8a^2+a+9+4a^2-6a+3$

$=8a^2+4a^2+a-6a+9+3$

$=12a^2-5a+12$

23 $(2x^2-10x+5)+(-5x^2+7x-2)$

$=2x^2-10x+5-5x^2+7x-2$

$=2x^2-5x^2-10x+7x+5-2$

$=-3x^2-3x+3$

25 $(11a^2-13a+20)-(a^2+5a+7)$

$=11a^2-13a+20-a^2-5a-7$

$=11a^2-a^2-13a-5a+20-7$
$=10a^2-18a+13$

26 $(9x^2-6x-5)-(-x^2+5)$
$=9x^2-6x-5+x^2-5$
$=9x^2+x^2-6x-5-5$
$=10x^2-6x-10$

27 $(8x^2-4x+9)+3(-2x^2+7x+1)$
$=8x^2-4x+9-6x^2+21x+3$
$=8x^2-6x^2-4x+21x+9+3$
$=2x^2+17x+12$

28 $6(x^2+2x-1)+5(-2x^2+x+1)$
$=6x^2+12x-6-10x^2+5x+5$
$=6x^2-10x^2+12x+5x-6+5$
$=-4x^2+17x-1$

29 $4(3x^2-x-2)+3(7x^2+3x+1)$
$=12x^2-4x-8+21x^2+9x+3$
$=12x^2+21x^2-4x+9x-8+3$
$=33x^2+5x-5$

30 $(x^2+2x+14)-4(3x^2-x+4)$
$=x^2+2x+14-12x^2+4x-16$
$=x^2-12x^2+2x+4x+14-16$
$=-11x^2+6x-2$

31 $2(6x^2+2x-5)-3(-3x^2-3x+1)$
$=12x^2+4x-10+9x^2+9x-3$
$=12x^2+9x^2+4x+9x-10-3$
$=21x^2+13x-13$

32 $8(2x^2-x+5)-9(-x^2+x-3)$
$=16x^2-8x+40+9x^2-9x+27$
$=16x^2+9x^2-8x-9x+40+27$
$=25x^2-17x+67$

33 $\left(\frac{1}{3}x^2-\frac{2}{5}x+\frac{1}{4}\right)+\left(\frac{1}{6}x^2-\frac{1}{5}x+\frac{3}{2}\right)$
$=\frac{1}{3}x^2-\frac{2}{5}x+\frac{1}{4}+\frac{1}{6}x^2-\frac{1}{5}x+\frac{3}{2}$
$=\frac{1}{3}x^2+\frac{1}{6}x^2-\frac{2}{5}x-\frac{1}{5}x+\frac{1}{4}+\frac{3}{2}$
$=\frac{1}{2}x^2-\frac{3}{5}x+\frac{7}{4}$

34 $\left(\frac{1}{7}x^2-\frac{5}{8}x+\frac{1}{2}\right)+\left(-\frac{1}{2}x^2+\frac{3}{4}x-1\right)$
$=\frac{1}{7}x^2-\frac{5}{8}x+\frac{1}{2}-\frac{1}{2}x^2+\frac{3}{4}x-1$
$=\frac{1}{7}x^2-\frac{1}{2}x^2-\frac{5}{8}x+\frac{3}{4}x+\frac{1}{2}-1$
$=-\frac{5}{14}x^2+\frac{1}{8}x-\frac{1}{2}$

35 $\left(-\frac{1}{5}a^2+\frac{2}{9}a+\frac{3}{4}\right)+\left(\frac{3}{10}a^2-\frac{5}{12}a+\frac{1}{6}\right)$
$=-\frac{1}{5}a^2+\frac{2}{9}a+\frac{3}{4}+\frac{3}{10}a^2-\frac{5}{12}a+\frac{1}{6}$
$=-\frac{1}{5}a^2+\frac{3}{10}a^2+\frac{2}{9}a-\frac{5}{12}a+\frac{3}{4}+\frac{1}{6}$
$=\frac{1}{10}a^2-\frac{7}{36}a+\frac{11}{12}$

36 $\left(\frac{1}{6}x^2+\frac{2}{7}x+\frac{2}{3}\right)-\left(\frac{7}{12}x^2-\frac{3}{7}x+\frac{1}{6}\right)$
$=\frac{1}{6}x^2+\frac{2}{7}x+\frac{2}{3}-\frac{7}{12}x^2+\frac{3}{7}x-\frac{1}{6}$
$=\frac{1}{6}x^2-\frac{7}{12}x^2+\frac{2}{7}x+\frac{3}{7}x+\frac{2}{3}-\frac{1}{6}$
$=-\frac{5}{12}x^2+\frac{5}{7}x+\frac{1}{2}$

37 $\left(-\frac{1}{8}x^2+x-\frac{1}{2}\right)-\left(\frac{3}{4}x^2-2x+1\right)$
$=-\frac{1}{8}x^2+x-\frac{1}{2}-\frac{3}{4}x^2+2x-1$
$=-\frac{1}{8}x^2-\frac{3}{4}x^2+x+2x-\frac{1}{2}-1$
$=-\frac{7}{8}x^2+3x-\frac{3}{2}$

38 $\left(6a^2+\frac{1}{3}a-1\right)-\left(-2a^2+\frac{3}{4}a+2\right)$
$=6a^2+\frac{1}{3}a-1+2a^2-\frac{3}{4}a-2$
$=6a^2+2a^2+\frac{1}{3}a-\frac{3}{4}a-1-2$
$=8a^2-\frac{5}{12}a-3$

39 $\frac{x^2-2x+4}{5}+\frac{3x^2-x+1}{2}$
$=\frac{2(x^2-2x+4)+5(3x^2-x+1)}{10}$
$=\frac{2x^2-4x+8+15x^2-5x+5}{10}$
$=\frac{2x^2+15x^2-4x-5x+8+5}{10}$

$=\dfrac{17x^2-9x+13}{10}$

$=\dfrac{17}{10}x^2-\dfrac{9}{10}x+\dfrac{13}{10}$

40 $\dfrac{-2x^2+x-1}{3}+\dfrac{5x^2-x+7}{12}$

$=\dfrac{4(-2x^2+x-1)+5x^2-x+7}{12}$

$=\dfrac{-8x^2+4x-4+5x^2-x+7}{12}$

$=\dfrac{-8x^2+5x^2+4x-x-4+7}{12}$

$=\dfrac{-3x^2+3x+3}{12}$

$=-\dfrac{1}{4}x^2+\dfrac{1}{4}x+\dfrac{1}{4}$

41 $\dfrac{x^2+x-2}{9}-\dfrac{2x^2-2x+1}{6}$

$=\dfrac{2(x^2+x-2)-3(2x^2-2x+1)}{18}$

$=\dfrac{2x^2+2x-4-6x^2+6x-3}{18}$

$=\dfrac{2x^2-6x^2+2x+6x-4-3}{18}$

$=\dfrac{-4x^2+8x-7}{18}$

$=-\dfrac{2}{9}x^2+\dfrac{4}{9}x-\dfrac{7}{18}$

42 $\dfrac{-x^2+5x+3}{6}-\dfrac{4x^2+3x-1}{10}$

$=\dfrac{5(-x^2+5x+3)-3(4x^2+3x-1)}{30}$

$=\dfrac{-5x^2+25x+15-12x^2-9x+3}{30}$

$=\dfrac{-5x^2-12x^2+25x-9x+15+3}{30}$

$=\dfrac{-17x^2+16x+18}{30}$

$=-\dfrac{17}{30}x^2+\dfrac{8}{15}x+\dfrac{3}{5}$

43 $(3x^2+11x-15)-(-13x^2-x+8)$

$=3x^2+11x-15+13x^2+x-8$

$=3x^2+13x^2+11x+x-15-8$

$=16x^2+12x-23$

따라서 x^2의 계수는 16, 상수항은 -23이므로 그 합은

$16+(-23)=-7$

04 여러 가지 괄호가 있는 식

본문 94쪽

원리확인

❶ 5, 4, 5, 4, -4, 4 ❷ -5, 5, 5, 5, 12, 5

1 $25x-15y$
2 $2a+3b$
3 $4a-12b$
4 $21x-14y$
5 $-8a+4b+6$
6 $14x-8y$
7 $6x^2-3x-1$
8 $5a^2-4a-2$
9 $-8a^2+8a+4$
10 $-3x^2+7x+2$
11 $a=1$, $b=6$
12 $a=5$, $b=5$, $c=8$
13 $a=4$, $b=-10$
14 $a=9$, $b=1$, $c=1$
15 ②

1 $18x-\{12y-(7x-3y)\}$

$=18x-(12y-7x+3y)$

$=18x-(-7x+15y)$

$=18x+7x-15y$

$=25x-15y$

2 $-8a+6b-\{-9a-(a-3b)\}$

$=-8a+6b-(-9a-a+3b)$

$=-8a+6b-(-10a+3b)$

$=-8a+6b+10a-3b$

$=2a+3b$

3 $(3a-7b)+\{6a-(5b+5a)\}$

$=3a-7b+(6a-5b-5a)$

$=3a-7b+(a-5b)$

$=3a-7b+a-5b$

$=4a-12b$

4 $8x-[10y-9x-\{5x-(x+4y)\}]$

$=8x-\{10y-9x-(5x-x-4y)\}$

$=8x-\{10y-9x-(4x-4y)\}$

$=8x-(10y-9x-4x+4y)$

$=8x-(-13x+14y)$

$=8x+13x-14y$

$=21x-14y$

5 $-2a-[6a-\{13b-(6+9b)+12\}]$

$=-2a-\{6a-(13b-6-9b+12)\}$

$=-2a-\{6a-(4b+6)\}$
$=-2a-(6a-4b-6)$
$=-2a-6a+4b+6$
$=-8a+4b+6$

6 $12x-3y-[x-\{4x-4y-(x+y)\}]$
$=12x-3y-\{x-(4x-4y-x-y)\}$
$=12x-3y-\{x-(3x-5y)\}$
$=12x-3y-(x-3x+5y)$
$=12x-3y-(-2x+5y)$
$=12x-3y+2x-5y$
$=14x-8y$

7 $11x^2-\{5x^2+9x-(6x-1)\}$
$=11x^2-(5x^2+9x-6x+1)$
$=11x^2-(5x^2+3x+1)$
$=11x^2-5x^2-3x-1$
$=6x^2-3x-1$

8 $3a^2+1-\{5a-(2a^2+a-3)\}$
$=3a^2+1-(5a-2a^2-a+3)$
$=3a^2+1-(-2a^2+4a+3)$
$=3a^2+1+2a^2-4a-3$
$=5a^2-4a-2$

9 $-10a^2-\{5a-(2a^2+13a+2)\}+2$
$=-10a^2-(5a-2a^2-13a-2)+2$
$=-10a^2-(-2a^2-8a-2)+2$
$=-10a^2+2a^2+8a+2+2$
$=-8a^2+8a+4$

10 $2x+[10-x^2-\{3x^2-(x^2+5x-8)\}]$
$=2x+\{10-x^2-(3x^2-x^2-5x+8)\}$
$=2x+\{10-x^2-(2x^2-5x+8)\}$
$=2x+(10-x^2-2x^2+5x-8)$
$=2x+(-3x^2+5x+2)$
$=2x-3x^2+5x+2$
$=-3x^2+7x+2$

11 $-2y-\{x-(2x+3y)-5y\}$
$=-2y-(x-2x-3y-5y)$
$=-2y-(-x-8y)$
$=-2y+x+8y$
$=x+6y$
따라서 $a=1$, $b=6$

12 $3x^2-\{(x+11)-(2x^2+3)\}+6x$
$=3x^2-(x+11-2x^2-3)+6x$
$=3x^2-(-2x^2+x+8)+6x$
$=3x^2+2x^2-x-8+6x$
$=5x^2+5x-8$
따라서 $a=5$, $b=5$, $c=8$

13 $2x+y-[9y-\{3x-(x-y)\}+3y]$
$=2x+y-\{9y-(3x-x+y)+3y\}$
$=2x+y-\{9y-(2x+y)+3y\}$
$=2x+y-(9y-2x-y+3y)$
$=2x+y-(-2x+11y)$
$=2x+y+2x-11y$
$=4x-10y$
따라서 $a=4$, $b=-10$

14 $11x+2-[-3y+2-\{y-(2x+3y-1)\}]$
$=11x+2-\{-3y+2-(y-2x-3y+1)\}$
$=11x+2-\{-3y+2-(-2x-2y+1)\}$
$=11x+2-(-3y+2+2x+2y-1)$
$=11x+2-(2x-y+1)$
$=11x+2-2x+y-1$
$=9x+y+1$
따라서 $a=9$, $b=1$, $c=1$

15 $17x-[8y-\{x-(3x+5y)+5\}]$
$=17x-\{8y-(x-3x-5y+5)\}$
$=17x-\{8y-(-2x-5y+5)\}$
$=17x-(8y+2x+5y-5)$
$=17x-(2x+13y-5)$
$=17x-2x-13y+5$
$=15x-13y+5$
따라서 $a=15$, $b=-13$, $c=5$이므로
$a+b+c=15+(-13)+5=7$

05 단항식과 다항식의 곱셈

본문 96쪽

원리확인

❶ $3a$, b, $6a^2+2ab$
❷ $-2x$, $-2x$, $-10x^2+6xy$
❸ $14a$, $35b$, $4a^2-10ab$

1 $5x^2+x$	2 $-14y+2y^2$
3 $-3ab+4a$	4 $27x^2-9xy$
5 $16x^2+24x$	6 $-6x^2-14xy$
7 $15a^2-6ab$	8 $-4pq+10q^2$
9 $-3a^2+6ab+15a$	10 $10x^2+30x-10xy$
11 $-xy+3y^2-5y$	12 a^3+2a^2+3a
13 $-6x^2y+4xy^2-10xy$	14 $2x^2y-\frac{15}{8}xy^2$
15 $8a^2+a$	16 $8x^2-14xy$
17 $-3a^2+9ab$	18 $-9x^2-2xy$
19 $13x^2-17xy$	20 $-9a^2+2ab$
21 ②	

1 $x(5x+1)=5x^2+x$

2 $-2y(7-y)=-14y+2y^2$

3 $a(-3b+4)=-3ab+4a$

4 $\frac{1}{3}x(81x-27y)=27x^2-9xy$

5 $(2x+3)\times 8x=16x^2+24x$

6 $(3x+7y)\times(-2x)=-6x^2-14xy$

7 $(20a-8b)\times\frac{3}{4}a=15a^2-6ab$

8 $(2p-5q)\times(-2q)=-4pq+10q^2$

9 $3a(-a+2b+5)=-3a^2+6ab+15a$

10 $10x(x+3-y)=10x^2+30x-10xy$

11 $(6x-18y+30)\times\left(-\frac{1}{6}y\right)=-xy+3y^2-5y$

12 $a(a^2+2a+3)=a^3+2a^2+3a$

13 $2xy(-3x+2y-5)=-6x^2y+4xy^2-10xy$

14 $\frac{3}{2}xy\left(\frac{4}{3}x-\frac{5}{4}y\right)$
$=\frac{3}{2}xy\times\frac{4}{3}x-\frac{3}{2}xy\times\frac{5}{4}y$
$=2x^2y-\frac{15}{8}xy^2$

15 $a(5a-2)+3a(a+1)$
$=5a^2-2a+3a^2+3a$
$=5a^2+3a^2-2a+3a$
$=8a^2+a$

16 $2x(x-y)+6x(x-2y)$
$=2x^2-2xy+6x^2-12xy$
$=2x^2+6x^2-2xy-12xy$
$=8x^2-14xy$

17 $6a(2a+b)-3a(5a-b)$
$=12a^2+6ab-15a^2+3ab$
$=12a^2-15a^2+6ab+3ab$
$=-3a^2+9ab$

18 $x(x-7y)-5x(2x-y)$
$=x^2-7xy-10x^2+5xy$
$=x^2-10x^2-7xy+5xy$
$=-9x^2-2xy$

19 $\frac{3}{5}x(15x-20y)+\frac{1}{4}x(16x-20y)$
$=9x^2-12xy+4x^2-5xy$
$=9x^2+4x^2-12xy-5xy$
$=13x^2-17xy$

20 $\frac{2}{3}a(9a-6b)-\frac{3}{8}a(40a-16b)$
$=6a^2-4ab-15a^2+6ab$
$=6a^2-15a^2-4ab+6ab$
$=-9a^2+2ab$

21 $4x(3x-2)-3x(x+2)$
$=12x^2-8x-3x^2-6x$
$=12x^2-3x^2-8x-6x$
$=9x^2-14x$
이때 x^2의 계수는 9, x의 계수는 -14이므로
$a=9$, $b=-14$
따라서 $a+b=9+(-14)=-5$

06

본문 98쪽

다항식과 단항식의 나눗셈

원리확인

❶ $4a$, $4a$, $4a$, $2a+8b$

❷ $\frac{3}{4x}$, $\frac{3}{4x}$, $\frac{3}{4x}$, $9x-3y$

1 $3x-2y$	2 $2a+3b$
3 $-10x+8$	4 $-x+5$
5 $a+2b^2$	6 $2x-1$
7 $4a^2-3a-2$	8 $4-x-3y$
9 $6x-8y$	10 $-36x+3$
11 $27x-12y$	12 $-36y+16x$
13 $\frac{1}{6}x^2-\frac{1}{4}x^2y$	14 $-\frac{8}{9b}+\frac{5}{6a}$
15 $3a^2b^2+2ab^2-b^2$	16 $-6a^2+4ab+2b^2$
17 $-7x-7y$	18 $6x-3y$
19 $x-\frac{2}{3}y$	20 ④

1 $(9x^2-6xy)\div 3x$
$=\frac{9x^2-6xy}{3x}=3x-2y$

2 $(4a^2+6ab)\div 2a$
$=\frac{4a^2+6ab}{2a}=2a+3b$

3 $(-10x^2+8x)\div x$
$=\frac{-10x^2+8x}{x}=-10x+8$

4 $(7x^2-35x)\div(-7x)$
$=\frac{7x^2-35x}{-7x}=-x+5$

5 $(2a^2+4ab^2)\div 2a$
$=\frac{2a^2+4ab^2}{2a}=a+2b^2$

6 $(6x^2y-3xy)\div 3xy$
$=\frac{6x^2y-3xy}{3xy}=2x-1$

7 $(20a^3-15a^2-10a)\div 5a$
$=\frac{20a^3-15a^2-10a}{5a}$
$=4a^2-3a-2$

8 $(12xy-3x^2y-9xy^2)\div 3xy$
$=\frac{12xy-3x^2y-9xy^2}{3xy}$
$=4-x-3y$

9 $(9x^2-12xy)\div\frac{3}{2}x$
$=(9x^2-12xy)\times\frac{2}{3x}$
$=9x^2\times\frac{2}{3x}-12xy\times\frac{2}{3x}$
$=6x-8y$

10 $(-12x^2+x)\div\frac{1}{3}x$
$=(-12x^2+x)\times\frac{3}{x}$
$=-12x^2\times\frac{3}{x}+x\times\frac{3}{x}$
$=-36x+3$

11 $(45xy-20y^2)\div\frac{5}{3}y$
$=(45xy-20y^2)\times\frac{3}{5y}$
$=45xy\times\frac{3}{5y}-20y^2\times\frac{3}{5y}$
$=27x-12y$

12 $(27y^2-12xy)\div\left(-\frac{3}{4}y\right)$
$=(27y^2-12xy)\times\left(-\frac{4}{3y}\right)$
$=27y^2\times\left(-\frac{4}{3y}\right)-12xy\times\left(-\frac{4}{3y}\right)$
$=-36y+16x$

13 $\left(\frac{1}{4}x-\frac{3}{8}xy\right)\div\frac{3}{2x}$
$=\left(\frac{1}{4}x-\frac{3}{8}xy\right)\times\frac{2x}{3}$
$=\frac{1}{4}x\times\frac{2x}{3}-\frac{3}{8}xy\times\frac{2x}{3}$
$=\frac{1}{6}x^2-\frac{1}{4}x^2y$

14 $\left(\frac{4}{3}a-\frac{5}{4}b\right)\div\left(-\frac{3}{2}ab\right)$
$=\left(\frac{4}{3}a-\frac{5}{4}b\right)\times\left(-\frac{2}{3ab}\right)$
$=\frac{4}{3}a\times\left(-\frac{2}{3ab}\right)-\frac{5}{4}b\times\left(-\frac{2}{3ab}\right)$
$=-\frac{8}{9b}+\frac{5}{6a}$

15 $(15a^3b+10a^2b-5ab)\div\frac{5a}{b}$
$=(15a^3b+10a^2b-5ab)\times\frac{b}{5a}$
$=15a^3b\times\frac{b}{5a}+10a^2b\times\frac{b}{5a}-5ab\times\frac{b}{5a}$
$=3a^2b^2+2ab^2-b^2$

16 $(9a^3-6a^2b-3ab^2)\div\left(-\frac{3}{2}a\right)$
$=(9a^3-6a^2b-3ab^2)\times\left(-\frac{2}{3a}\right)$
$=9a^3\times\left(-\frac{2}{3a}\right)-6a^2b\times\left(-\frac{2}{3a}\right)-3ab^2\times\left(-\frac{2}{3a}\right)$
$=-6a^2+4ab+2b^2$

17 $(4x-48y)\div4-(16x^2-10xy)\div2x$
$=\frac{4x-48y}{4}-\frac{16x^2-10xy}{2x}$
$=(x-12y)-(8x-5y)$
$=x-12y-8x+5y$
$=-7x-7y$

18 $(3x^2+7xy)\div x+(-15x^2+50xy)\div(-5x)$
$=\frac{3x^2+7xy}{x}+\frac{-15x^2+50xy}{-5x}$
$=(3x+7y)+(3x-10y)$
$=3x+7y+3x-10y$
$=6x-3y$

19 $(x^3y+3x^2y-xy^2)\div3xy-\frac{x^3y+xy^2}{6}\div\frac{1}{2}xy$
$=\frac{x^3y+3x^2y-xy^2}{3xy}-\frac{x^3y+xy^2}{6}\times\frac{2}{xy}$
$=\frac{1}{3}x^2+x-\frac{y}{3}-\frac{x^2+y}{3}$
$=\frac{x^2+3x-y-(x^2+y)}{3}$
$=\frac{x^2+3x-y-x^2-y}{3}$
$=\frac{3x-2y}{3}=x-\frac{2}{3}y$

20 ① $(8x^2y-x^3)\div4x$
$=\frac{8x^2y-x^3}{4x}$
$=2xy-\frac{1}{4}x^2$

② $(-25a^2b+10ab^2)\div5a$
$=\frac{-25a^2b+10ab^2}{5a}$
$=-5ab+2b^2$

③ $(9x^2-15xy)\div3x+(x-7)\div\left(-\frac{1}{y}\right)$
$=\frac{9x^2-15xy}{3x}+(x-7)\times(-y)$
$=3x-5y-xy+7y$
$=3x-xy+2y$

④ $(6x^2y-4xy^2)\div2xy-(12x^2-9xy)\div3x$
$=\frac{6x^2y-4xy^2}{2xy}-\frac{12x^2-9xy}{3x}$
$=3x-2y-(4x-3y)$
$=3x-2y-4x+3y$
$=-x+y$

⑤ $\frac{18xy^2-27x^2y}{-3xy}-\frac{28x-12}{4}$
$=(-6y+9x)-(7x-3)$
$=-6y+9x-7x+3$
$=2x-6y+3$

07 사칙연산이 혼합된 식

본문 100쪽

원리확인

❶ $10a$, $\frac{4}{3b}$, $10a$, $\frac{4}{3b}$, $\frac{4}{3b}$, $10a$, $28b$, $-5a^2+26a+28b$

❷ $-6a$, $14a^2$, $-6a$, $-6a$, $14a^2$, $-a$, $14a^2$, $-14a^2-22a-2$

❸ $4x^2y^2$, $4x^2y^2$, $3x$, $4x^2y^2$, $4x^2y^2$, $3x$, $4y$, $3x$, $3x^2+2x-4y$

❹ $3x^2$, $5x^2y$, $3x^2$, $3xy^2$, $3x^2+2xy^2+5x^2y$

1 $6a^2-8ab$	2 $8x^2+8y$
3 $6x+18y$	4 $3a^2+a-12$
5 $11a^2-7a$	6 x^2+x
7 $-9x^2+15xy+x$	8 $4x^2+10x-4y$
9 $10x^2+22xy+3x$	10 $3x^2-8$
11 $-12y$	12 $2x^2+5xy+3$
13 $8ab$	14 $a+1$
15 $-x^4+3x^3+6x^2-4x$	16 $-4y^2+6z^2$
17 $-7x^2+12x$	18 $a+11b$
19 $9x-4y$	20 $3b$
21 $74x^2-5x-18y$	22 $-20a^2-4ab$
23 $10x^2-27y^2$	24 $7x^2-52x+36$
25 $21x^2-xy+5$	26 $2x+y$
27 x^2-10xy	28 ②

1 $a^2+(5a^3-8a^2b)\div a$

$=a^2+\frac{5a^3-8a^2b}{a}$

$=a^2+5a^2-8ab$

$=6a^2-8ab$

2 $(-3x)^2+(4xy-2x^3)\div 2x+6y$

$=9x^2+\frac{4xy-2x^3}{2x}+6y$

$=9x^2+2y-x^2+6y$

$=8x^2+8y$

3 $(2x^2y+6xy^2)\div(2xy)^2\times 12xy$

$=(2x^2y+6xy^2)\div 4x^2y^2\times 12xy$

$=(2x^2y+6xy^2)\times\frac{1}{4x^2y^2}\times 12xy$

$=(2x^2y+6xy^2)\times\frac{3}{xy}$

$=2x^2y\times\frac{3}{xy}+6xy^2\times\frac{3}{xy}$

$=6x+18y$

4 $a(3a-2)+(9a^2-36a)\div 3a$

$=3a^2-2a+\frac{9a^2-36a}{3a}$

$=3a^2-2a+3a-12$

$=3a^2+a-12$

5 $2a(3a-5)+(10a^3+6a^2)\div 2a$

$=6a^2-10a+\frac{10a^3+6a^2}{2a}$

$=6a^2-10a+5a^2+3a$

$=11a^2-7a$

6 $3x(2x+1)-(5x^3y+2x^2y)\div xy$

$=6x^2+3x-\frac{5x^3y+2x^2y}{xy}$

$=6x^2+3x-(5x^2+2x)$

$=6x^2+3x-5x^2-2x$

$=x^2+x$

7 $(3x-4y-2)\times(-3x)+(9xy^3-15xy^2)\div 3y^2$

$=-9x^2+12xy+6x+\frac{9xy^3-15xy^2}{3y^2}$

$=-9x^2+12xy+6x+3xy-5x$

$=-9x^2+15xy+x$

8 $(3xy-2y^2)\div\frac{1}{2}y+4x(x+1)$

$=(3xy-2y^2)\times\frac{2}{y}+4x^2+4x$

$=3xy\times\frac{2}{y}-2y^2\times\frac{2}{y}+4x^2+4x$

$=6x-4y+4x^2+4x$

$=4x^2+10x-4y$

9 $2x(5x-4y+3)-(x^2-10x^2y)\div\frac{x}{3}$

$=10x^2-8xy+6x-(x^2-10x^2y)\times\frac{3}{x}$

$=10x^2-8xy+6x-x^2\times\frac{3}{x}+10x^2y\times\frac{3}{x}$

$=10x^2-8xy+6x-3x+30xy$

$=10x^2+22xy+3x$

10 $(8x^3y^2-32x^2y^2)\div(-2xy)^2+x(3x-2)$

$=(8x^3y^2-32x^2y^2)\div 4x^2y^2+3x^2-2x$

$=(8x^3y^2-32x^2y^2)\times\frac{1}{4x^2y^2}+3x^2-2x$

$=8x^3y^2\times\frac{1}{4x^2y^2}-32x^2y^2\times\frac{1}{4x^2y^2}+3x^2-2x$

$=2x-8+3x^2-2x$

$=3x^2-8$

11 $(18x^3-243x^2y)\div(3x)^2-(75y^2-10xy)\div(-5y)$

$=(18x^3-243x^2y)\div 9x^2-(75y^2-10xy)\div(-5y)$

$=(18x^3-243x^2y)\times\frac{1}{9x^2}-(75y^2-10xy)\times\left(-\frac{1}{5y}\right)$
$=2x-27y+15y-2x$
$=-12y$

12 $(4x+6y)\times\frac{1}{2}x-(4xy^2+6y)\div(-2y)$
$=2x^2+3xy-\frac{4xy^2+6y}{-2y}$
$=2x^2+3xy-(-2xy-3)$
$=2x^2+3xy+2xy+3$
$=2x^2+5xy+3$

13 $(16ab^2-12b^3)\div 4b+(12a^2b+9ab^2)\div 3a$
$=\frac{16ab^2-12b^3}{4b}+\frac{12a^2b+9ab^2}{3a}$
$=4ab-3b^2+4ab+3b^2=8ab$

14 $(3a^2-2a)\div a-(8a^3-12a^2)\div(-2a)^2$
$=\frac{3a^2-2a}{a}-(8a^3-12a^2)\div 4a^2$
$=3a-2-\frac{8a^3-12a^2}{4a^2}$
$=3a-2-(2a-3)$
$=3a-2-2a+3=a+1$

15 $(-12x^5+8x^4)\div(-2x^3)+(2x^3-6x^2)\times\left(-\frac{x}{2}\right)$
$=\frac{-12x^5+8x^4}{-2x^3}+2x^3\times\left(-\frac{x}{2}\right)-6x^2\times\left(-\frac{x}{2}\right)$
$=6x^2-4x-x^4+3x^3$
$=-x^4+3x^3+6x^2-4x$

16 $\frac{8y^3z-4y^2z^2}{-2yz}+2z(-y+3z)$
$=-4y^2+2yz-2yz+6z^2$
$=-4y^2+6z^2$

17 $-2x(x-3)-\frac{5x^3-6x^2}{x}$
$=-2x^2+6x-(5x^2-6x)$
$=-2x^2+6x-5x^2+6x$
$=-7x^2+12x$

18 $\frac{5a^2+6ab}{a}-\frac{12ab-15b^2}{3b}$
$=(5a+6b)-(4a-5b)$
$=5a+6b-4a+5b$
$=a+11b$

19 $\frac{6x^2y-4xy^2}{2xy}+\frac{18x^2-6xy}{3x}$
$=3x-2y+6x-2y$
$=9x-4y$

20 $\frac{14a^2b-7ab^2}{7ab}+(12ab-6a^2)\div 3a$
$=2a-b+\frac{12ab-6a^2}{3a}$
$=2a-b+4b-2a$
$=3b$

21 $(32x^4y^2-8x^2y^3)\div\left(-\frac{2}{3}xy\right)^2+x(2x-5)$
$=(32x^4y^2-8x^2y^3)\div\frac{4}{9}x^2y^2+x(2x-5)$
$=(32x^4y^2-8x^2y^3)\times\frac{9}{4x^2y^2}+2x^2-5x$
$=32x^4y^2\times\frac{9}{4x^2y^2}-8x^2y^3\times\frac{9}{4x^2y^2}+2x^2-5x$
$=72x^2-18y+2x^2-5x$
$=74x^2-5x-18y$

22 $(2a+3b)\times(-4a)-(27a^4b^2-18a^3b^3)\div\left(\frac{3}{2}ab\right)^2$
$=(2a+3b)\times(-4a)-(27a^4b^2-18a^3b^3)\div\frac{9}{4}a^2b^2$
$=(2a+3b)\times(-4a)-(27a^4b^2-18a^3b^3)\times\frac{4}{9a^2b^2}$
$=-8a^2-12ab-\left(27a^4b^2\times\frac{4}{9a^2b^2}-18a^3b^3\times\frac{4}{9a^2b^2}\right)$
$=-8a^2-12ab-(12a^2-8ab)$
$=-8a^2-12ab-12a^2+8ab$
$=-20a^2-4ab$

23 $-2x(3y-5x)-3y^2(-2x^2+9xy)\div xy$
$=-6xy+10x^2-(-6x^2y^2+27xy^3)\div xy$
$=-6xy+10x^2-\frac{-6x^2y^2+27xy^3}{xy}$
$=-6xy+10x^2-(-6xy+27y^2)$
$=-6xy+10x^2+6xy-27y^2$
$=10x^2-27y^2$

24 $6\left\{2(x^2-x+3)-\frac{5}{6}x\right\}-5x(7+x)$
$=6\left(2x^2-2x+6-\frac{5}{6}x\right)-5x(7+x)$
$=6\left(2x^2-\frac{17}{6}x+6\right)-5x(7+x)$

$=12x^2-17x+36-35x-5x^2$
$=7x^2-52x+36$

25 $(4x^2y^2+x^3y)\div xy+5\{(-2x)^2-xy+1\}$
$=\dfrac{4x^2y^2+x^3y}{xy}+5(4x^2-xy+1)$
$=4xy+x^2+20x^2-5xy+5$
$=21x^2-xy+5$

26 $5x+\{(6x^2-4xy)\div 2x+5y\}-2(3x+y)$
$=5x+\left(\dfrac{6x^2-4xy}{2x}+5y\right)-2(3x+y)$
$=5x+(3x-2y+5y)-6x-2y$
$=5x+3x+3y-6x-2y$
$=2x+y$

27 $4x(x-y)-(2x^2y^2+x^3y)\div\dfrac{1}{3}xy$
$=4x(x-y)-(2x^2y^2+x^3y)\times\dfrac{3}{xy}$
$=4x^2-4xy-\left(2x^2y^2\times\dfrac{3}{xy}+x^3y\times\dfrac{3}{xy}\right)$
$=4x^2-4xy-(6xy+3x^2)$
$=4x^2-4xy-6xy-3x^2$
$=x^2-10xy$

28 $\left(9y-\dfrac{1}{3}x\right)\times\dfrac{2}{3}x-\left(\dfrac{16}{3}x^3y-4x^4\right)\div(2x)^2$
$=\left(9y-\dfrac{1}{3}x\right)\times\dfrac{2}{3}x-\left(\dfrac{16}{3}x^3y-4x^4\right)\div 4x^2$
$=\left(9y-\dfrac{1}{3}x\right)\times\dfrac{2}{3}x-\left(\dfrac{16}{3}x^3y-4x^4\right)\times\dfrac{1}{4x^2}$
$=6xy-\dfrac{2}{9}x^2-\left(\dfrac{4}{3}xy-x^2\right)$
$=6xy-\dfrac{2}{9}x^2-\dfrac{4}{3}xy+x^2$
$=\dfrac{7}{9}x^2+\dfrac{14}{3}xy$
이때 x^2의 계수는 $\dfrac{7}{9}$, xy의 계수는 $\dfrac{14}{3}$이므로
$a=\dfrac{7}{9}$, $b=\dfrac{14}{3}$
따라서 $9a-3b=7-14=-7$

08 ■ 안에 알맞은 식

본문 104쪽

원리확인

❶ $-a-8b$ ❷ $3a-2b$
❸ $8a+4$ ❹ $6a^2+2ab$

1 $-6a+8b$ 2 $9x-9y-1$
3 $4a^2-3a+13$ 4 $13x^2-8x+4$
5 $3-2y$ 6 $-x^3+2x^2y-\dfrac{xy^2}{3}$
7 $6a^4b^3-9a^2b^4$ 8 $\dfrac{2}{7}x^2-\dfrac{2}{x^2}$

☺ (1) $C-B$ (2) $C+B$ (3) $B-C$ (4) $C\div B$
(5) $C\times B$ (6) $B\div C$

9 ⑤

10 $-$, $+$, $7x-3y+2$, $7x-3y+2$, $+$, $8x-y+1$

11 $\div$, $\times$, $-10x^2-12xy+2x$, $-10x^2-12xy+2x$, $\times$, $20x^3+24x^2y-4x^2$

1 $\square+(7a-3b)=a+5b$에서
$\square=a+5b-(7a-3b)$
$=a+5b-7a+3b$
$=-6a+8b$

2 $(-8x+14y)+\square=x+5y-1$에서
$\square=x+5y-1-(-8x+14y)$
$=x+5y-1+8x-14y$
$=9x-9y-1$

3 $\square-(-5a^2+a+2)=9a^2-4a+11$에서
$\square=9a^2-4a+11+(-5a^2+a+2)$
$=9a^2-4a+11-5a^2+a+2$
$=4a^2-3a+13$

4 $(10x^2-3x+1)-\square=-3x^2+5x-3$에서
$\square=(10x^2-3x+1)-(-3x^2+5x-3)$
$=10x^2-3x+1+3x^2-5x+3$
$=13x^2-8x+4$

5 $\square\times 3x=9x-6xy$에서
$\square=(9x-6xy)\div 3x$
$=\dfrac{9x-6xy}{3x}=3-2y$

6 $\square \times \left(-\frac{3y}{x}\right)=3x^2y-6xy^2+y^3$에서

$\square=(3x^2y-6xy^2+y^3)\div\left(-\frac{3y}{x}\right)$

$=(3x^2y-6xy^2+y^3)\times\left(-\frac{x}{3y}\right)$

$=3x^2y\times\left(-\frac{x}{3y}\right)-6xy^2\times\left(-\frac{x}{3y}\right)$

$+y^3\times\left(-\frac{x}{3y}\right)$

$=-x^3+2x^2y-\frac{xy^2}{3}$

7 $\square\div\frac{3a^2b^3}{5}=10a^2-15b$에서

$\square=(10a^2-15b)\times\frac{3a^2b^3}{5}$

$=10a^2\times\frac{3a^2b^3}{5}-15b\times\frac{3a^2b^3}{5}$

$=6a^4b^3-9a^2b^4$

8 $(-2x^4y+14y)\div\square=-7x^2y$에서

$\square=(-2x^4y+14y)\div(-7x^2y)$

$=\frac{-2x^4y+14y}{-7x^2y}$

$=\frac{2}{7}x^2-\frac{2}{x^2}$

9 $(3a^2b^3)^3\div(2ab^2)^2\times\square=54a^6b^6$에서

$27a^6b^9\div4a^2b^4\times\square=54a^6b^6$

$\frac{27a^6b^9}{4a^2b^4}\times\square=54a^6b^6$

$\frac{27a^4b^5}{4}\times\square=54a^6b^6$

따라서

$\square=54a^6b^6\div\frac{27a^4b^5}{4}$

$=54a^6b^6\times\frac{4}{27a^4b^5}$

$=8a^2b$

09 도형에 활용

본문 106쪽

1 (✎ $2x^2-6x+5$, $2x^2-4x+8$, x^3y-2x^2y+4xy)

2 $x^2-4xy+2x$

3 $21a^3-3a^2b$

4 $6x^3-3x^2y+3x^2$

5 (✎ $6x(3x+2y)$, $3x^2y+2xy^2$)

6 $60a^2b+12ab^2$

7 $36\pi x^2-3\pi x^3$

8 $2\pi x^3y^2-3\pi x^2y^3$

9 $\left(✎\ \frac{1}{5}xy,\ \frac{1}{5}xy,\ \frac{5}{xy},\ 10x^2y-25xy^2\right)$

10 $2a+3b+1$

11 $5x^2$

12 $x-3y+2$

13 $2a^2-3b$

14 $x+2y$

15 $-2a+3b$

16 ①

2 (삼각형의 넓이)$=\frac{1}{2}\times2x\times(x-4y+2)$

$=x(x-4y+2)$

$=x^2-4xy+2x$

3 (직사각형의 넓이)$=(7a-b)\times3a^2$

$=21a^3-3a^2b$

4 (마름모의 넓이)$=\frac{1}{2}\times6x^2\times(2x-y+1)$

$=3x^2(2x-y+1)$

$=6x^3-3x^2y+3x^2$

6 (사각기둥의 부피)=(밑넓이)×(높이)

$=6a(5a+b)\times2b$

$=(30a^2+6ab)\times2b$

$=60a^2b+12ab^2$

7 (원뿔의 부피)$=\frac{1}{3}\times$(밑넓이)×(높이)

$=\frac{1}{3}\times\pi(3x)^2\times(12-x)$

$=\frac{1}{3}\times9\pi x^2\times(12-x)$

$=3\pi x^2(12-x)$

$=36\pi x^2-3\pi x^3$

8 (원기둥의 부피)=(밑넓이)×(높이)

$=\pi(xy)^2\times(2x-3y)$

$=\pi x^2y^2(2x-3y)$

$=2\pi x^3y^2-3\pi x^2y^3$

10 $7a\times$(세로의 길이)$=14a^2+21ab+7a$이므로

(세로의 길이)$=(14a^2+21ab+7a)\div 7a$

$=\dfrac{14a^2+21ab+7a}{7a}$

$=2a+3b+1$

11 $\dfrac{1}{2}\times\{6x+$(아랫변의 길이)$\}\times 4y^2=10x^2y^2+12xy^2$

$2y^2\{6x+$(아랫변의 길이)$\}=10x^2y^2+12xy^2$

$6x+$(아랫변의 길이)$=(10x^2y^2+12xy^2)\div 2y^2$

$6x+$(아랫변의 길이)$=5x^2+6x$

따라서 (아랫변의 길이)$=5x^2+6x-6x=5x^2$

12 $\dfrac{1}{2}\times 8x^2\times$(다른 한 대각선의 길이)$=4x^3-12x^2y+8x^2$

$4x^2\times$(다른 한 대각선의 길이)$=4x^3-12x^2y+8x^2$

따라서

(다른 한 대각선의 길이)$=(4x^3-12x^2y+8x^2)\div 4x^2$

$=x-3y+2$

13 $(7a\times 3b)\times$(높이)$=42a^3b-63ab^2$

$21ab\times$(높이)$=42a^3b-63ab^2$

따라서

(높이)$=(42a^3b-63ab^2)\div 21ab=2a^2-3b$

14 $\pi(2x)^2\times$(높이)$=4\pi x^3+8\pi x^2y$

$4\pi x^2\times$(높이)$=4\pi x^3+8\pi x^2y$

따라서

(높이)$=(4\pi x^3+8\pi x^2y)\div 4\pi x^2=x+2y$

15 $\dfrac{1}{3}\times\pi(6a)^2\times$(높이)$=-24\pi a^3+36\pi a^2b$

$\dfrac{1}{3}\times 36\pi a^2\times$(높이)$=-24\pi a^3+36\pi a^2b$

$12\pi a^2\times$(높이)$=-24\pi a^3+36\pi a^2b$

따라서

(높이)$=(-24\pi a^3+36\pi a^2b)\div 12\pi a^2=-2a+3b$

16 (색칠한 부분의 넓이)

$=4x(8xy-3y)-3x^2\times 8y$

$=32x^2y-12xy-24x^2y$

$=8x^2y-12xy$

TEST 4. 다항식의 계산

본문 109쪽

1 ④	**2** 5	**3** $9x-5y+11$
4 $-18a^3+15a^2b$	**5** ②	**6** $91x^2+24x$

1 ④ $(x-2y)-(6x-2y)=x-2y-6x+2y$

$=x-6x-2y+2y$

$=-5x$

2 $3(4x^2+x-2)-5(3x^2-x-2)$

$=12x^2+3x-6-15x^2+5x+10$

$=-3x^2+8x+4$

따라서 x^2의 계수는 -3, x의 계수는 8이므로 그 합은

$(-3)+8=5$

3 $17x-6y-\{(8x-3y-10)-(-2y+1)\}$

$=17x-6y-(8x-3y-10+2y-1)$

$=17x-6y-(8x-y-11)$

$=17x-6y-8x+y+11$

$=9x-5y+11$

4 어떤 식을 A라 하면

$A\div\dfrac{3}{5}a^2=-30a+25b$

따라서

$A=(-30a+25b)\times\dfrac{3}{5}a^2$

$=-18a^3+15a^2b$

5 $-x(7y-3)+(x^2y-20xy)\div\dfrac{1}{4}x$

$=-x(7y-3)+(x^2y-20xy)\times\dfrac{4}{x}$

$=-7xy+3x+4xy-80y$

$=-3xy+3x-80y$

따라서 $a=-3$, $b=3$, $c=-80$이므로

$10a+50b+c=-30+150+(-80)=40$

6 창고의 가로의 길이는 $15x-8x=7x$,

세로의 길이는 $(7x+3)-5x=2x+3$이므로

(배추밭의 넓이)

$=15x(7x+3)-7x(2x+3)$

$=105x^2+45x-14x^2-21x$

$=91x^2+24x$

대단원 TEST Ⅱ. 식의 계산

본문 110쪽

1 ③	**2** ④	**3** ⑤
4 ②	**5** ②	**6** $-4x^4y^2$
7 ⑤	**8** ④	**9** $-4x+5y+5$
10 ①	**11** ③	**12** $4x^2-2y$
13 ⑤	**14** ①	**15** ④

1 $(a^2)^3\times(a^4)^3=a^6\times a^{12}=a^{18}$

2 $12^8=(2^2\times3)^8=2^{16}\times3^8=(2^4)^4\times(3^2)^4=A^4\times B^4$

3 $a^{10}\div a^{\square}\div a^2=a^3$에서 $a^{10-\square-2}=a^3$이므로
$10-\square-2=3$, 즉 $\square=5$

4 $\left(\frac{2x}{y^a}\right)^b=\frac{2^bx^b}{y^{ab}}=\frac{8x^c}{y^6}$이므로
$2^b=8=2^3$에서 $b=3$
$x^b=x^c$에서 $c=b=3$
$y^{ab}=y^6$에서 $ab=6$, $3a=6$, 즉 $a=2$
따라서 $a+b+c=2+3+3=8$

5 $(-x^2y)^a\div2xy^b\times6x^4y^3$
$=(-1)^ax^{2a}y^a\times\frac{1}{2xy^b}\times6x^4y^3$
$=(-1)^a\times3\times x^{2a-1+4}\times y^{a-b+3}$
$=cx^7y^2$
이므로 $(-1)^a\times3=c$, $2a-1+4=7$, $a-b+3=2$
따라서 $a=2$, $b=3$, $c=3$이므로
$a+b-c=2+3-3=2$

6 $(2x^3y^2)^2\div\square\times(-x^2y^3)=x^4y^5$에서
$4x^6y^4\div\square\times(-x^2y^3)=x^4y^5$
$\square=\frac{4x^6y^4\times(-x^2y^3)}{x^4y^5}=-4x^4y^2$

7 (주어진 식)$=3x-y+5-x+4y-2=2x+3y+3$
따라서 y의 계수는 3, 상수항은 3이므로 구하는 곱은
$3\times3=9$

8 ③ $-x^2+3x+x^2+1=3x+1$이므로 일차식이다.
④ y^2-2y는 y에 대한 이차식이다.

9 어떤 식을 $\square$라 하면
$(-x+2y+3)-\square=2x-y+1$에서
$\square=-x+2y+3-(2x-y+1)=-3x+3y+2$
따라서 바르게 계산하면
$-x+2y+3+(-3x+3y+2)=-4x+5y+5$

10 (주어진 식)$=4\left\{\frac{3}{2}x^2+x-(5x-1)\right\}-2x^2+6x$
$=4\left(\frac{3}{2}x^2-4x+1\right)-2x^2+6x$
$=6x^2-16x+4-2x^2+6x$
$=4x^2-10x+4$
따라서 $a=4$, $b=-10$, $c=4$이므로
$a-b+c=4-(-10)+4=18$

11 $\frac{A+4ab}{2a}=-2a+b+3$에서
$A+4ab=(-2a+b+3)\times2a=-4a^2+2ab+6a$
따라서
$A=-4a^2+2ab+6a-4ab$
$=-4a^2-2ab+6a$

12 어떤 식을 A라 하면
$A\times3xy=12x^3y-6xy^2$
따라서
$A=(12x^3y-6xy^2)\div3xy=4x^2-2y$

13 3의 거듭제곱의 일의 자리의 숫자는 3, 9, 7, 1의 순서로 숫자 4개가 반복된다. 이때 $50=4\times12+2$이므로 3^{50}의 일의 자리의 숫자는 2번째로 반복되는 숫자인 9이다.

14 $A=-8x^3y^6\times\frac{x^4}{y^2}\times\frac{1}{x^3y}=-8x^4y^3$
$B=4x^4y^2\times\frac{1}{x^2y^4}=\frac{4x^2}{y^2}$
따라서
$AB=-8x^4y^3\times\frac{4x^2}{y^2}=-32x^6y$

15 (원기둥의 부피)$=$(밑넓이)$\times$(높이)이므로
$36\pi x^3+27\pi x^2y=\pi\times(3x)^2\times$(높이)
따라서
(높이)$=\frac{36\pi x^3+27\pi x^2y}{9\pi x^2}=4x+3y$

5 부등식과 일차부등식

01 부등식

본문 116쪽

1 × 2 ○ 3 ○ 4 ×
5 ○ 6 × 7 ○ 8 >
9 < 10 ≤ 11 ≥ 12 >
13 ≤ 14 ≥ 15 ≥ 16 <
17 ≤ 18 ≥ 19 > 20 <
21 $3x-2<10$ 22 $2x+100\geq 1600$
23 $2(x+4)>15$ 24 $100-x\leq 40$
25 $\frac{x}{50}\geq 2$ 26 $10\leq 5x\leq 12$
27 $5x\leq 30$

24 남학생이 x명이면 여학생은 $(100-x)$명이므로
$100-x\leq 40$

25 (시간)$=\frac{(거리)}{(속력)}$이므로 $\frac{x}{50}\geq 2$

26 (거리)$=$(속력)$\times$(시간)이므로 $10\leq 5x\leq 12$

27 (소금의 양)$=\frac{(농도)}{100}\times$(소금물의 양)이므로
$\frac{x}{100}\times 500\leq 30$, 즉 $5x\leq 30$

02 부등식의 해

본문 118쪽

1 풀이 참조, 해 : 0, 1, 2 2 풀이 참조, 해 : 1, 2
3 풀이 참조, 해 : -2, -1, 0, 1 4 ×
5 ○ 6 ○ 7 ○ 8 ×
9 × 10 ○ 11 ○ 12 ○
13 × 14 ○ 15 ○ ☺ 해
16 ④, ⑤

1

x	좌변	부등호	우변	참, 거짓
-2	$2\times(-2)+3=-1$	$<$	1	거짓
-1	$2\times(-1)+3=1$	$=$	1	거짓
0	$2\times 0+3=3$	$>$	1	참
1	$2\times 1+3=5$	$>$	1	참
2	$2\times 2+3=7$	$>$	1	참

해: 0, 1, 2

2

x	좌변	부등호	우변	참, 거짓
-2	$7-3\times(-2)=13$	$>$	6	거짓
-1	$7-3\times(-1)=10$	$>$	6	거짓
0	$7-3\times 0=7$	$>$	6	거짓
1	$7-3\times 1=4$	$<$	6	참
2	$7-3\times 2=1$	$<$	6	참

해: 1, 2

3

x	좌변	부등호	우변	참, 거짓
-2	$-(-2)+2=4$	$>$	$2\times(-2)-1=-5$	참
-1	$-(-1)+2=3$	$>$	$2\times(-1)-1=-3$	참
0	$-0+2=2$	$>$	$2\times 0-1=-1$	참
1	$-1+2=1$	$=$	$2\times 1-1=1$	참
2	$-2+2=0$	$<$	$2\times 2-1=3$	거짓

해: -2, -1, 0, 1

4 $2+5=7$ (거짓)

5 $2-3\times 2=-4<1$ (참)

6 $3\times 2+1=7>2$ (참)

7 $2\times 2-5=-1<2+1=3$ (참)

8 $5\times 2+3=13<8\times 2=16$ (거짓)

9 $4(2-1)=4>2\times 2-1=3$ (거짓)

10 $3(2+2)=12>5(2-3)=-5$ (참)

11 $4\times 0-1=-1<2$ (참)
따라서 0은 부등식의 해이다.

12 $5-2\times 2=1\leq 1$ (참)
따라서 2는 부등식의 해이다.

13 $3+3=6<2\times 3+1=7$ (거짓)
따라서 3은 부등식의 해가 아니다.

14 $2(-2+5)=6>-7$ (참)
따라서 -2는 부등식의 해이다.

15 $\frac{6}{3}-1=1<5-\frac{6}{2}=2$ (참)
따라서 6은 부등식의 해이다.

16 $x=-2$일 때, $4\times(-2)-3=-11<1$
$x=-1$일 때, $4\times(-1)-3=-7<1$
$x=0$일 때, $4\times0-3=-3<1$
$x=1$일 때, $4\times1-3=1\geq1$
$x=2$일 때, $4\times2-3=5>1$
따라서 구하는 해는 1, 2이다.

03 부등식의 성질

본문 120쪽

1 $<$　2 $<$　3 $<$　4 $<$
5 $<$　6 $>$　7 $>$　8 $>$
9 $\geq$ (✎ $\geq$, $\geq$)　10 $\geq$　11 $\geq$
12 $\leq$ (✎ $\leq$, $\leq$)　13 $\leq$　14 $\leq$
15 $\geq$　16 $>$　17 $\geq$　18 $>$
19 $>$　☺ $=, =, =, =, <, <, <, <, >, >$
20 ③　21 5, 5, 5, 5, 4, 7
22 $-3, -3, -3, -3, -4, -1$
23 $2, 2, 2, 2, -2, 4$
24 $-5, -5, -5, -5, -\frac{2}{5}, \frac{1}{5}$
25 $5\leq x+7<8$　26 $-6\leq3x<3$
27 $-7\leq4x+1<5$　28 $-\frac{1}{3}<-\frac{x}{3}\leq\frac{2}{3}$
29 $-1<1-2x\leq5$　30 ④
31 4, 4, 3　32 $-3, -3, -3, -4, 2$
33 $5, 5, 5, -4, 2, 2, -2, 1$
34 2, 2, 2, 1, 3, 3, 3, 9　35 $x>3$
36 $x>-2$　37 $-5\leq x<\frac{3}{2}$
38 $-1<x<2$　39 $-8\leq x<16$
40 ④

10 $a\geq b$의 양변에 3을 곱하면
$3a\geq3b$
$3a\geq3b$의 양변에서 2를 빼면
$3a-2\geq3b-2$

11 $a\geq b$의 양변을 5로 나누면
$\frac{a}{5}\geq\frac{b}{5}$
$\frac{a}{5}\geq\frac{b}{5}$의 양변에서 3을 빼면
$\frac{a}{5}-3\geq\frac{b}{5}-3$

13 $a\geq b$의 양변에 -7을 곱하면
$-7a\leq-7b$
$-7a\leq-7b$의 양변에서 2를 빼면
$-7a-2\leq-7b-2$

14 $a\geq b$의 양변을 -3으로 나누면
$-\frac{a}{3}\leq-\frac{b}{3}$
$-\frac{a}{3}\leq-\frac{b}{3}$의 양변에 1을 더하면
$-\frac{a}{3}+1\leq-\frac{b}{3}+1$

15 $a\geq b$의 양변에 $\frac{2}{3}$를 곱하면
$\frac{2}{3}a\geq\frac{2}{3}b$
$\frac{2}{3}a\geq\frac{2}{3}b$의 양변에 1을 더하면
$1+\frac{2}{3}a\geq1+\frac{2}{3}b$

16 $a+4>b+4$의 양변에서 4를 빼면
$a>b$

17 $\frac{4}{3}a\geq\frac{4}{3}b$의 양변을 $\frac{4}{3}$로 나누면
$a\geq b$

18 $1-3a<1-3b$의 양변에서 1을 빼면
$-3a<-3b$
$-3a<-3b$의 양변을 -3으로 나누면
$a>b$

19 $-\frac{a}{6}-1<-\frac{b}{6}-1$의 양변에 1을 더하면

$-\frac{a}{6}<-\frac{b}{6}$

$-\frac{a}{6}<-\frac{b}{6}$의 양변에 -6을 곱하면

$a>b$

25 $-2\le x<1$의 각 변에 7을 더하면

$-2+7\le x+7<1+7$

따라서 $5\le x+7<8$

26 $-2\le x<1$의 각 변에 3을 곱하면

$-2\times 3\le x\times 3<1\times 3$

따라서 $-6\le 3x<3$

27 $-2\le x<1$의 각 변에 4를 곱하면

$-2\times 4\le x\times 4<1\times 4$

$-8\le 4x<4$의 각 변에 1을 더하면

$-8+1\le 4x+1<4+1$

따라서 $-7\le 4x+1<5$

28 $-2\le x<1$의 각 변을 -3으로 나누면

$-\frac{1}{3}<-\frac{x}{3}\le\frac{2}{3}$

29 $-2\le x<1$의 각 변에 -2를 곱하면

$-2<-2x\le 4$

각 변에 1을 더하면

$1-2<1-2x\le 1+4$

따라서 $-1<1-2x\le 5$

30 $-3<x\le 2$의 각 변에 -1을 곱하면

$-2\le -x<3$

각 변에 5를 더하면

$-2+5\le -x+5<3+5$

따라서 $3\le A<8$

35 $x+2>5$의 양변에서 2를 빼면

$x+2-2>5-2$

따라서 $x>3$

36 $x-1>-3$의 양변에 1을 더하면

$x-1+1>-3+1$

따라서 $x>-2$

37 $-3<-2x\le 10$의 각 변을 -2로 나누면

$-5\le x<\frac{3}{2}$

38 $2<3x+5<11$의 각 변에서 5를 빼면

$2-5<3x+5-5<11-5$

$-3<3x<6$의 각 변을 3으로 나누면

$-1<x<2$

39 $-3\le\frac{x}{4}-1<3$의 각 변에 1을 더하면

$-3+1\le\frac{x}{4}-1+1<3+1$

$-2\le\frac{x}{4}<4$의 각 변에 4를 곱하면

$-8\le x<16$

40 $1<7-3x<10$의 각 변에서 7을 빼면

$-6<-3x<3$

각 변을 -3으로 나누면

$-1<x<2$

따라서 $a=-1$, $b=2$이므로

$a+b=(-1)+2=1$

04 본문 124쪽

부등식의 해와 수직선

원리확인

4, 4, 4, 3, 

1 2 3 4 5 6

1 (✎7, 7, 7, 10) 2 $x<4$ 3 $x\ge 4$

4 $x\le 12$ 5 $x<3$ 6 $x>-8$

☺ $=$, $\ge$, $\le$ 또는 $=$, $\le$, $\ge$

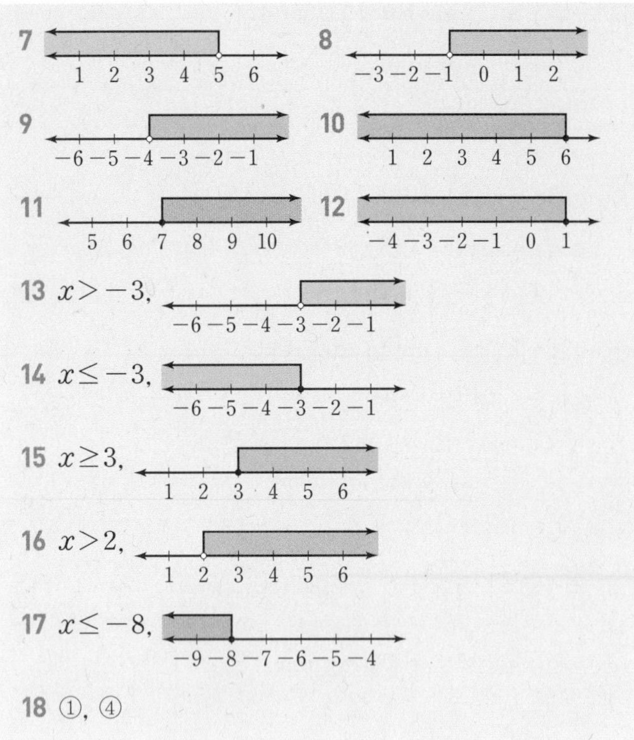

2　$x+1<5$의 양변에서 1을 빼면 $x<4$

3　$3x\geq12$의 양변을 3으로 나누면 $x\geq4$

4　$\frac{1}{4}x\leq3$의 양변에 4를 곱하면 $x\leq12$

5　$-5x>-15$의 양변을 -5로 나누면 $x<3$

6　$-\frac{1}{2}x<4$의 양변에 -2를 곱하면 $x>-8$

13　$x+4>1$의 양변에서 4를 빼면 $x>-3$
$x>-3$을 수직선 위에 나타내면

14　$3x\leq-9$의 양변을 3으로 나누면 $x\leq-3$
$x\leq-3$을 수직선 위에 나타내면

15　$\frac{1}{3}x+1\geq2$의 양변에서 1을 빼면 $\frac{1}{3}x\geq1$
$\frac{1}{3}x\geq1$의 양변에 3을 곱하면 $x\geq3$
$x\geq3$을 수직선 위에 나타내면

16　$-4x<-8$의 양변을 -4로 나누면 $x>2$
$x>2$를 수직선 위에 나타내면

17　$-\frac{1}{8}x\geq1$의 양변에 -8을 곱하면 $x\leq-8$
$x\leq-8$을 수직선 위에 나타내면

18　① $x+3<2$의 양변에서 3을 빼면 $x<-1$
② $2x\geq2$의 양변을 2로 나누면 $x\geq1$
③ $-3x<3$의 양변을 -3으로 나누면 $x>-1$
④ $-4x>4$의 양변을 -4로 나누면 $x<-1$
⑤ $x-1<-3$의 양변에 1을 더하면 $x<-2$
따라서 해가 $x<-1$인 것은 ①, ④이다.

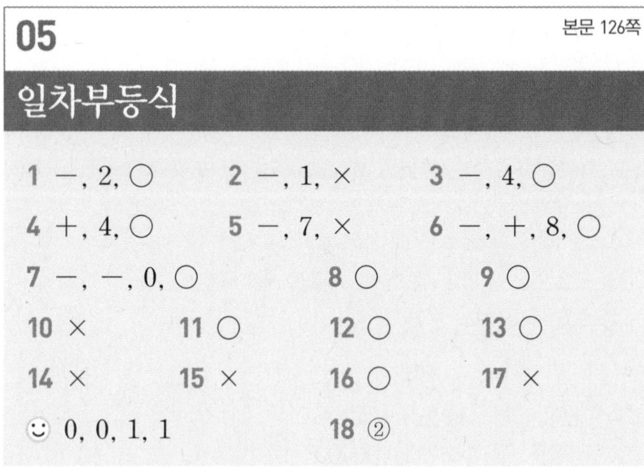

05　본문 126쪽

일차부등식

1 $-$, 2, ○　2 $-$, 1, ×　3 $-$, 4, ○
4 $+$, 4, ○　5 $-$, 7, ×　6 $-$, $+$, 8, ○
7 $-$, $-$, 0, ○　8 ○　9 ○
10 ×　11 ○　12 ○　13 ○
14 ×　15 ×　16 ○　17 ×
☺ 0, 0, 1, 1　18 ②

10　$-x+3\geq2-x$에서
$-x+3-2+x\geq0$, $1\geq0$이므로
일차부등식이 아니다.

11　$2x+3\leq3x-4$에서
$2x+3-3x+4\leq0$, $-x+7\leq0$이므로
일차부등식이다.

12　$x^2+1<x^2-3x$에서
$x^2+1-x^2+3x<0$, $3x+1<0$이므로
일차부등식이다.

13 $x>5x-4$에서
$x-5x+4>0$, $-4x+4>0$이므로
일차부등식이다.

14 분모에 x가 있으므로 일차부등식이 아니다.

15 $x+\frac{1}{2}\geq x-\frac{1}{2}$에서
$x+\frac{1}{2}-x+\frac{1}{2}\geq 0$, $1\geq 0$이므로
일차부등식이 아니다.

16 $x(x+2)<x^2+3x$에서
$x^2+2x<x^2+3x$
$x^2+2x-x^2-3x<0$, $-x<0$이므로
일차부등식이다.

17 $2x^2-3\leq x^2+1$에서
$2x^2-3-x^2-1\leq 0$, $x^2-4\leq 0$이므로
일차부등식이 아니다.

18 ㄱ. 일차방정식
ㄷ. $x^2-2<5x$에서 $x^2-2-5x<0$이므로
일차부등식이 아니다.
ㅁ. $x^2+3x+1\leq x^2+3x-5$에서
$x^2+3x+1-x^2-3x+5\leq 0$, $6\leq 0$이므로
일차부등식이 아니다.
따라서 일차부등식인 것의 개수는 ㄴ, ㄹ의 2이다.

06 일차부등식의 풀이

본문 128쪽

원리확인

3, 2, 2, 1

1 (✐2, 5)　2 $x\geq -1$　3 $x<-9$
4 $x\geq 2$　5 $x\geq 3$　6 $x>-1$
7 $x<1$　8 $x\geq 5$　9 $x\leq -3$
10 $x>5$　11 $x>3$　12 $x<-2$
☺ 음수, <, 양수, >　13 ③
14 $x<-7$,
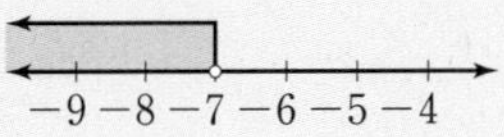

15 $x<6$,
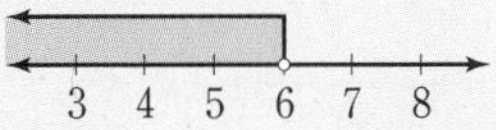

16 $x\geq -3$,
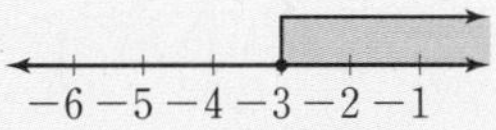

17 $x\geq -10$,
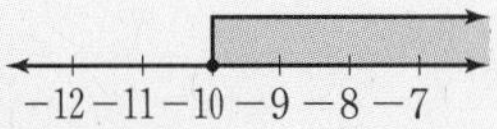

18 $x<2$,
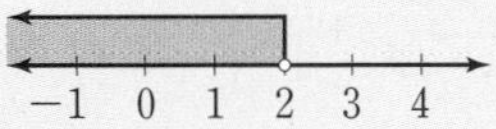

19 ⑤

3 $-x-1>8$에서 $-x>9$
따라서 $x<-9$

5 $-3x+12\leq 3$에서 $-3x\leq -9$
따라서 $x\geq 3$

6 $9x+4>-5$에서 $9x>-9$
따라서 $x>-1$

7 $7x-\frac{1}{2}<\frac{13}{2}$에서 $7x<7$
따라서 $x<1$

8 $-5+4x\geq 3x$에서 $4x-3x\geq 5$
따라서 $x\geq 5$

9 $x+9\leq -2x$에서 $3x\leq -9$
따라서 $x\leq -3$

10 $13-2x<3$에서 $-2x<-10$
따라서 $x>5$

11 $2x+5<4x-1$에서 $-2x<-6$
따라서 $x>3$

12 $3x+2>5x+6$에서 $-2x>4$
따라서 $x<-2$

13 ① $5x>20$에서 $x>4$
② $3x-8>x$에서 $2x>8$, $x>4$
③ $4x<x+12$에서 $3x<12$, $x<4$
④ $-2x+12<x$에서 $-3x<-12$, $x>4$
⑤ $5x-8>3x$에서 $2x>8$, $x>4$
따라서 해가 다른 하나는 ③이다.

14 $-2x>14$에서 $x<-7$

$x<-7$을 수직선 위에 나타내면

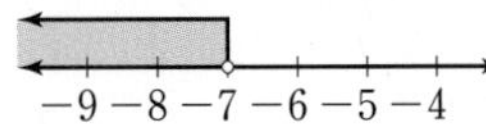

15 $x<6$이므로 수직선 위에 나타내면

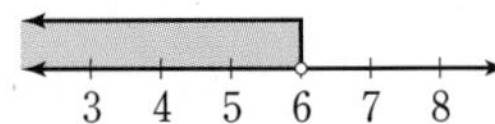

16 $2x+9\geq 3$에서 $2x\geq -6$

따라서 $x\geq -3$

$x\geq -3$을 수직선 위에 나타내면

17 $-x-8\leq 2$에서 $-x\leq 10$

따라서 $x\geq -10$

$x\geq -10$을 수직선 위에 나타내면

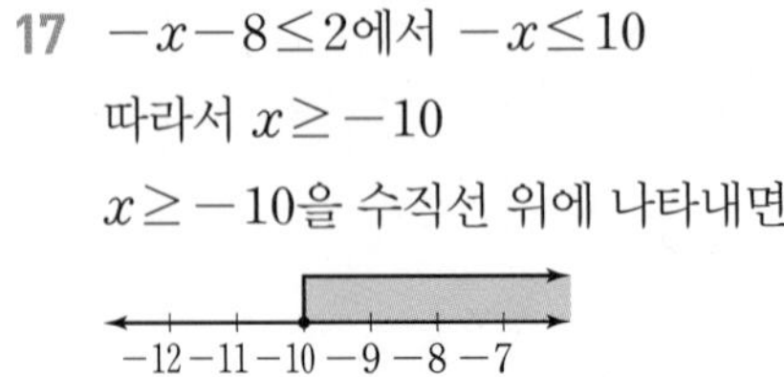

18 $10+3x>8x$에서 $-5x>-10$

따라서 $x<2$

$x<2$를 수직선 위에 나타내면

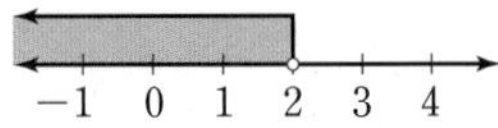

19 ① $3x-5<10$에서 $3x<15$, $x<5$

② $x+11\geq 12$에서 $x\geq 1$

③ $-8+7x>5x$에서 $2x>8$, $x>4$

④ $9x\leq 7x+4$에서 $2x\leq 4$, $x\leq 2$

⑤ $6-2x\geq 10-4x$에서 $2x\geq 4$, $x\geq 2$

따라서 주어진 수직선은 $x\geq 2$이므로 ⑤이다.

07 괄호가 있는 일차부등식

본문 130쪽

원리확인

3, -3, 9, 9, 3

1 (✎ 12, 12, 20, 5) **2** $x\leq 2$

3 $x>10$ **4** $x<-6$ **5** $x<2$

6 $x\leq -7$ **7** $x\leq -3$ **8** $x>-3$

9 $x<3$ **10** $x<3$ **11** $x>-1$

12 $x\geq 12$ **13** ②

14 $x<1$,

15 $x>-3$,

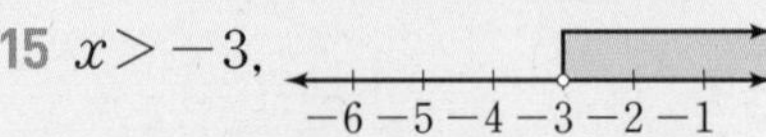

16 $x\leq 5$,

17 $x>2$,

18 $x\leq 2$,

19 ③

2 $2(x-1)\leq x$에서

$2x-2\leq x$

따라서 $x\leq 2$

3 $10<2(x-5)$에서

$10<2x-10$, $-2x<-20$

따라서 $x>10$

4 $3(2+x)<2x$에서

$6+3x<2x$

따라서 $x<-6$

5 $3(x-4)+2<-4$에서

$3x-12+2<-4$, $3x<6$

따라서 $x<2$

6 $x-5\geq 2(x+1)$에서

$x-5\geq 2x+2$, $-x\geq 7$

따라서 $x\leq -7$

7 $5x+2(5-x)\le 1$에서
$5x+10-2x\le 1$, $3x\le -9$
따라서 $x\le -3$

8 $2(x+1)>x-1$에서
$2x+2>x-1$
따라서 $x>-3$

9 $x-3>-2(3-x)$에서
$x-3>-6+2x$, $-x>-3$
따라서 $x<3$

10 $7(x-2)<3x-2$에서
$7x-14<3x-2$, $4x<12$
따라서 $x<3$

11 $1-3(2+x)<2x$에서
$1-6-3x<2x$, $-5x<5$
따라서 $x>-1$

12 $3x-4\ge 2(x+4)$에서
$3x-4\ge 2x+8$
따라서 $x\ge 12$

13 $3(x+1)-6>2(x-1)$에서
$3x+3-6>2x-2$이므로
$x>1$
따라서 $x>1$을 만족시키는 가장 작은 정수는 2이다.

14 $4<-2(x-3)$에서
$4<-2x+6$, $2x<2$
따라서 $x<1$
$x<1$을 수직선 위에 나타내면

−1 0 1 2 3 4

15 $3(x+2)>-3$에서
$3x+6>-3$, $3x>-9$
따라서 $x>-3$
$x>-3$을 수직선 위에 나타내면

−6 −5 −4 −3 −2 −1

16 $2(4-x)\ge x-7$에서
$8-2x\ge x-7$, $-3x\ge -15$
따라서 $x\le 5$
$x\le 5$를 수직선 위에 나타내면

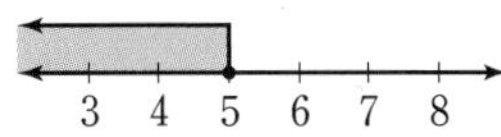

17 $6x>2(x+1)+3x$에서
$6x>2x+2+3x$
따라서 $x>2$
$x>2$를 수직선 위에 나타내면

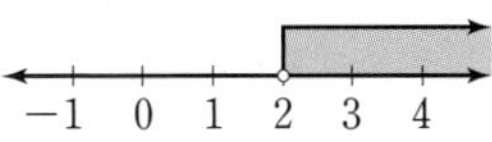

18 $5+3(x-1)\le x+6$에서
$5+3x-3\le x+6$, $2x\le 4$
따라서 $x\le 2$
$x\le 2$를 수직선 위에 나타내면

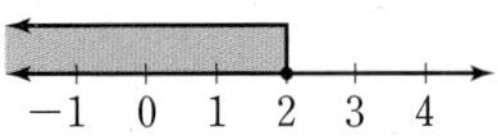

19 $-3(x-4)+6x<x+4$에서
$-3x+12+6x<x+4$이므로
$2x<-8$, 즉 $x<-4$
따라서 $x<-4$를 수직선 위에 바르게 나타낸 것은 ③이다.

08 계수가 소수인 일차부등식

본문 132쪽

원리확인

20, $3x$, $3x$, 6, -14

1 (✎6, −8, −4)　2 $x\ge 1$
3 $x>-1$　4 $x\ge -3$　5 $x<-17$
6 $x\le 6$　7 $x>\frac{3}{5}$　8 $x\le -7$
9 $x>-3$　10 $x\ge -50$　11 $x>\frac{13}{12}$
12 ④　13 $x<5$　14 $x<3$
15 $x\ge -2$　16 $x<4$　17 $x\ge -18$
18 ①

2 $-0.2\le 0.4x-0.6$의 양변에 10을 곱하면
$-2\le 4x-6$, $-4x\le -4$
따라서 $x\ge 1$

3 $0.4x>0.3x-0.1$의 양변에 10을 곱하면
$4x>3x-1$
따라서 $x>-1$

4 $0.1x-0.6\le 0.3x$의 양변에 10을 곱하면
$x-6\le 3x$, $-2x\le 6$
따라서 $x\ge -3$

5 $4+0.2x<0.6$의 양변에 10을 곱하면
$40+2x<6$, $2x<-34$
따라서 $x<-17$

6 $0.2x-0.4\le 0.1x+0.2$의 양변에 10을 곱하면
$2x-4\le x+2$
따라서 $x\le 6$

7 $0.5x+0.2<x-0.1$의 양변에 10을 곱하면
$5x+2<10x-1$, $-5x<-3$
따라서 $x>\frac{3}{5}$

8 $0.3x-1\ge 0.5x+0.4$의 양변에 10을 곱하면
$3x-10\ge 5x+4$, $-2x\ge 14$
따라서 $x\le -7$

9 $0.08-0.01x>0.05-0.02x$의 양변에 100을 곱하면
$8-x>5-2x$
따라서 $x>-3$

10 $0.02x-1\le 5+0.14x$의 양변에 100을 곱하면
$2x-100\le 500+14x$, $-12x\le 600$
따라서 $x\ge -50$

11 $0.4x-0.05<x-0.7$의 양변에 100을 곱하면
$40x-5<100x-70$, $-60x<-65$
따라서 $x>\frac{13}{12}$

12 $0.7-0.2x\ge 0.2x+1.5$의 양변에 10을 곱하면
$7-2x\ge 2x+15$, $-4x\ge 8$
따라서 $x\le -2$

13 $0.5(x+3)<5-0.2x$의 양변에 10을 곱하면
$5(x+3)<50-2x$, $5x+15<50-2x$, $7x<35$
따라서 $x<5$

14 $0.7(x-2)<0.3x-0.2$의 양변에 10을 곱하면
$7(x-2)<3x-2$, $7x-14<3x-2$, $4x<12$
따라서 $x<3$

15 $1.4x+1\ge 0.2(2x-5)$의 양변에 10을 곱하면
$14x+10\ge 2(2x-5)$, $14x+10\ge 4x-10$
$10x\ge -20$
따라서 $x\ge -2$

16 $0.05(x-1)-0.07<0.02x$의 양변에 100을 곱하면
$5(x-1)-7<2x$, $5x-5-7<2x$, $3x<12$
따라서 $x<4$

17 $-0.08(x+3)\le 0.05(6-x)$의 양변에 100을 곱하면
$-8(x+3)\le 5(6-x)$, $-8x-24\le 30-5x$
$-3x\le 54$
따라서 $x\ge -18$

18 $0.3(3x-1)\ge 0.02(5x-5)$의 양변에 100을 곱하면
$30(3x-1)\ge 2(5x-5)$, $90x-30\ge 10x-10$
$80x\ge 20$이므로
$x\ge \frac{1}{4}$
따라서 $x\ge \frac{1}{4}$을 만족시키는 가장 작은 자연수는 1이다.

09 계수가 분수인 일차부등식

본문 134쪽

원리확인

6, 12, $2x$, $2x$, 6, -6

1 (✎ 4, 4, 4, 2, $\frac{2}{5}$)		**2** $x\le23$
3 $x\le-\frac{3}{2}$	**4** $x<6$	**5** $x\le1$
6 $x\ge5$	**7** $x<16$	**8** $x<4$
9 $x<4$	**10** $x\le\frac{40}{19}$	**11** $x\ge3$
12 ④	**13** $x\le10$	**14** $x\le20$
15 $x<3$	**16** $x\ge0$	**17** $x\le-\frac{27}{8}$
18 ③		

2 $\frac{x-2}{3}\le7$의 양변에 3을 곱하면

$x-2\le21$

따라서 $x\le23$

3 $\frac{x}{2}+\frac{1}{4}\le\frac{x}{3}$의 양변에 12를 곱하면

$6x+3\le4x$, $2x\le-3$

따라서 $x\le-\frac{3}{2}$

4 $\frac{x}{3}-1<\frac{x}{6}$의 양변에 6을 곱하면

$2x-6<x$

따라서 $x<6$

5 $\frac{x-5}{2}\ge x-3$의 양변에 2를 곱하면

$x-5\ge2x-6$, $-x\ge-1$

따라서 $x\le1$

6 $\frac{2}{5}x-4\ge-2$의 양변에 5를 곱하면

$2x-20\ge-10$, $2x\ge10$

따라서 $x\ge5$

7 $\frac{x-4}{2}<\frac{x+2}{3}$의 양변에 6을 곱하면

$3(x-4)<2(x+2)$, $3x-12<2x+4$

따라서 $x<16$

8 $\frac{x}{2}-\frac{x-4}{3}<2$의 양변에 6을 곱하면

$3x-2(x-4)<12$, $3x-2x+8<12$

따라서 $x<4$

9 $\frac{x-1}{2}-\frac{x}{3}<\frac{1}{6}$의 양변에 6을 곱하면

$3(x-1)-2x<1$, $3x-3-2x<1$

따라서 $x<4$

10 $\frac{5x-2}{3}\le\frac{2x}{5}+2$의 양변에 15를 곱하면

$5(5x-2)\le6x+30$, $25x-10\le6x+30$, $19x\le40$

따라서 $x\le\frac{40}{19}$

11 $\frac{x+1}{2}-\frac{x-3}{4}\ge2$의 양변에 4를 곱하면

$2(x+1)-(x-3)\ge8$, $2x+2-x+3\ge8$

따라서 $x\ge3$

12 $\frac{5-2x}{3}+4\ge\frac{x}{2}$의 양변에 6을 곱하면

$2(5-2x)+24\ge3x$, $10-4x+24\ge3x$, $-7x\ge-34$

이므로 $x\le\frac{34}{7}$

따라서 $x\le\frac{34}{7}$를 만족시키는 자연수 x의 개수는 1, 2, 3, 4의 4이다.

13 $\frac{x}{2}-1\le0.2x+2$에서

$\frac{x}{2}-1\le\frac{1}{5}x+2$

양변에 10을 곱하면

$5x-10\le2x+20$, $3x\le30$

따라서 $x\le10$

14 $0.5x-3\le\frac{x}{4}+2$에서

$\frac{1}{2}x-3\le\frac{x}{4}+2$

양변에 4를 곱하면

$2x-12\le x+8$

따라서 $x\le20$

15 $\frac{x-2}{2}<0.1(x+2)$에서

$\frac{x-2}{2}<\frac{x+2}{10}$

양변에 10을 곱하면

$5(x-2)<x+2$, $5x-10<x+2$, $4x<12$

따라서 $x<3$

16 $0.5x+3\ge 2-\frac{x-2}{2}$에서

$\frac{x}{2}+3\ge 2-\frac{x-2}{2}$

양변에 2를 곱하면

$x+6\ge 4-(x-2)$, $x+6\ge 4-x+2$, $2x\ge 0$

따라서 $x\ge 0$

17 $0.2(x-1)-\frac{2x-3}{2}\ge 4$에서

$\frac{x-1}{5}-\frac{2x-3}{2}\ge 4$

양변에 10을 곱하면

$2(x-1)-5(2x-3)\ge 40$

$2x-2-10x+15\ge 40$, $-8x\ge 27$

따라서 $x\le -\frac{27}{8}$

18 $0.5(x-2)\le x-\frac{2x+1}{3}$에서

$\frac{x-2}{2}\le x-\frac{2x+1}{3}$

양변에 6을 곱하면

$3(x-2)\le 6x-2(2x+1)$

$3x-6\le 6x-4x-2$, $3x-6\le 2x-2$

따라서 $x\le 4$

10

본문 136쪽

계수가 미지수인 일차부등식

1 (✎ a, a, a)		2 $x<1$	3 $x\ge -2$
4 $x<-3$	5 $x\ge 1$	6 $x>\frac{1}{a}$	7 $x>5$
8 $x>-4$	9 $x\le 3$	☺ 0, 0	10 ④
11 15 $\left(✎\ a, a, \frac{a}{3}, \frac{a}{3}, 15\right)$			12 4
13 -4	14 7	15 6	16 11
17 18	18 6	19 1	☺ >, <
20 ③	21 $\frac{7}{2}$	22 2	23 9
24 -9	25 $\frac{3}{4}$	26 -12	27 $-\frac{9}{2}$
28 3	29 $\frac{19}{2}$	30 ⑤	

10 $4-ax>1$에서 $-ax>-3$

이때 $a<0$이므로 $x>\frac{3}{a}$

12 $2x-4\le 3a$에서

$2x\le 3a+4$, $x\le\frac{3a+4}{2}$

이때 해가 $x\le 8$이므로

$\frac{3a+4}{2}=8$, $3a+4=16$, $3a=12$

따라서 $a=4$

13 $5x+a>2x-7$에서

$3x>-a-7$, $x>\frac{-a-7}{3}$

이때 해가 $x>-1$이므로

$\frac{-a-7}{3}=-1$, $-a-7=-3$

따라서 $a=-4$

14 $3x-8\le -2x+a$에서

$5x\le a+8$, $x\le\frac{a+8}{5}$

이때 해가 $x\le 3$이므로

$\frac{a+8}{5}=3$, $a+8=15$

따라서 $a=7$

15 $3x+2\le 2a+x$에서
$2x\le 2a-2$, $x\le a-1$
이때 해가 $x\le 5$이므로 $a-1=5$
따라서 $a=6$

16 $7-4x<a-2x$에서
$-2x<a-7$, $x>\frac{a-7}{-2}$
이때 해가 $x>-2$이므로
$\frac{a-7}{-2}=-2$, $a-7=4$
따라서 $a=11$

17 $4+3x\ge a-4x$에서
$7x\ge a-4$, $x\ge\frac{a-4}{7}$
이때 해가 $x\ge 2$이므로
$\frac{a-4}{7}=2$, $a-4=14$
따라서 $a=18$

18 $ax-5<1$에서 $ax<6$
이때 해가 $x<1$이므로 $a>0$
이때 $x<\frac{6}{a}$이므로 $\frac{6}{a}=1$
따라서 $a=6$

19 $ax-6<4x-12$에서
$(a-4)x<-6$
이때 해가 $x>2$이므로 $a-4<0$
따라서 $x>\frac{-6}{a-4}$이므로
$\frac{-6}{a-4}=2$, $a-4=-3$
따라서 $a=1$

20 $3(x-1)-4x<k-2$에서
$3x-3-4x<k-2$, $-x<k+1$
$x>-k-1$
이때 해가 $x>-3$이므로
$-k-1=-3$, $-k=-2$
따라서 $k=2$

21 $3x-2<7$에서 $3x<9$이므로 $x<3$
$x+2a>4x-2$에서 $-3x>-2-2a$이므로
$x<\frac{2+2a}{3}$
이때 $\frac{2+2a}{3}=3$이므로
$2+2a=9$, $2a=7$
따라서 $a=\frac{7}{2}$

22 $2x+6>-3x+16$에서 $5x>10$이므로
$x>2$
$ax-2>2$에서 $ax>4$
두 일차부등식의 해가 같으므로
$a>0$이고 $x>\frac{4}{a}$
따라서 $\frac{4}{a}=2$이므로 $a=2$

23 $3-x\ge 2x+1$에서 $-3x\ge -2$이므로
$x\le\frac{2}{3}$
$3(x-2)\le 5-a$에서
$3x-6\le 5-a$, $3x\le 11-a$이므로
$x\le\frac{11-a}{3}$
이때 $\frac{11-a}{3}=\frac{2}{3}$이므로 $11-a=2$
따라서 $a=9$

24 $x<2(x+2)$에서
$x<2x+4$, $-x<4$이므로
$x>-4$
$5x-a>3x+1$에서 $2x>a+1$이므로
$x>\frac{a+1}{2}$
이때 $\frac{a+1}{2}=-4$이므로 $a+1=-8$
따라서 $a=-9$

25 $3x\le 1-x$에서 $4x\le 1$이므로
$x\le\frac{1}{4}$
$\frac{x}{3}+\frac{2-x}{6}\le\frac{a}{2}$의 양변에 6을 곱하면
$2x+2-x\le 3a$이므로
$x\le 3a-2$
이때 $3a-2=\frac{1}{4}$이므로 $3a=\frac{9}{4}$
따라서 $a=\frac{3}{4}$

26 $\frac{2}{5}x-4>-2$에서 $\frac{2}{5}x>2$이므로

$x>5$

$3(1-x)<a$에서

$3-3x<a$, $-3x<a-3$이므로

$x>\frac{a-3}{-3}$

이때 $\frac{a-3}{-3}=5$이므로 $a-3=-15$

따라서 $a=-12$

27 $0.5x+0.2<0.1x-1$의 양변에 10을 곱하면

$5x+2<x-10$, $4x<-12$이므로

$x<-3$

$0.5x-3<a$의 양변에 10을 곱하면

$5x-30<10a$, $5x<10a+30$이므로

$x<2a+6$

이때 $2a+6=-3$이므로 $2a=-9$

따라서 $a=-\frac{9}{2}$

28 $2x-3<1$에서 $2x<4$이므로

$x<2$

$ax-4<2x-2$에서 $(a-2)x<2$

두 일차부등식의 해가 같으므로

$a-2>0$이고 $x<\frac{2}{a-2}$

이때 $\frac{2}{a-2}=2$이므로 $a-2=1$

따라서 $a=3$

29 $0.2x+0.6\leq1.8-0.4x$의 양변에 10을 곱하면

$2x+6\leq18-4x$, $6x\leq12$이므로

$x\leq2$

$ax-3\leq3x+10$에서 $(a-3)x\leq13$

두 일차부등식의 해가 같으므로

$a-3>0$이고 $x\leq\frac{13}{a-3}$

이때 $\frac{13}{a-3}=2$이므로 $a-3=\frac{13}{2}$

따라서 $a=\frac{19}{2}$

30 $\frac{x-2}{3}\leq\frac{x+1}{2}$의 양변에 6을 곱하면

$2(x-2)\leq3(x+1)$이고

$2x-4\leq3x+3$, $-x\leq7$이므로

$x\geq-7$

$4(x-a)\leq5x-1$에서

$4x-4a\leq5x-1$, $-x\leq4a-1$이므로

$x\geq-4a+1$

이때 $-4a+1=-7$이므로 $-4a=-8$

따라서 $a=2$

TEST 5. 부등식과 일차부등식

본문 139쪽

1 ①	2 ①	3 ④	4 ④
5 0	6 1		

1 ① $-2<x\le 3$

2 ① $x=-2$일 때, $4\times(-2)+5=-3<1$
② $x=-1$일 때, $4\times(-1)+5=1$
③ $x=0$일 때, $4\times 0+5=5>1$
④ $x=1$일 때, $4\times 1+5=9>1$
⑤ $x=2$일 때, $4\times 2+5=13>1$
따라서 해가 아닌 것은 ①이다.

3 $-2<x\le 2$의 각 변에 -2를 곱하면
$-4\le -2x<4$
각 변에 3을 더하면
$-1\le -2x+3<7$
따라서 $-1\le A<7$

4 $x+5<4x-1$에서 $-3x<-6$이므로
$x>2$
따라서 해를 수직선 위에 바르게 나타낸 것은 ④이다.

5 $\frac{2x-1}{3}>x-0.5$에서 $\frac{2x-1}{3}>x-\frac{1}{2}$
양변에 6을 곱하면
$2(2x-1)>6x-3$, $4x-2>6x-3$, $-2x>-1$
이므로 $x<\frac{1}{2}$
따라서 $x<\frac{1}{2}$을 만족시키는 가장 큰 정수는 0이다.

6 $2x-1<3x+a$에서 $-x<a+1$
$x>-a-1$
이때 부등식의 해가 $x>-2$이므로
$-a-1=-2$, $-a=-1$
따라서 $a=1$

6 일차부등식의 활용

01 일차부등식의 활용

본문 142쪽

원리확인

❶ 2, 3, $\le$ ❷ 10, $\ge$ ❸ 800, $<$

1 (1) x (2) x, 3 (3) x, 48, 12 (4) 11
2 3
3 6
4 (1) x (2) x, 2, x (3) x, 6, 3 (4) 2
5 7
6 -7
7 (1) $x+3$ (2) $x+3$ (3) x, 9, $\frac{9}{2}$ (4) 5
8 15
9 8
10 (1) $x+2$ (2) x, $x+2$ (3) -4, 4 (4) 4, 10
11 9, 11
12 2, 3
13 (1) $x-1$, $x+1$ (2) $x-1$, x, $x+1$
(3) x, 54, 18 (4) 16, 17, 18
14 10, 12, 14
15 13, 15, 17
16 (1) $x+5$, $x-2$, $x+2$ 또는 $x+5$, $x+2$, $x-2$
(2) -5, 5
17 $x>7$
18 $x>6$
19 (1) x (2) $15+x$, 70 (3) x, 40, 20 (4) 20
20 10 cm
21 7 cm
22 (1) x (2) x, 16000 (3) x, 14000, 10 (4) 10
23 24개
24 2개
25 (1) x, x (2) x, x, 5000 (3) x, 2000, 20 (4) 19
26 4개
27 5개
28 (1) x (2) x, x, 2000, x, x (3) x, 10 (4) 11
29 13권
30 (1) x (2) x, 30, x, 30 (3) x, 126, 21 (4) 22
31 35명
32 (1) 300, 200 (2) 300, 200 (3) x, 3000, 30 (4) 31
33 9개월
34 (1) 4000, 1100 (2) 4000, 1100, 6300
(3) x, 7800, $\frac{78}{11}$ (4) 7
35 130분

36 (1) x, x (2) 2, x, x (3) 14 (4) 15

37 4년

38 (1) x (2) x, 3 (3) 82 (4) 82

39 86점

2 어떤 자연수를 x로 놓으면
$2x+5>9$, $2x>4$이므로 $x>2$
따라서 가장 작은 자연수는 3이다.

3 어떤 정수를 x로 놓으면
$3x-5>10$, $3x>15$이므로 $x>5$
따라서 가장 작은 정수는 6이다.

5 어떤 자연수를 x로 놓으면
$4x+2>5x-6$, $-x>-8$이므로 $x<8$
따라서 가장 큰 자연수는 7이다.

6 어떤 정수를 x로 놓으면
$3x-8<4x$, $-x<8$이므로 $x>-8$
따라서 가장 작은 정수는 -7이다.

8 두 정수 중 큰 수를 x, 작은 수를 $x-5$로 놓으면
$x+(x-5)\le 25$, $2x\le 30$이므로 $x\le 15$
따라서 두 정수 중 큰 정수의 최댓값은 15이다.

9 두 자연수 중 작은 수를 x, 큰 수를 $x+4$로 놓으면
$x+(x+4)\ge 20$, $2x\ge 16$이므로 $x\ge 8$
따라서 작은 자연수의 최솟값은 8이다.

11 연속하는 두 홀수를 x, $x+2$로 놓으면
$3x-5\ge 2(x+2)$, $3x-5\ge 2x+4$이므로 $x\ge 9$
따라서 구하는 두 홀수는 9, 11이다.

12 연속하는 두 자연수를 x, $x+1$로 놓으면
$4(x+1)-1>7x-6$, $4x+3>7x-6$
$-3x>-9$이므로 $x<3$
따라서 구하는 두 자연수는 2, 3이다.

14 연속하는 세 짝수를 $x-2$, x, $x+2$로 놓으면
$(x-2)+x+(x+2)\le 38$, $3x\le 38$이므로 $x\le \frac{38}{3}$
따라서 구하는 세 짝수는 10, 12, 14이다.

15 연속하는 세 홀수를 $x-2$, x, $x+2$로 놓으면
$(x-2)+x+(x+2)>40$, $3x>40$이므로 $x>\frac{40}{3}$
따라서 구하는 세 홀수는 13, 15, 17이다.

17 (가장 긴 변의 길이)<(나머지 두 변의 길이의 합)이므로
$x+9<x+(x+2)$, $x+9<2x+2$
$-x<-7$
따라서 $x>7$

18 (가장 긴 변의 길이)<(나머지 두 변의 길이의 합)이므로
$x+4<(x-3)+(x+1)$, $x+4<2x-2$
$-x<-6$
따라서 $x>6$

20 삼각형의 높이를 x cm로 놓으면
$\frac{1}{2}\times 10\times x\ge 50$, $5x\ge 50$이므로 $x\ge 10$
따라서 높이는 10 cm 이상이어야 한다.

21 사다리꼴의 윗변의 길이를 x cm로 놓으면
$\frac{1}{2}\times(x+7)\times 5\ge 35$, $x+7\ge 14$이므로 $x\ge 7$
따라서 윗변의 길이는 7 cm 이상이어야 한다.

23 귤을 x개 산다고 하면
$500x+2000<14500$, $500x<12500$이므로 $x<25$
따라서 귤을 최대 24개까지 담을 수 있다.

24 빵을 x개 산다고 하면
$3000x+2400\le 9000$, $3000x\le 6600$이므로
$x\le \frac{11}{5}$
따라서 빵을 최대 2개 살 수 있다.

26 배를 x개 산다고 하면 사과는 $(9-x)$개 사므로
$1000(9-x)+1200x\le 9800$
$9000-1000x+1200x\le 9800$
$200x\le 800$이므로
$x\le 4$
따라서 배는 최대 4개까지 살 수 있다.

27 초콜릿을 x개 산다고 하면 과자는 $(15-x)$개 사므로
$600(15-x)+700x\le 9500$

$9000-600x+700x\le 9500$

$100x\le 500$이므로

$x\le 5$

따라서 초콜릿은 최대 5개까지 살 수 있다.

29 공책을 x권 산다고 하면

$700x>500x+2400$, $200x>2400$이므로

$x>12$

따라서 공책을 13권 이상 살 경우 할인 매장에서 사는 것이 유리하다.

31 x명이 입장한다고 하면

$5000x>40\times 5000\times 0.85$

$5000x>170000$이므로

$x>34$

따라서 35명 이상일 때, 40명의 단체 입장권을 사는 것이 유리하다.

33 x개월 후에 형의 저축액은 $(10000+500x)$원, 동생의 저축액은 $(6000+1000x)$원이므로

$10000+500x<6000+1000x$

$-500x<-4000$이므로

$x>8$

따라서 9개월 후부터 동생의 저축액이 형의 저축액보다 많아진다.

35 주차를 x분 동안 한다고 하면

$3000+50(x-30)\le 8000$

$3000+50x-1500\le 8000$, $50x\le 6500$이므로

$x\le 130$

따라서 최대 130분 동안 주차를 할 수 있다.

37 x년 후의 어머니의 나이는 $(42+x)$살이고, 시혁이의 나이는 $(12+x)$살이므로

$42+x<3(12+x)$, $42+x<36+3x$

$-2x<-6$이므로

$x>3$

따라서 4년 후부터 어머니의 나이가 시혁이의 나이의 3배 미만이 된다.

39 수학 점수를 x점이라 하면

$\frac{81+77+84+x}{4}\ge 82$, $242+x\ge 328$이므로

$x\ge 86$

따라서 수학 시험에서 86점 이상을 받아야 한다.

02 거리, 속력, 시간에 대한 일차부등식의 활용

본문 150쪽

원리확인

3, $7-x$

1 (1) x (2) x, x, x, $9-x$, x, $9-x$
(3) 6, x, $18-2x$, 6 (4) 6

2 x, $4-x$, x, 2 km **3** x, x, $10-x$, 6 km

4 1600 m

5 (1) x (2) x, x, x, x, x, x
(3) 12, $3x$, 24, x, 24, $\frac{24}{7}$ (4) $\frac{24}{7}$

6 x, x, x, $\frac{15}{4}$ km **7** x, x, x, $\frac{15}{8}$ km

8 $\frac{9}{2}$ km

9 (1) x (2) x, x, x, x, x, x
(3) 4, x, x, 4, x, 3, $\frac{3}{2}$ (4) $\frac{3}{2}$

10 250 m

11 (1) x (2) x, x, x, x, x, x (3) x, 360, 6 (4) 6, $\frac{1}{10}$

12 x, x, x, $\frac{6}{5}$시간 **13** x, x, x, 2시간

14 2시간 30분

2 $\frac{4-x}{3}+\frac{x}{6}\le 1$의 양변에 6을 곱하면

$2(4-x)+x\le 6$, $8-2x+x\le 6$

$-x\le -2$이므로 $x\ge 2$

따라서 시속 6 km로 달린 거리는 2 km 이상이다.

3 $\frac{x}{3}+\frac{10-x}{4}\le 3$의 양변에 12를 곱하면

$4x+3(10-x)\le 36$, $4x+30-3x\le 36$이므로

$x\le 6$

따라서 시속 3 km로 걸어간 거리는 최대 6 km이다.

4 뛰어간 거리를 x m라 하자.

$\frac{2000-x}{40}+\frac{x}{80}\le 30$의 양변에 80을 곱하면

$2(2000-x)+x\le 2400$, $4000-2x+x\le 2400$

$-x\le -1600$이므로 $x\ge 1600$

따라서 뛰어간 거리는 1600 m 이상이다.

6 $\frac{x}{3}+\frac{x}{5}\le 2$의 양변에 15를 곱하면

$5x+3x\le 30$, $8x\le 30$이므로 $x\le\frac{15}{4}$

따라서 집에서 학교까지의 거리는 $\frac{15}{4}$ km 이하이다.

7 $\frac{x}{5}+\frac{x}{3}\le 1$의 양변에 15를 곱하면

$3x+5x\le 15$, $8x\le 15$이므로 $x\le\frac{15}{8}$

따라서 최대 $\frac{15}{8}$ km 지점까지 다녀올 수 있다.

8 올라가 거리를 x km라 하자.

$\frac{x}{3}+\frac{x+3}{5}\le 3$의 양변에 15를 곱하면

$5x+3(x+3)\le 45$, $5x+3x+9\le 45$

$8x\le 36$이므로 $x\le\frac{9}{2}$

따라서 최대 $\frac{9}{2}$ km까지 올라갈 수 있다.

10 상점까지의 거리를 x km라 하자.

$\frac{x}{2}+\frac{1}{12}+\frac{x}{2}\le\frac{1}{3}$의 양변에 12를 곱하면

$6x+1+6x\le 4$, $12x\le 3$이므로 $x\le\frac{1}{4}$

따라서 $\frac{1}{4}$ km, 즉 250 m 이내에 있는 상점에 갔다 올 수 있다.

12 $2x+3x\ge 6$에서

$5x\ge 6$이므로 $x\ge\frac{6}{5}$

따라서 최소 $\frac{6}{5}$시간이 경과해야 한다.

13 $3x+5x\ge 16$에서

$8x\ge 16$이므로 $x\ge 2$

따라서 최소 2시간이 경과해야 한다.

14 경과한 시간을 x시간이라 하면

$(2\times x)+(4\times x)\ge 15$

$6x\ge 15$이므로

$x\ge\frac{5}{2}$

따라서 최소 $\frac{5}{2}$시간, 즉 2시간 30분이 경과해야 한다.

03 농도에 대한 일차부등식의 활용

본문 154쪽

원리확인

❶ 30, 10 ❷ 5, 8, 18

1 (1) 100, 100, x (2) 100, 100, x (3) -300, 300 (4) 300

2 250, 250, x, 50 g

3 x, 300, x, 300, 200 g

4 (1) 300, 300, x (2) 300, 300, x (3) x, 1800, 300 (4) 300

5 200, 200, x, 300 g

6 500, 500, x, 300 g

7 (1) 400, 400, x (2) 400, 400, x (3) x, 1200, 60 (4) 60

8 200, 200, x, 75 g

9 500, 500, x, 200 g

10 (1) 200, 200, x (2) 200, 200, x (3) x, 2400, 30 (4) 30

11 8 g

2 $\frac{8}{100}\times 250+\frac{14}{100}\times x\ge\frac{9}{100}\times(250+x)$에서

$2000+14x\ge 2250+9x$, $5x\ge 250$이므로

$x\ge 50$

따라서 14 %의 소금물은 적어도 50 g 이상 섞어야 한다.

3 $\frac{4}{100}\times x+\frac{10}{100}\times(300-x)\ge\frac{6}{100}\times 300$에서

$4x+3000-10x\ge 1800$, $-6x\ge -1200$이므로

$x\le 200$

따라서 4 %의 소금물은 최대 200 g까지 섞을 수 있다.

5 $\frac{5}{100}\times 200\le\frac{2}{100}\times(200+x)$에서

$1000\le 400+2x$, $-2x\le -600$이므로

$x\ge 300$

따라서 물을 적어도 300 g 이상 넣어야 한다.

6 $\frac{8}{100}\times 500\le\frac{5}{100}\times(500+x)$에서

$4000\le 2500+5x$, $-5x\le -1500$이므로

$x\ge 300$

따라서 물을 적어도 300 g 이상 넣어야 한다.

8 증발시켜야 하는 물의 양을 x g이라 하면

$\frac{5}{100}\times200\geq\frac{8}{100}\times(200-x)$에서

$1000\geq1600-8x$, $8x\geq600$이므로

$x\geq75$

따라서 증발시켜야 하는 물의 양은 75 g 이상이다.

9 증발시켜야 하는 물의 양을 x g이라 하면

$\frac{9}{100}\times500\geq\frac{15}{100}\times(500-x)$에서

$4500\geq7500-15x$, $15x\geq3000$이므로

$x\geq200$

따라서 증발시켜야 하는 물의 양은 200 g 이상이다.

11 더 넣어야 하는 설탕의 양을 x g이라 하면

$\frac{8}{100}\times360+x\geq\frac{10}{100}\times(360+x)$에서

$2880+100x\geq3600+10x$, $90x\geq720$이므로

$x\geq8$

따라서 적어도 8 g의 설탕을 더 넣어야 한다.

TEST 6. 일차부등식의 활용

본문 158쪽

1 ④	**2** ④	**3** $x>7$
4 13개	**5** ②	**6** 125 g

1 어떤 정수를 x로 놓으면

$x-3<\frac{1}{2}x+\frac{1}{3}x$

양변에 6을 곱하면

$6x-18<3x+2x$이므로 $x<18$

따라서 가장 큰 정수는 17이다.

2 빵을 x개 산다고 하면 아이스크림은 $(12-x)$개 사므로

$500\times(12-x)+800x\leq9500$

$6000-500x+800x\leq9500$

$300x\leq3500$이므로 $x\leq\frac{35}{3}$

따라서 빵은 최대 11개까지 살 수 있다.

3 (가장 긴 변의 길이)<(나머지 두 변의 길이의 합)이므로

$x+4<(x-3)+x$, $-x<-7$

따라서 $x>7$

4 상품을 x개 구입한다고 하면

A 쇼핑몰: $500x$원

B 쇼핑몰: $(300x+2500)$원

$500x>300x+2500$에서

$200x>2500$이므로 $x>\frac{25}{2}$

따라서 13개 이상 구입할 경우 B 쇼핑몰을 이용하는 것이 유리하다.

5 올라간 거리를 x km라 하면

$\frac{x}{3}+\frac{x}{4}\leq2\frac{1}{3}$이므로 $\frac{x}{3}+\frac{x}{4}\leq\frac{7}{3}$

양변에 12를 곱하면

$4x+3x\leq28$, $7x\leq28$이므로 $x\leq4$

따라서 최대 4 km까지 올라갔다 내려올 수 있다.

6 20 %의 소금물의 양을 x g이라 하면

$\frac{10}{100}\times500+\frac{20}{100}\times x\geq\frac{12}{100}\times(500+x)$

$5000+20x\geq6000+12x$

$8x\geq1000$이므로 $x\geq125$

따라서 20 %의 소금물은 125 g 이상 넣어야 한다.

대단원 TEST Ⅲ. 부등식

본문 159쪽

1 ②	**2** ⑤	**3** ③
4 ②, ④	**5** ①	**6** ④
7 15, 17, 19	**8** 6 cm	**9** ③
10 ⑤	**11** ④	**12** ③
13 ④	**14** ②	**15** 100 g

1 ② x는 음수가 아니다. → $x \geq 0$

2 부등식의 x에 주어진 값을 각각 대입하면
① $5 \times (-2) - 1 \leq 4$ (참)
② $5 \times (-1) - 1 \leq 4$ (참)
③ $5 \times 0 - 1 \leq 4$ (참)
④ $5 \times 1 - 1 \leq 4$ (참)
⑤ $5 \times 2 - 1 \leq 4$ (거짓)
따라서 해가 아닌 것은 ⑤이다.

3 $2-5a > 2-5b$에서 $-5a > -5b$이므로 $a < b$
① $a < b$이므로 $a+2 < b+2$
② $a < b$에서 $-a > -b$이므로 $-a+1 > -b+1$
③ $a < b$에서 $-2a > -2b$이므로 $-2a+3 > -2b+3$
④ $a < b$에서 $\frac{a}{2} < \frac{b}{2}$이므로 $\frac{a}{2}-1 < \frac{b}{2}-1$
⑤ $a < b$에서 $-\frac{a}{3} > -\frac{b}{3}$이므로 $-\frac{a}{3}+5 > -\frac{b}{3}+5$
따라서 옳은 것은 ③이다.

4 ① $3 > -4$에서 $7 > 0$이므로 일차부등식이 아니다.
② $\frac{x}{2}-2 > 3$에서 $\frac{x}{2}-5 > 0$이므로 일차부등식이다.
③ $3x > 3(x-1)$에서 $3 > 0$이므로 일차부등식이 아니다.
④ $x^2-2x \geq x^2+2x$에서 $-4x \geq 0$이므로 일차부등식이다.
⑤ $x^2+3x-1 \leq 0$은 일차부등식이 아니다.
따라서 일차부등식인 것은 ②, ④이다.

5 수직선이 나타내는 해는 $x > 1$
① $x-1 > 0$의 양변에 1을 더하면 $x > 1$
② $x+1 < 2$의 양변에 -1을 더하면 $x < 1$
③ $2x \leq 2$의 양변을 2로 나누면 $x \leq 1$
④ $-3x > -3$의 양변을 -3으로 나누면 $x < 1$
⑤ $-x \geq -1$의 양변을 -1로 나누면 $x \leq 1$

6 양변에 4를 곱하면
$x+4 \leq 2(x-2)$, $x+4 \leq 2x-4$
$-x \leq -8$, $x \geq 8$

7 연속하는 세 홀수를 $x-2$, x, $x+2$라 하면
$(x-2)+x+(x+2) < 52$, $3x < 52$, 즉 $x < \frac{52}{3}$
따라서 x의 값 중 가장 큰 홀수는 17이므로 구하는 세 자연수는 15, 17, 19이다.

8 사다리꼴의 아랫변의 길이를 x cm라 하면
$\frac{1}{2}(8+x) \times 12 \geq 84$, $8+x \geq 14$, 즉 $x \geq 6$
따라서 아랫변의 길이는 6 cm 이상이어야 한다.

9 배를 x개 산다 하면 사과는 $(13-x)$개를 사므로
$1200x + 400(13-x) \leq 10000$
$1200x + 5200 - 400x \leq 10000$, $800x \leq 4800$
즉 $x \leq 6$
따라서 배는 최대 6개까지 살 수 있다.

10 지우개를 x개 산다 하면
$500x > 300x + 1200$, $200x > 1200$, 즉 $x > 6$
따라서 지우개를 적어도 7개를 살 경우 대형 마트에서 사는 것이 유리하다.

11 네 번째 수학 시험에서 x점을 받는다 하면
$\frac{84+89+93+x}{4} \geq 90$
$266 + x \geq 360$, 즉 $x \geq 94$
따라서 네 번째 수학 시험에서 94점 이상을 받아야 한다.

12 분속 100 m로 걸은 거리를 x m라 하면 분속 80 m로 걸은 거리는 $(1200-x)$m이므로
$\frac{x}{100} + \frac{1200-x}{80} \leq 14$, $8x + 10(1200-x) \leq 11200$
$-2x \leq -800$, 즉 $x \geq 400$
따라서 분속 100 m로 걸은 거리는 최소 400 m이다.

13 $\frac{x+2}{4} \leq \frac{x}{2} + a$에서 $x+2 \leq 2x+4a$
$-x \leq 4a-2$, 즉 $x \geq 2-4a$
따라서 $2-4a = -2$이므로 $a = 1$

14 주사위를 던져 나온 눈의 수를 x라 하면
$3x > 2x+4$, 즉 $x > 4$
따라서 이를 만족시키는 주사위의 눈의 수는 5, 6이므로 그 합은
$5+6=11$

15 x g의 물을 증발시킨다 하면
$\frac{9}{100} \times 400 \geq \frac{12}{100} \times (400-x)$
$3600 \geq 4800 - 12x$, $12x \geq 1200$, 즉 $x \geq 100$
따라서 적어도 100 g의 물을 증발시켜야 한다.

개념 확장

최상위수학

수학적 사고력 확장을 위한
심화 학습 교재

심화 완성

개념부터 심화까지

수학은 개념이다